尼各马可伦理学

[注释导读本]

[古希腊]亚里士多德 著
邓安庆 译注

人民出版社

尼各马可伦理学

目录

CONTENTS

CONTENTS

目录

CONTENTS

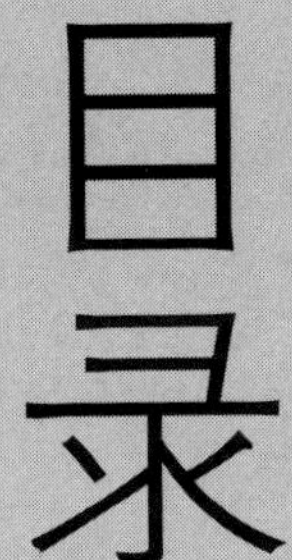

CONTENTS

目录

译注者版本说明

本译注依照如下版本对勘：

1. Aristoteles:Die Nikomachische Ethik,aus dem Griechischen und mit einer Einführung und Erläuterungen versehen von Olof Gigon,Deutscher Taschenbuch Verlag,7.Auflage Juni 2006.

亚里士多德:《尼各马可伦理学》，由 Olof Gigon 译自希腊文，作导论和注释，德意志 Taschenbuch 出版社，2006 年第 7 版，书中简称 Taschenbuch 版。

2. Aristoteles:Die Nikomachische Ethik，Nach der Übersetung von Eugen Rolfes，Bearbeitet von Günther Bien, HANBURG，Felix Meiner Verlag,1995.

亚里士多德:《尼各马可伦理学》，Eugen Rolfes 译，Günther Bien 校，汉堡，Felix Meiner 出版社 ,1995 年版，这是收集在一个六卷本的《亚里士多德哲学选集》中的第三卷，书中简称 Meiner 版。

3. Aristoteles:Die Nikomachische Ethik，Nach der Übersetung von Eugen Rolfes，Bearbeitet von Günther Bien, HANBURG，Felix Meiner Verlag,1995.

这个版本正文部分与上面第 2 完全相同，都是由 Eugen Rolfes 译，Günther Bien 校，汉堡，Felix Meiner 出版社出版，但这是一个单行本，补充了第 2 所没有的详细注释，但可惜去掉了 2 后面的"主题索引"，我们在书中也简称 Meiner 版。

4. Aristotes Nikomachische Ethik，Übersetzung und Nachwort von Franz Dirlmeier,Anmerkungen von Ernst A.Schimidt，PHILIP RECLAM JUN.STUTTGART,1980.

这是由 Franz Dirlmeier 翻译并作跋，由 Ernst A.Schimidt 作注释的版本，1969 年在柏林科学院出版社出版，1980 年由斯图加特的 PHILIP RECLAM JUN. 出版社重印，书中简称为 Reclam 版。

5. ARISTOTLE：Nicomachean Ethics，translated and edited by ROGER CRISP，Cambridge University press 2004.

这是由 ROGER CRISP 译的剑桥大学出版社 2004 年版，书中简称“剑桥版”。

6. 我们还参照了如下三个中文版：苗力田译《亚里士多德全集》第八卷中的《尼各马科伦理学》，中国人民大学出版社 1994 年版，简称为“苗译本”；廖申白译《尼各马可伦理学》，商务印书馆 2003 年版，简称为“廖译本”；高思谦译《尼各马科伦理学》，台湾商务印书馆，2006 年第 2 版，简称台湾“高译本”。

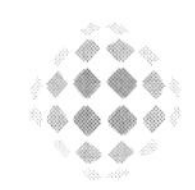

导读：从《尼各马可伦理学》找回对德性力量的确信

我们的时代有许多值得我们惊喜的进步和改变，但所有的惊喜和进步都无法抵消我们对精神萎靡的悲叹。人人忙碌得不可开交，却无暇顾及自己的灵魂；尽管总理高喊着“企业家身上要流淌道德的血液”，“公平正义比太阳还光辉”这样震撼人心的话语，却无人制止得了一些企业丧失天良的道德败坏；最为可悲的现状就是，社会正在一天一天地把每个人变成残酷的竞争者，却无人相信德性的光辉和力量！只要能成名和暴富，各种耀眼的光环就会把寡廉鲜耻的灵魂遮掩得了无痕迹。偶然地树立起一两个让人感动得流泪的道德楷模，但榜样的力量却不再是无穷的，而是在让人感动的瞬间迅速地消融在不道德的社会现实中。这一在我们自己身上和身边已经上演、却依然还在继续上演的精神悲剧，如果是要以彻底毁灭精神的价值，德性的力量为结局，那么我们现今取得的所有进步和成就，都将变得毫无意义。

大学既是精神的庇护所，也是灵魂的诞生地，更是德性力量的陶养园。每个人的肉身生自父母，但我们自身担负着自我精神再生的使命，人文教育的目标只有一个，那就是培植天赋于我们身上的精神萌芽，使其成长和壮大为我们生命的血液，使我们自立为人，自强为优秀而卓越的人格。这样的人不会只追求与动物相同的物质享乐，而是懂得生命的价值高于有用之物的价值，以其自由和尊严显现精神超越和灵魂提升的神功，实现人之为人的存在意义。

这就是我们身上自我造化的德性力量的见证。自我再生、自我造化需要吸取人类精神的丰富食粮，而阅读和消化人文经典则是我们获取这种精神食粮的可靠途径。在人类精神的发展史上有一本在古希腊雅典文明的鼎盛时期就作为教科书，对以后的阿拉伯文明，中世纪的基督教文明，近代的理性启蒙和现代的政治文明以及后现代的伦理文明都提供了理论资源和思想养料，在不同时代的文明中都作为大学人文教育之教材的不朽著作，就是读者面前的这本《尼各马可伦理学》。这部教材的原作者亚里士多德，马克思称他为古代最伟大的思想家，恩格斯说他是古希腊最博学的人，黑格尔说他是“一个在历史上无与伦比的人”，“他是许多世纪以来一切哲学家的老师”，而且说“如果一个人真想从事哲学工作，那就没有什么比讲述亚里士多德这件事更值得去做的了”【1】。因此我在这里可以补充说：如果一个人真想获得人文素质，那就没有什么比《尼各马可伦理学》更值得阅读的经典了。

现在就让我们直接进入这部经典吧。

一、亚里士多德伦理学的含义

亚里士多德被命名为“伦理学”的著作共有三本：《欧德谟伦理学》(Ethika Eudemenia)，《大伦理学》(Ethika Megala) 和《尼各马可伦理学》(Ethika Nikomakheia)。《大伦理学》给人一个错觉，以为它是这三本书中“最大”的一部，其实它不仅不是“最大的”，反而是“最小的”。原因在于，希腊时期中国的印刷术还没有传入西方，他们所谓的“书”是写在“羊皮纸”上一部分一部分地“卷”起来的，“一捆”就是“一卷”，而《大伦理学》是亚里士多德伦理思想的纲要性的东西，不好分卷，所以只有一大卷，就显得比别的“书”更“大”了。

这些所谓的“书”实际上只是亚里士多德当时的讲稿，由后来的学生或研究者所编，《欧德谟伦理学》就是由亚里士多德最杰出和最受青睐的一个学生欧德谟所编，它有八卷，其中四、五、六卷与《尼各马可伦理学》完全相同。《尼各马可伦理学》是内容最完整，篇幅也最大的一部，但为什么称之为《尼各马可伦理学》则没有明确的说法，一个比较可信的猜测是为了纪念他的儿子或父亲，因为他们的名字都叫“尼各马可”。

但不管这些前缀如何，对于我们关键的是要理解亚里士多德

【1】 黑格尔：《哲学史讲演录》第二卷，第269—270、284页。

所说的“伦理学”究竟是什么意思，它是一门什么样的“知识”或“学问”。

在我们日常的意义上，伦理学是研究是非善恶的道德学问，但我们在阅读亚里士多德时，如果按照我们现今日常用语中关于道德或伦理的用法，就无法理解这部著作，因为在古希腊时期，还没有“道德”这个词，这是我们需要特别注意的一个文化史的事实。“道德”这个词是罗马著名的演说家、教育家和哲学家西塞罗（Marcus Tullius Cicero，公元前106—前43）在其《论命运》（De Feto）一书中创造的一个用来翻译 êthikos 的一个拉丁词：Moralis，但其意思依然是 êthikos，而不是现代的 moral。美国当代著名伦理学家麦金泰尔对此论证说：“在这个词的早期用法中……与其含义最接近的一个词是‘实践的’。……只有在16和17世纪，‘道德’这个概念才包含了它的可以辨认的现代含义。在17世纪晚期，它才第一次被用在它的最狭义的庸俗含义上，主要涉及与性行为相关的含义。甚至于，‘不道德的’也能被同时用‘性放纵’这个惯用语来表达。”【2】所以，在亚里士多德的著作中，伦理学的含义与现代意义上的 moral 无关，我们只能从 êthikos 来理解它。

Êthikos 的词根是ἦθος（ēthos），其原义为“家”、“住所”、“场地”。“家”是供人居住的，是“生活”的场所，也是我们最习惯的地方，因此ἦθος（ēthos）在希腊文的日常语义中就是“风俗”、“习惯”的意思。德语的“习惯”、“习俗”、“习性”（Gewohnheit, Gewöhnung）的词根 wohnen（居住）很好地保留了“家”、“住所”（Wohnung）的本义。所以，伦理学的原始本义就是创建人可以安居其中的有意义的“家园”的含义。这样的含义在我国先儒孟子那里也是相同的：“仁，人之安宅也，义，人之正路也。旷安宅而弗居，舍正路而不由，哀哉！”【3】

由“伦理”的这种“原义”或“本义”引申出古典伦理学的一个基本问题，就是生活的意义是什么？即什么样的生活是值得过的？

【2】 MacIntyre.A.: *Der Verlust der Tugend.Zur moralischen Krise der Gegenwart,* Campus Verlag, Frankfurt/New York, 1987, S.60.

【3】《孟子 · 离娄章句（上）》7.10。

这是苏格拉底就已经提出来的问题，亚里士多德也是在这种意义上把伦理学定位于研究“好生活”的一门学问。但无论是苏格拉底还是柏拉图，他们都有对于“好生活”是如何可能的思考，但他们没有以“伦理学”作为书名的这种“专门的”探讨。在学科的或专门“科学”的意义上，我们可以说，伦理学首先是一门按照亚里士多德的思想来定义的哲学。

在《形而上学》第六卷中，亚里士多德把人类的（科学）知识【4】分三类：理论的（也即“思辨的”，包含“自然学”-Physics 与现代的“物理学”同名，数学和第一哲学——他也称之为“神学”），实践的（包含政治学，伦理学，家政学——与现代的“经济学”同名）和创制的（包含诗学和修辞学）。因此，在学科知识意义上，伦理学是一门“实践哲学”，它与“理论（思辨）哲学的区别在于，它不问事物是什么？（他说理论科学是探究事物是什么？要阐释事物怎么是“这个东西”的“原因”），而要探索事物“如何”是“这个”。比如我们刚才说，伦理学的本义是要研究“好生活”问题，亚里士多德的意思就是说，你不能光探索什么样的生活是好生活，而是进一步探索生活如何才能好？伦理学这样的学问（知识）不能光知道什么是善，还要探索我们如何做才是善，不能光知道什么是德性，还要探索如何变成一个有德性的人。这就是他强调的“实践”（行动）的含义。

这是就伦理学的词根ἦθος（ēthos）的本义所引出的伦理学学科上的含义。除此之外，亚里士多德是个非常重视日常经验的哲学家，他的伦理学也是对我们日常的伦理现象，日常的为人处世的经验进行分析反思的产物，所以他的伦理学含义，也是特别重视 ēthos 的日常含义：风俗、习惯、习性。伦理学就是探讨如何培植、培养和型塑我们的好习惯、好习性的学问。好习惯或好习性，就是一个人的品质、品格或德性。德性是亚里士多德伦理学的一个关键词，我们在后面还要专门讨论，在这里我们只强调它和现代的“道德”是不同的，现代的“道德”是行为的内在规范，是普遍有效的道德

【4】 由于在古希腊，“科学”和“哲学”还没有区分开来，三种科学（知识）也就是三种不同形式的“哲学”，伦理学属于“实践哲学”。

法则，以此为核心的伦理学被称之为“规范伦理学”或以康德为标志的“义务论”（或称作“道义论”：Deontologie）伦理学，而以“德性”为核心的伦理学被称作是德性论伦理学，它不以规范和法则而以人的习性、品质或品格的养成为前提和核心。

现在我们要进一步回答上述两种含义：“好生活”和“好品行”在亚里士多德伦理学中是如何关联起来的？简单地说，“好生活”即“幸福”是人生的目标，“好品行”即德性是实现“好生活”的力量保障。伦理学作为“实践哲学”，在亚里士多德那里实际上有两种“实践”，一是外部的，公共生活的实践，这是“政治学”考察的。由于亚里士多德说人本质上是“政治的动物”（这区别于现代自由主义所说的“原子式的个人”），人总是在公共关系中存在的，在家有父母、兄弟、姊妹，在外有朋友、同事和同胞，所以，外部公共关系的好坏直接影响“好生活”的品质和能否实现。在这种意义上，亚里士多德说，伦理学是从属于“政治学”的，因为政治学以“立法”的方式，直接规定了我们的生活方式（国体和政体）、生产方式和社交方式，规定了哪些事情能做，哪些事情不能做，因此，我们的生活方式是否好，社会风气（风俗）是否好，交往关系是否优良都与政治学相关。还有一种内在的目的论的实践，即每个生物都有的朝向其自然目的的自我实现，自我繁荣的“实现活动”。譬如，一棵树，在种子中就包含了成为参天大树的“自然禀赋”，树的生长过程，就是它实现成为参天大树这一目标的过程；这种自我实现内在目的的活动，亚里士多德也称之为“德性”。这种德性不光是人有（因此不是一般“道德的”），每个有机体及其器官都有，如一匹骏马，亚里士多德会说，这是有德性的马；一双锐利的眼睛，亚里士多德会说，这是有德性的眼睛。这种意义上的“德性”就是生物有机体及其器官各种具体功能的“完善”、“最优”和卓越。

当然，作为伦理学上的“德性”，它还是属于人的，伦理学研究好生活和好品行，都是属于人的事务，政治学的治国安邦也是人的事物，所以亚里士多德也在特别强调人的意义上把伦理学称为“人类事务的哲学”，也即我们现在所说的“人学”。“人学”包含“认识你自己”（身上的“人性”）和“成就你自己”（实现人之为人的固有品质），前者是“理论的”，后者是“实践的”。这种人学的“实践”

包含内在和外在两种“实践”。在外，通过政治学培养公民的品质把城邦治理好，确立好的生活方式，好的人际关系，好的社会风气，这种良善的治理不光是靠法治，同样需要人的德性，但它不是需要具体的像勇敢、节制这样的美德，而是需要“公平”、“正义”这种“总德”（大德）和友善友爱这样的待人之德，因为只有“公正”和“友爱”才是维系城邦共同体的德性力量。而在内，既然所有生物有机体都能做到自我实现其功能的优秀和卓越，那么人难道就没有能力实现自己人之为人的固有使命吗？当然有，人尽管不是宇宙中最高贵的存在者，也称得上是次高贵的存在者，因为人的灵魂中尽管有植物性的自然要素，有非理性的情感因素，但也有理性的逻各斯（logos）和通神的努斯（nous），因此人的德性是否有力量实现人的优秀和卓越，关键在于人是否让灵魂中的高贵部分起主宰和领导作用。如果人只能让植物性灵魂起主导作用，那么人就只能像一般植物那样，有吸收营养的能力，如果仅仅让灵魂中非理性因素起主导作用，那么人就和一般动物没有区别；但如果人能让灵魂中的理性的逻各斯和通神的努斯起主导作用，那么人就有了人之为人的德性，就使自己高贵起来，完善起来，卓越起来了。人之为人的德性，就是实现人在灵魂层面的提升和超越，获得像神一样的完善。所以，在苏格拉底哲学提出“认识你自己”作为哲学的任务以来，亚里士多德的伦理学（作为实践哲学和人学）的目标是“成为你自己”，也就是成为最高贵的、最优秀和最卓越的自己，而这个“自己”是超越了人的“自然”的第二个自己，即让灵魂中最高贵的部分起主宰作用的自己。这种意义上的德性就是做（实现）最好的自己。

只是我们要记住，这种“自我实现”，不是闭门“修身”的结果，而是在以公正和友爱作为维系力量的良善城邦中实现的。所以作为“实践哲学”和“人学”的伦理学既是“为己”之学，也是“待人”之学。我们的德性表现在“为己待人”上的优秀和卓越。

从上述三方面把握亚里士多德伦理学的含义，就可进入《尼各马可伦理学》的具体的论证过程了。

二、《尼各马可伦理学》的总体论证策略和具体论证思路

亚里士多德不像现代的作家写书那样，从定义什么是伦理学、

什么是伦理开始，而是从规定什么是“好”（善）开始：“每种技艺和探索，与每种行动和选择一样，都显得是追求某种善，所以人们有理由把善表示为万事万物所追求的目标”（1094a1—3）。我们今天一般在伦理学上把所有的good都译作“善”，实际上限制了它的广义，尽管这本书是讲伦理学的，但亚里士多德也还是从日常的生活经验来告诉我们该如何思考“好”或“善”，他所说的“好”的含义，包含伦理上的善，但比伦理上的善的含义要广泛得多。

为什么要一开始就来规定“好”或“善”的含义呢？因为“好”或“善”是个非常多义的概念，特别是在涉及“好生活”或“幸福”问题时，更是一个主观性特别强的概念，有人认为，生活有快乐就幸福，有人认为有财富就幸福，也有人认为有权势就幸福，也有人认为清心寡欲最幸福。这样，幸福就是一个完全相对的概念，而哲学伦理学总是要在普遍有效性上来确定幸福，否则这样的学问就没有指导意义。“好”和“善”更是如此，我们有时说一个东西是好的，是说这个东西对我们“有用”，但“有用”多数情况下只有对应于“需要”才能说明。一个大病初愈的人，尽管“需要”营养，但很可能只“需要”喝点稀饭和米汤，而不“需要”大鱼大肉，但并不能因此而说，“稀饭和米汤”就是“好”，而“大鱼大肉”就不好；因为对病人是好的，对健康的人并不一定“好”。人类经常犯的一个错误，就是总喜欢根据自己的喜好，把对自己是好的，对自己在特定的心境和情景之下的“好”认为是普遍的“好”，并以为自己知道善恶是非。人类知识的一个根本需求确实是想知道善恶。《圣经》中“智慧之树的神话”很能说明这一点。上帝警告人类始祖亚当说，园子里任何果树的果子你都能吃，唯独园子中央的那颗智慧树上的果子你绝对不能吃，吃了当天必死！为什么不能吃，吃了必死？狡猾的蛇作为“引诱”向夏娃透露了其中的秘密：“上帝这样说，因为他知道你们一吃了那果子，眼就开了：你们会像上帝一样能够辨别善恶”。夏娃经不起这样的“引诱”，不顾“必死的警告”，吃了那智慧之果。基督教把此解释为人的“原罪”，但没有解释清楚，这个“原罪”中的“原始欲望”实际上不仅有“吃果子”的口腹之欲，还有能开眼、懂善恶的智慧欲望。像上帝一样知道善恶，在何种意义上能够解释为是一种“原罪”之欲呢？这个问题的确太复杂深奥，在此，我们只能满足于在这个层面上说：人确实需要善恶的知识，确实需要睁开自己的眼睛，看清生活中的善恶，否则生活无法进行。但靠人的“智慧”所获得的“善恶知识”，是有限的，肤浅的，不能把它当作像“全知”、“全能”、“全善”的“上帝”（基督教的“上帝”作为这样的一个“概念”在“现代”已经被宣布“死了”！）所知的善恶，否则也会导致人间的灾难。

人类的哲学思考，一开始就是为了满足人类对善恶智慧的这样一种“原始欲望”而产生的。当智者派宣称他们是人类智慧的老师，收钱招收学生，告诉他们“智慧”时，他们所能告诉学生们的都只是一些相对性的善恶知识。苏格拉底和柏拉图之从事哲学，追求“智慧”，目的就是同他们的相对主义开战。所以我们看到，当苏格拉底问学生，什么是美，学生们回答，美就是一个美男子、美女、美的陶罐时，苏格拉底一直引导他们向“美”本身提升，试图引导得出一个关于“美”的一般概念、知识。这就是哲学在古希腊被称之为“爱—智”（Philo-sophia）而不把它等同于智慧（sophia）本身的原因。亚里士多德既不赞同智者派的相对主义，也不赞同柏拉图的“理念”论。在他看来，美和善就是存在于个别事物中的，美就是存在于美男子、美女、美的陶罐这样的个别事物中的，美的理念并不比它们更美。“就像长期存在的白并不因此就比只存在一天的白更白些一样”（1096a5）。好坏善恶也都如此。“好”或“善”我们是在许多意义上言说的，既可以用它来述说实体范畴，例如说上帝善良，有理性好；也可以述说性质，例如说这是有德性的人；也可以述说量，如适当的尺度是好的；还可以述说关系，例如说有用的关系是好的；也可以述说时间，例如良机是好的；还可以述说地点，例如适宜的住所是好的等等。据此他认为，不存在普遍的善的理念本身。

但这样一来“好生活”、“幸福”不就回到了智者派的相对主义、主观主义的困境中，没有一个客观的标准了吗？显然，这对于亚里士多德是不能接受的。他的伦理学思考，无疑就是要开辟出一条既超越智者派的相对主义、又摆脱柏拉图从单一的、绝对善的理念本身出发的爱智之路。而这条爱智之路的确立，寄希望于我们关注灵魂中的智德，即逻各斯（Logos）和努斯（nous）的德性力量。逻各斯本身就有秩序、尺度、分寸的意思，它以其推理和证明的方式来

探索智慧，把握尺度；努斯是对逻各斯在推理时所依据但不知“所以然”的“第一原理”的“所以然”的知，是一种“直觉之智”，能洞察最高的善和目的，因此是人类灵魂中的“智慧之眼”，是照亮理性智慧的“明光”，因而是我们知善恶、懂是非、行中庸的“明智”之光。

为了开启这条智慧之路，亚里士多德在《尼各马可伦理学》中采取了三种论证策略：自然目的论的论证、功能德性论的论证和经验主义的辩驳法（辩证法）论证。

（一）自然目的论的论证

“自然目的论的论证”简单地说，就是相对于一种活动的“目标”、“目的”（telos）来确立“好”或“善”的论证策略。譬如，亚里士多德说，医术的目标是健康，造船术的目标是船舶，战术的目标是取胜，理财术的目标是财富，这里，“健康”、“船舶”、“取胜”和“财富”是不同活动的“目的”或“目标”，它们都只是具体活动的目标，那么，我们说一个师生的“医术好”，就要相对于医术活动的目标是病人的“健康”来界定，而不能根据其医术“取胜”或带来多少“财富”来确定；同样，战术上的“好”，即“好战术”要相对于战争中取得胜利而定；好的理财术要看它能否增加财富而定，这似乎就是自然的道理。但为什么叫做“自然目的论的论证”呢？自然目的论的核心论题是，动物和植物的各个部分可以“很好地”发挥其优异的功能是为了这个动物和植物自身的生成的。但要能够说明为什么如此，就要依据亚里士多德的“四因说”。

“四因说”是为了回答理论（思辨）哲学（知识）的提问方式：事物是什么而提出来。我们平常描述“事物是什么”总是根据我们当下眼睛所看到的事物给我们的“表象”，把“表象”当作“事物”，比如说：这是一朵喇叭花，但这并不能准确地描述出事物真正的“所是”。“是什么”之问，是要我们回答出“是其所是”，即事物的真身、本质。所以，亚里士多德提出从四种原因来回答，这就是质料因、形式因、动力因和目的因。质料因是回答一个事物是由什么“质料”构成，房屋有木板房、茅草房、砖瓦房、水泥房等等，都是就其“质料”来命名的，但房屋显然并不等于这些“质料”：木板、茅草、砖瓦、水泥，房屋之成为房屋还要以一定的“形式”把这些质料构成有一定“用途”的整体，譬如“四合院”或“筒子楼”，但为什么有的房屋是“四合院”的形式，有的却是“筒子楼”的形式？这就要从“动力因”来解释，但为什么有这种动力而不是别的动力呢？最终要归结为一个事物的生长（或做成）是为了什么这个“目的因”。

可见，目的论是就一个事物的生长、生成的整体过程而言的内在目的论，而对于事物的生长或生成，亚里士多德是用潜能和现实这对范畴来解释的，一个种子“潜在地”包含了长成一棵参天大树的各种“潜能”，长成参天大树是一个树种的目的。在《形而上学》卷九（IV）8 中，他以男孩—男人—人来说明，在一个男孩身上已经具有了成为男人的潜能，但还缺乏成熟的“形式”，而男孩的成长和发育，就是为了现实地具有这个形式：这个男人的现实之所是，即人。因此，在亚里士多德看来，自然中的所有事物和现象都内在地包含某种促进其生成，即是其所是的力量，“是其所是”，就是成为其本己的自身，这个本己的自身之所是，就是事物的目的，只有从这种内在“目的”才能逻辑上“在先地”评判事物各个部分活动(或功能）的“好坏”。

因此，亚里士多德也认为，人的所有活动，无论是“技艺和探索”，还是“行动和选择”都“自然地”追求好(善)，而所有这些“好”都是为了人生的“好”，即幸福的实现。这说明，在他的内在目的论论证框架中，为了克服相对主义，具有一个确定“好”或“善”的“建筑术的结构”（1094a13），即低级的目的从属于高级的目的，高级的目的从属于更高一级的“目的”，但“最高的目的”不再从属于任何别的目的，而是“因其自身之故”而被追求的，所以，只有这个“目的”才是“目的自身”，才是“真正的目的”。而那种不假外求、自满自足的“幸福”就是这样的目的。所以，对于人的所有追求和活动，就是视其是否有助于实现这一最终目的才能界定其“好”或“善”。这样的“善”就既不是相对和主观的东西，也不是抽象同一的概念或理念。借助于这一自然目的论论证，亚里士多德找到了克服智者派的相对主义和柏拉图的抽象理性主义的爱智之路。

（二）功能德性论的论证

在自然目的论的论证中确立了“好”或“善”是内在于事物自身的生成活动之后，亚里士多德要进一步论证这种“好”或“善”

对于人而言，或者更具体地对于“我们”而言如何体现为客观上是“好”或“善”的问题，因为伦理学涉及的人的事务，我们所知的相对于“我们”而言的“好”或“善”，“好生活”（幸福）是人的幸福，它的实现主要依赖人的德性活动，也就是说依赖于如何把人的“自然禀赋”转化为“真正德性”。人的“自然禀赋”具有我们传统伦理所说的“自然人性”这一面，但亚里士多德主要不强调这一面，在他的“人是政治的动物”这个著名命题中，众所周知他突出的是人的社会性。但“社会的人”也有“自然禀赋”，有其“身体”，而所有的“自然禀赋”必定有其特有的“功能”，譬如眼的“功能”是“视力”，鼻子的“功能”是“嗅觉”，手和脚乃至身体的每一个部分，都有其特有的功能，亚里士多德的意思是说，把其特有的功能发展至完善，就是它们的“德性”，将眼睛的功能保持良好和完善，使得眼睛有“好视力”，这就是眼睛的“德性”，而这种从事物的自然功能来论证人有其特有的功能，进而把人所固有功能的完善等同于人的德性的论证被称之为“功能论证”（function-argument 或 ergon-Argument）。

应该说，亚里士多德的这一功能论证是粗略的，他采取了如下几个步骤：（1）眼睛、手脚以及身体的每一个部分都有其特殊的功能，鞋匠和木匠也都有属于他们的特有的活动和成就，他们（它们）的德性就是其特有功能的实现和完善；（2）人也有其固有的功能和活动，这种活动是什么呢？不是生命，因为生命活动也为植物所固有；不是感觉的生命，因为马、牛和一切有感官的生灵也都有感觉；那么剩下的就是灵魂的有理性（逻各斯）天赋的生命；（3）灵魂有理性天赋的生命可分为两个部分，一个是自身是非理性的，但能够顺从理性，接受理性的指导的部分，一个是灵魂自身的有理性的部分，由前者亚里士多德阐发出人的伦理德性，由后者阐发出人的理智德性，灵魂自身有理性的部分中的“努斯”能力是人身上的“神性”，或者“通神”的能力；（4）既然“德性”是作为固有能力的实现活动，那么人的德性也就是灵魂生命的“立己的实存［或实现］活动”（eigenständige Tätig-sein），一个卓越之人的灵魂的实现活动，就是最好的和最完善的灵魂的实现活动。如果一个人终归变得卓越，就是说他实现或完成了他所固有的人的使命。

这种“功能论证”看起来是一个笨拙的论证，因为现代语言中，“功能”在很大程度上被工具化了，说人有一种特有的“功能”无疑是强调人被使用的意义，但是，功能（ergon）的古典含义不是说它是被他人所用而实现出来的，而是“非它不能做，非它做不好的一种内在固有的能力”[5]，因而是人固有的高级生命的活动，通过这种活动人才是真正的人，因而它是人之为人的固有使命的实现和完善。这样一种论证对于伦理学而言，就不仅是必要的，而且是非常重要的。

伦理学作为人学是要人通过自身的卓越活动实现自身身上所体现的人之为人的固有使命，人具有“再造第二个自我”的使命，这种“再造”就是把生之于父母的自然天赋发展至完善，其途径是把自身之中的那些真正属人的禀赋作为主宰，所以，亚里士多德也说过，人身上的“努斯”（神智）是人的真正自我，真实本身这样的话。

这一论证也有点类似于我国传统哲学中的“人性论”，但我不想把大家的阅读视野引向这一维度，因为这种功能论证尽管是从人的自然禀赋出发的，但亚里士多德从来不像我国的“人性论”学说那样，断言人性究竟是善还是恶；尽管他把人的理性（灵魂的逻各斯）看做是人的高贵部分，但他从来没有断言，理性自发地就是德性（善）。我们甚至要看到，在讨论债务人期望他的债权人不在了才好，这样他就不用还债了时，埃庇卡莫斯会说，这种意见对人的评价也太过恶劣了，但亚里士多德却说：“人差不多就是这个样子”（1167b26）这样的话。在《政治学》（1253a31—32）中，他的这段话对于了解他对于“人性”的看法也是十分必要的：“人一旦趋于完善就是最优良的动物，而一旦脱离了法律和公正就会堕落成最恶劣的动物”。所以，他认为，人的伦理德性不是从本性中发展出来的，“德性既非出乎自然也非违反自然，而是我们具有自然的天赋，把它接受到我们之内，然后通过习惯让这种天赋完善起来（1103a24—25）。”

所以“功能论证”是借助于ergon在词源学上与“实现活动”（energeia）联系，来寻求人的“第二自我”的生成和实现，因

【5】 参见柏拉图《理想国》353a。

为“现实这个词就是由活动而来的，并且从中引申出完满实现（entelechia）”【6】在《欧德谟伦理学》1219a24处他也明确地谈到了“灵魂的功能是造成生命”，人的德性就是造就最卓越而完善的生命。这是人之为人的高贵之所在。只有从这一方面，我们才能真正地把握亚里士多德“功能论证”的意义。

（三）经验主义的辩驳法（辩证法）

在上述两种论证策略之外，亚里士多德《尼各马可伦理学》还有一个非常引人注目的论证方法，就是先摆出“现象”，把各种流行的“公众意见”摆出来，然后对这些“意见”进行分析辩驳，得出一个正确的意见（真知）来。我把这种论证策略称之为“经验主义的辩驳法”。之所以是“经验主义的”，是因为亚里士多德不从任何已有的“原则”出发，不从已有的“成见”出发，因而是先于任何“理论”的概念设定，而面对生活世界中活生生的具体经验、具体情境，来得出正确的意见。

几乎在每一卷，我们都能发现亚里士多德这一论证方式。如第一卷第3—5章对“好的生活方式”，柏拉图善的理念以及幸福是什么这些流行意见的辩驳；第二卷第4章关于德性究竟是“性情”、“能力”还是“品质”的辩驳；第七卷第1—3章中对关于自制问题的流行意见的分析，第12—14章对关于快乐的三种流行意见的辩驳等等。为了让大家对这种论证策略事先有个感性印象，我们现在以第九卷第7章关于“施善者更加友爱受善者”的分析为例予以说明。

按照常理而言，接受了别人善举的人应该对施善者感恩戴德，更加友爱才对（我们古人有“滴水之恩，涌泉相报”之说），但为什么会出现施善者反而更加友爱受善者这一有悖常理的现象呢？亚里士多德首先摆出了大多数人的意见：这是因为受善者处于债务人的地位，施善者则处于债权人的地位，就像在借贷关系中，债务人期望他的债权人不在了他就可以不用还债，而债权人反而关心其债务人的安康。所以施善者唯愿受善者好好活着，才能报答他的善举，而受善者则不再关心感恩报答了。而喜剧诗人埃庇卡莫斯对此的意见也许不一样，认为上述意见对人的评价太过恶劣了。

【6】 亚里士多德：《形而上学》1050a21。

亚里士多德如何辩驳呢？首先他回应喜剧诗人，认为人性差不多就是这个样子！因为大多数人对于所受的恩和善没有记性，宁愿接受不愿给予。但事情的原因要剖析复杂而深刻的人性，从债权人和债务人的关系作的解释，完全不着边际。因为债权人对债务人的感情，不是友爱，他之所以关心后者只是希望收回自己的债权。而施善者对受善者相反却是友爱的，然后分析这种友爱的多种原因。

这样的分析让我们感觉不是在读枯燥的哲学论文，而是聆听一位饱经风霜的长者剖析复杂的人性和斑斓的人生，灵魂的高贵与低劣，行为的高尚与丑陋，性情的美好纯洁与龌龊猥亵以及各种混沌不明的中间处境，都在这种辨析中得到阐明和理解。这对于渴望理解人生和人性，追求幸福和卓越的青年人，确实是德性陶养的良方，明智处世的良言。

（四）总的论证框架

阅读经典，我们首先要把“厚书看薄”，即把握其总体性、纲要性的论证框架，这是一般阅读层面的问题。《尼各马可伦理学》的总体论证框架如下：

一、至善和幸福作为人生所追求的最终目的（第一卷）【7】

1. 善和目的

2. 人之为人的使命

3. 幸福要靠神佑和运气，还主要是靠人的德性来实现

4. 两种德性（伦理德性与理智德性）的划分与灵魂中的高贵部分

二、德性与中庸（第二卷）

1. 德性品质与性情和行为

【7】 由于德译本和英译本分章不同，而考虑到本译注主要是根据德译本而作，德语国家研究者在行文时经常会提到在第几卷、第几章讨论什么问题（如讨论快乐问题在第七卷的12—15章和第十卷的1—5章，他们会这样标注VII12—15和X1—5），所以为了便于对应，不引起读者更多阅读上的麻烦，我们最终还是完全根据德译本的分章。至于分段，我们基本上按照Taschenbuch版和Meiner版。各卷各章的标题主要由译者根据内容所拟，但也主要参考了德文Meiner版的标题。

2. 德性与中庸

三、德行的特征与具体的伦理德性（第三、四卷）

1. 德行与自愿

2. 德行与权谋和抉择

3. 具体伦理德性分析

四、公正作为德性之首优于各种具体德性（第五卷）

五、理智德性与明智（第六卷）

六、自制和快乐（第七卷和第十卷）

七、友爱与和睦之于幸福的意义（第八、九卷）

八、思辨的幸福高于实践所能达到的幸福（第十卷）

（五）各卷具体的论证思路

在把“厚书读薄”，把握了总体论证框架和总的思想纲领之后，我们就要开始把“简单的道理复杂化”，即深入到“常理”的背后，深入清理出它的各种理据，把握其中的奥义和奥妙，同时弄清这些“常理”在实际应用中已经遇到或可能遇到的各种困境和难题。这就是“学问层面”的问题。现在，我们把《尼各马可伦理学》各卷的具体论证思路概括如下：

第一卷：善、幸福和灵魂活动的论证结构

（一）导论：实践哲学的对象、课程和听众，第 1 章，1094a1—1095a13

1. 对象，1094a1—b11

2. 课程，1094b11—27

3. 听众，1094b27—1095a13

（二）对通过行为所能实现的最高善的第一次辩证的规定

1. 在名称上大家都是一致地把它称之为幸福，即好生活和好品行，但这并非是对其本性的回答；首论实践哲学的方法并再论听众，第 2 章

2. 对主流意见的审核

（2. 1）以三种生活方式及其目标为出发点，第 3 章

（2. 2）对柏拉图善的理念的批评，第 4 章

（2. 3）最高的实践善的固有属性：完满而自足，第 5 章

（三）对人之为人所能达到的最高善之本质的科学规定和推论，

第 6 章

（四）审查和验证所获得的定义，第 7—12 章

1. 再谈伦理学方法：不能在所有对象上要求有同样程度的准确性，而永远只能依据所与材料所允许的、与其研究相适合的尺度，第 7 章

2. 三种善缘（外在的善，身体的善和灵魂的善）对幸福的影响，第 8 章

3. 分析比较他自己的幸福观与流行意见的关系，第 9 章

4. 幸福与运气

5. 判断人生是否幸福是否要等到“盖棺论定”？后人的命运对幸福的影响，第 11 章

6. 幸福是属于值得称赞的还是值得崇敬东西？第 12 章

（五）向第二卷讨论德性的过渡

伦理德性与理智德性及其所属的灵魂部分，第 13 章

第二卷：德性与中庸的论证结构

一、德性源自习惯，既非自然的也非反自然的，第 1 章

二、德性的养成伴随快乐与痛苦，第 2 章

三、在德性的行为中才形成稳固的德性品格，区别于技艺，第 3 章

四、德性的定义：

1. 作为与性情和行为相关的品质，第 4 章

2. 作为契合中庸的品质，第 5 章

五、中庸之德的应用范围

1. 德性就其本质和其实体的规定而言是中庸；但按照它是最好而且把一切都实现到最完善的意义上，它也是极端，1107a7—8

2. 不是每种行为和每种性情都有一个适中的空间，有些性情和行为本身就是恶的，而不是由于其过度或不及才是恶的，1107a9—14

3. 在幸灾乐祸、恬不知耻、妒忌、怯懦这些性情和通奸，偷窃、谋杀和不公正这些行为上，不因为其过度或不及是恶的，而是本身就是恶的，所以在过度和不及这里根本不存在中庸，正如在中庸这里不存在过度和不及一样，1107a10—26

4. 应用具体的德性更准确地阐明中庸概念

（1）怯懦和鲁莽的中庸是勇敢，1107a34

（2）自制和放纵，1107b6

（3）慷慨，挥霍和吝啬，1107b9—14

（4）大方，粗俗和小气，1107b18—22

（5）自重，自夸和自卑，1107b23—24

（6）温和，暴躁和木讷，1108a4—8

（7）诚实，虚夸和假谦卑，1108a20—23

（8）机灵，圆滑和呆板，1108a24—27

（9）知羞耻，羞怯和不知羞耻，1108a32—36

（10）义愤，忌妒和幸灾乐祸，1108a36—b6

5. 中庸和极端之间的对立关系，第 8 章

6. 如何契合与达到中庸，第 9 章

第三、四卷：德行特征和具体德性的论证结构

一、德行的特征，第 1—8 章

1. 德行的首要特征是自愿，对不自愿和被迫的界定，第 1 章

2. 对无知行为的界定，第 2 章

3. 对自愿行动的总定义及其与义愤和欲望的关系，第 3 章

4. 选择是自愿的，但不等同于是任意的，第 4 章

5. 权衡不涉及目标，仅涉及达到目标的途径，第 5 章

6. 意愿与何种目的相关，第 6 章

7. 自愿与责任：人的高贵与低贱全由自己负责，第 7 章

8. 德行特征的总结，第 8 章

二、对具体德性的详细阐释

1. 导论，从勇敢谈起，第 9 章

（1）勇敢与胆怯，怕什么？为什么可怕？

（2）定义真正的勇敢：对光荣的死无所畏惧，对濒临死亡的突发危险无所畏惧的人，特别是在战场上无所畏惧，不怕牺牲，1115a33—35

（3）高贵与完美作为勇敢德性的目标，第 10 章

（4）貌似勇敢的其他五种类型，第 11 章

（5）勇敢与苦乐感，第 12 章

2. 节制，第 13 章

（1）节制是快乐方面的中庸，和痛苦不大相关

（2）节制是与某些肉体快乐有关，和灵魂的快乐无关

（3）节制和放纵涉及的是人和其他动物共有的一些快乐，它表现出人的奴性和动物性

（4）对节制的两个极端：放纵和麻木的阐释，第 14 章

（5）放纵出于自愿，更需得到规训，第 15 章

3. 慷慨，第四卷，第 1—3 章（IV, 1—3）

（1）慷慨是与钱财相关的中庸，财富只能被具有财富之德者用得最好，具有财富之德者就是慷慨之人，第 1 章

（2）高贵作为慷慨德性的规范，第 2 章

（3）对慷慨的两个极端：挥霍和吝啬的阐释，第 3 章

4. 大方，第 4—6 章

（1）它像慷慨一样是涉及财力方面的德性，但不像慷慨那样涉及钱财方面的所有行为，而只涉及支出，而且在支出的数量上超过了慷慨，属于大笔的支出，第 4 章

（2）大方的实现及其先决条件，第 5 章

（3）炫耀和小气作为大方的两个极端

5. 自重，第 7—10 章

（1）自重是对自己的“高大”有正确的估价的品德，这样的人自视重要，也配得重要，第 7 章

（2）自重之人的性格和举止，第 8 章

（3）自卑和自夸作为自重的两个极端，第 9 章

（4）荣誉感是自重的前提，第 10 章

6. 温和，第 11 章

7. 交际之德：友善，第 12 章

8. 诚实，第 13 章

9. 风趣和机灵，胡闹和呆板，第 14 章

10. 害羞不是真正的德性，第 15 章

第五卷：公正论的论证结构

一、主题的提出和方法论的预先说明（第 1 章）

二、作为总德的普遍正义和作为部分德性的特殊公正之区分（第

2 章）

三、讨论普遍正义（第 3 章）和部分公正的两种形式（第 4—9 章）

四、不公正和不公正的行为；公正的诸形式（第 10 章）

五、讨论有关公正的 6 种难题（第 11—13、15 章）和公平的概念（第 14 章）

第六卷：理智德性论的论证结构

一、引论：理智德性与灵魂的有理性（逻各斯）部分（第 1、2 章）

二、区分灵魂切中真理的 5 种能力以及对它们的具体阐释（第 3—7 章）

三、重新讨论明智以及属于明智的三种德性（第 10—12 章）

四、对智慧和明智无用论的反驳并讨论智慧和明智的等级关系（第 13 章）

第七卷：自制和快乐的论证结构

一、第 1—11 章讨论自制，第 12—15 章讨论快乐

二、自制问题引论和关于自制问题的流行意见的分析（第 1—3 章）

三、自制和不能自制的具体问题讨论（第 4—11 章）

四、摆出关于快乐的三种流行意见和对快乐善否的分析与反驳（第 12—14 章）

五、分析人们追求肉体快乐的原因（第 15 章）

第八、九卷友爱论的论证结构

用两卷的篇幅来论述友爱之德，这在西方伦理学史上是绝无仅有的，德国现代著名哲学家伽达默尔（H.G.Gadamer，1900—2002）曾就这一点指出友爱之德在古今的巨大变化，惋惜古典美德在现代的失落，因为在奠定现代伦理学基本框架和理论基础的康德（I.Kant，1724—1804）的《道德形而上学》中，友爱仅有两页纸的篇幅。为什么亚里士多德那么重视友爱呢？因为它像公平公正那样，是维系城邦共同体和睦共处的力量，因而是幸福生活所必需的。在友爱关系中，能见证各类人伦之德。在家庭友爱中有三伦：父（母）子（女）、夫妇、兄弟（姐妹），还有：人（家庭成员）物（奴隶和财产）；在城邦中有基于平等的友爱、基于不平等，即有差等（包括“君臣”、德性高低的人、富人穷人等）的友爱，基于快乐的友爱，

基于有用的友爱，基于德性的友爱等。因此，亚里士多德的论证结构如下：

一、导论：卷八，第 1 和 2 章（VIII, 1 und 2）

1. 从友爱对于个人和城邦的重要性及其伦理等级来辩护友爱的价值

（1）友爱属于生活中最必需的东西，1155a3—28

（1. a）无人能够没有朋友而生活

（1. b）友爱是某种自然的东西

（1. c）友爱之于城邦比公正更重要

（2）友爱是美好而高贵的，1155a28—31

2. 对友爱的不同意见分歧及其原因的讨论，1，1155a32—b8

3. 确定他自己的讨论范围：不谈友爱的物理方面，而只限于从人的品格和性情方面讨论友爱，1155b8—16

二、友爱的基本类型

1. 三种因缘不同的友爱，1155b17—27

2. 基于平等的友爱

（1）三种友爱对象和因缘，2，1155b17—27

（2）基于平等的友爱

（2. 1）相应于对象的三种友爱类型，3—4，1156a6—b32

（2. 1. a）基于有用的友爱

（2. 1. b）基于快乐的友爱

（2. 1. c）基于完善的友爱

（2. 2）这些友爱类型的比较并证明“合乎德性的友爱”的优先地位，5—7，1156b33—1158a36

（2. 3）作为品质的友爱与单纯的情爱之区别

（2. 4）总结，8，1158b1—11

3. 有差等的友爱，卷八 8—10（VIII8—10）

三、友爱和公正，卷八 11—14（VIII, 11—14）

友爱的实现形式

1. 导论，卷八，11（VIII, 11）

2. 六种城邦政体形式和家庭共同体中的友爱之间的对应关系（卷八，12—13）

3. 对不同形式的血亲友爱和夫妻友爱的进一步规定（卷八，14）

四、决疑论的具体问题

1. 按照伙伴的可能对象与按照其平等和不平等来划分的友爱的联系，卷八，15，1162a34—b4

2. 平等关系中的友爱问题，卷八，15, 1162b5—1163a23

3. 有差等之人之间的友爱问题，卷八，16

4. 伙伴因抱有不同的目的之友爱中的疑难，卷九，1（IX, 1）

5. 不同回报责任的冲突，优先归还所欠的人情（债务），卷九，2（IX, 2）

6. 友爱的终止，卷九，3（IX, 3）

五、友爱之本性和必要性的进一步规定，卷九，4—8（IX, 4—8）

1. 友爱与自爱的关系，卷九，4（IX, 4）

2. 与友爱近似的现象（Phänomene）

（1）仁爱与友爱，卷九，5（IX, 5）

（2）和睦与友爱，卷九，6（IX, 6）

3. 施善者更加友爱受善者的原因，卷九，7（IX, 7）

4. 友爱所涉及的其他一些疑难的解决，卷九，8—12（IX, 8—12）

（1）自爱问题，卷九，8（IX, 8）

（2）朋友需有限量的问题，卷九，9—11（IX, 9—11）

（2. a）幸运的人是否需要朋友，卷九，9（IX, 9）

（2. b）人是否应该尽可能多地交朋友，卷九，10（IX, 10）

（2. c）人是在幸运中还是在厄运中需要更多的朋友，卷九，11（IX, 11）

（3）友爱在共同生活中完善，卷九，12（IX, 12）

第十卷：快乐、幸福和立法的论证结构

第十卷是该书的最后一卷，为《尼各马可伦理学》所独有，《欧德谟伦理学》和《大伦理学》都没有这一卷。从内容上看，它首先接着第七卷继续讨论快乐的意义，因此和第七卷相关；从快乐的讨论又得出与前面所讲的“通过人的德性所能实现的最大善”这种实践意义上的幸福不同的第二种幸福：思辨（或沉思）的幸福是最大的幸福，因此又与第一卷起到的首尾呼应的作用，回到了伦理学的根本问题：好生活（幸福）是什么的问题；由于这种自足的、闲暇的、不假外物、专注自身的持久而完满的幸福，与“神”最为接近，因此又与亚里士多德的“神学”相关；同时，最后亚里士多德通过谈论立法与公民教育问题，把伦理学作为政治学的“前言”，又为我们指向了伦理学通往“政治学”的路径。因此，这一卷在亚里士多德《尼各马可伦理学》中是特别重要的一卷。

一、导论：对主题的说明和辩护，1172a19—27

1. 快乐植根于人的本性，1172a19—21

2. 正当的快乐感对于伦理德性意义最为重大，1172a21—26

3. 对快乐的评价存在巨大的意见分歧，1172a26/27

二、辩证的部分：对快乐问题上流行的公众意见进行分析审核

1. 两种极端的立场，1172a27—b8

（1）快乐是最高的善，1172a27/28

（2）快乐是完全彻底的恶，1172a28

（2. a）一些人是从现实相信这一意见的

（2. b）另一些人是出于教育的意图而代表这一看法的，1179a29—33

对这两种极端立场的批评：对快乐有正确的观念对于理论和实践都有重大意义，1172a33—b8

2. 对上述意见和理据的分析辩证，第2章，1172b9—1174a10

（1）对欧多克索斯快乐学说的描述和评价，1179b9—35

（1. a）欧多克索斯的主张和理由，1172b9—15

（1. b）他的人品影响到他的观点受尊重和相信，1172b15—18

（1. c）欧多克索斯的其他理由，1172b18—35

（1. c. a）出于反面的理由，b18—20

（1. c. b）快乐本身是目的，b21—24

（1. c. c. a）快乐提升善的价值，它附加了一种善，b23—25

（1. c. c. b）对这一论据的批评态度，b26—30

（1. c. c. c）同样的想法在柏拉图那里的相反运用，b28—32

（2）对快乐根本不是善的意见的描述和评价，1172b36—1174a10

（2. a）反对所有生物都追求的东西是善，似乎没什么价值，是轻浮的，1172b36—1173a5

（2. b）即便痛苦是一种恶，也不能因此就推出快乐作为其对立面就是一种善，1173a5—13

（2. c）从快乐不是性质，也推导不出它不是善，1173a13—15

（2. d）快乐和其他德性品质一样，有不同的度，可以多一点或少一点，1173a15—28

（2. e）快乐不是运动或生成，1173a29—1173b7

（2. f）快乐不是满足，1173b7—20

（2. g）可耻的快乐根本不是真正的快乐；在快乐形式中的第一次区分，1173b20—1174a8

（2. g. a）快乐的差别每次都是根据对快乐的感受状况而定的，1173b21—25

（2. g. b）源头对快乐的影响，b25—28

（2. g. c）快乐形式的种类区别，b28—1174a8

c.a. 快乐感同特定的状况相关，b28—31

c.b. 奉承者和真正的朋友所提供的快乐，b31—1174a1

c.c. 无人会选择的快乐形式，a1—a4

即便与快乐不想干，每个人也会选择的一些活动，a4—8

3. 结论，1174a8—12

三、学说的正面部分：亚里士多德自己对快乐之本性和价值的阐述，第 3—5 章，1174a13—1176a29

1. 快乐的本性，第 3、4 章

（1）快乐按其本性是完成了的和完整的，因此不是运动或变化，第 3 章，1174a13—b13；回到 1173a29—b7

（2）快乐使从属于它的现实活动完满，第 4 章，1174b14—1175a21

2. 快乐的价值，第 5 章

（1）不同种类的活动要根据它们所属的不同种类的快乐形式来使之完善，1175a22—28

（2. a）相近的快乐感提升所属的活动，1175a29—b1

（2. b）相异的快乐感干扰和阻碍所属活动的实现，1175b1—24

3. 具体的快乐种类在德性上有价值和无价值与它相属的现实活动对应，1175b24—36

4. 快乐感的纯净度不同，1175b36—1176a3

5. 每一种生命存在者都有自己的固有活动，据此快乐的特殊形式归属于具体生命存在者的种类，1176a3—29

（1）快乐的种类因物种的不同而区别，种类相同反而无区别，驴子宁可喜欢草而非金子，因为草有营养，1176a3—9

（2. a）在人这里有很大不同，对于这个人感到痛苦和讨厌的事情，对于另一个人却是愉悦和欢喜的，1176a10—15

（2. b）因此，在快乐上的规范问题要这样来解决：在每种情况下德性和有德性的人（在其有德行的限度内），作为尺度。因为对有德性的人显得快乐的东西，有德性的人感到愉悦的东西，也就是真快乐，1176a15—22

（2. c）既然完善的和幸福的人有一种或多种实现活动，那么无论如何，使这些活动得以完善的那些快乐，就可称作真正意义上的人的快乐，1176a22—29

四、重新论述幸福问题，卷九，6—9（IX, 6—9）

1. 重新定义幸福：在于自满自足和以自身为目标的活动，第6章

2. 根据自足性定义，思辨活动最完满，最幸福，第7章

3. 解决实践生活的幸福和思辨生活的天福之关系，第8章

4. 幸福与外在善缘的关系，第9章

五、德性的形成与立法艺术的关系，立法者承担德性教育的职责，向政治学的过渡，第10章

三、需要着重把握的要义

有人说，“没有一位伟大的思想家像亚里士多德那样获得那么多的注释，可是他的创造性思想却又发挥那么少的推动作用”【8】，造成这一状况的原因就是亚里士多德的创造性的思想，实在是难以直接

【8】 J.L.Stocke:*Aristotelianism*（《亚里士多德主义》），转引自《希腊哲学史》3，第44页。

从原文本身获得本源性的理解，人们一般只有借助于注释家的阐释去把握它。现在，当我们直接阅读其文本时，我们需要从其文本出发，准确把握其本源性的思，为此，特点出几个易于产生误解的问题之要义。

（一）手段之善和目的之善

亚里士多德用目的论框架来确定“好”或“善”的含义，很容易被受现代工具理性影响太深的人误认为，“好”或“善”只是相对于实现某个“目标”而言的“手段”。但这不是亚里士多德所要强调的含义。目的论论证框架，恰恰是要通过“目的的建筑术结构”（即低级目标从属于高级目标，形成一个阶梯性结构）阐明，有一种目的，它不从属于任何别的目的，别的目的却从属于它，它是“因其自身之故”而被欲求的，这个目的才是最终目的。只有相对于这种意义的“目的”，才能定义“好”或“善”。“幸福”就是这样被定义的，我们可以说，我们追求财富是为了幸福，我们培养自己的优秀品质和才干是为了幸福，但不会说，我们追求幸福是为了别的目的，因为它自身就是目的。它不作为任何别的目的的手段，而是目的自身，因而是最高的善。亚里士多德把沉思（思辨的）幸福，作为至福，天福，原因就在于这种幸福不仅因其自身之故值得欲求，而且本身自满自足，不假外求。后来，康德虽然不同意亚里士多德关于幸福与德性的一些看法，但借用了他把善规定为因其自身之故而被欲求的目的，来论证“人是目的”永远都不能够被当做手段的伦理诫命。迄今为止，在哲学上论证“好”、“善”、“价值”等都是要把它们从现象界的因缘关系中抽取出来，就“因其自身之故”是否值得欲求来界定，才是哲学意义上的，否则如把“价值”看做是因“需要”或“有用”来界定，就只能是“经济”上的价值，而非哲学上的价值。现代工具理性泛滥，只重视手段之善，遗忘了目的之善，德性、人自身都变成了低级欲求的“手段”而失去了自身固有的价值和尊严，此乃人类文明的倒退和悲哀。

（二）理论高于实践，静观（思辨）高于行动

理论知识（哲学）和实践知识（哲学）是亚里士多德首次做出的一个区分，在此之后，理论和实践的关系，一直是哲学思考的一个主题之一，它涉及对哲学本身的任务、性质和社会作用的基本理解。亚里士多德非常强调伦理学是“实践”的，它不仅要知道善恶是什么，而且要知道在行动中如何求善避恶。他也强调幸福就是通过行为所能达到的最高善，因此，特别强调幸福的实现主要靠德性，而不是靠运气或神佑。但是，他最终还是把思辨的（也即“理论的”=“静观的”）的幸福看做是高于行动（实践）所能达到的幸福。“理论”在亚里士多德那里高于“实践”，“静”高于“动”，这样的价值秩序一直到康德提出并论证了“实践理性高于理论理性”才被颠倒过来。马克思在此之后，说哲学的使命不仅是认识世界，而且要改造世界，就是在康德的实践高于理论的意义上而言的。

要理解亚里士多德的“理论高于实践”的思想，我们要知道，无论是“理论”还是“实践”在亚里士多德时代的含义与我们现今的含义不仅根本不同，甚至是相反的。“理论”（Theoria）的本义是“观看”，但最高的“观看”不是一般肉眼的“观看”，而是灵魂最高直觉的“观看”，即努斯（Nous）的“智的直觉”。这种“观看”是对最高原理，对至善目的的“直观”，类似于我们《大学》中的“明明德”。西塞罗后来根据其“静观”的含义把它译作拉丁语 Spekulation，就慢慢演变成为现代的纯粹理论的“思辨”，与“实践”完全分开了。但在亚里士多德那里，这种“理论的”静观，不仅不同“实践”分离，而且原本就是“实践”，伽达默尔说这是一种“更高的实践”。为什么说它是“更高的实践”呢？因为这种观看是为了直观、洞识那最高的目的本身，而这种最高的目的就是最高的善。对于一般的“实践”而言，“目的”是明确的。

（三）德性之为“中庸”

亚里士多德的伦理学在当代被命名为“德性论”，作为与现代的道义论（义务论）和功利论相对的西方三大伦理学范式之一。“德性”自然是《尼各马可伦理学》最为核心的概念，而“德性论”是其中最为核心的内容。但对他的“德性论”的看重，在不同的文化中显得非常不同。我们中国人，一谈到“德性”，首先想到的就是个人的“品德”，这一部分，亚里士多德称之为“伦理德性”，但整个现代西方哲学家最为重视的是对他的“理智德性”的阐释和注疏，德国的海德格尔和伽达默尔，法国的保罗 · 利科尔这些现代最顶尖的哲学家都有专门的文章或著作来梳理和阐释理智德性，以至于明显地有

“过度阐释”的责备。【9】而只有对于政治哲学家而非伦理学家才把公正（作为总德）和友爱（作为城邦之德）这些社会政治德性与他的德性论联系起来。因此，对亚里士多德的德性论从总体上进行的研究的还不多。

在亚里士多德的德性论中，最受人诟病的还是他对德性之为中庸的阐释。如英国当代伦理学家威廉姆斯就把亚里士多德的中庸学说说成是“他的体系中最著名但却是最无用的部分之一”。【10】

为什么“最为著名”而又“最为无用”？“最为著名”无非是说，“中庸”学说被当作是亚里士多德对德性的一个基本界定，谁只要了解亚里士多德，就不会不知道他的这一思想；而“最为无用”就是说，“中庸”作为两个极端的中间，解决不了德性问题。实际上，对亚里士多德的误解，许多时候都是因“译名”不能表达其准确含义造成的。中庸学说也是如此。所谓“中庸”对应的希腊文有两个：meson 和 mesotês，英文译为 mean，德文相应地也有两种译法：Mitte 和 Mittlere，我在正文中一般是把 Mitte 译为“中庸”，把 Mittlere 译为“适中”，指契合了“中”的状态（mesotês 有尺度的意思，“适中”也即“适度”）。亚里士多德在使用 meson 和 mesotês 时，涉及的含义非常多，当他用来解释“伦理德性”时，他有“中间”的意思，因为伦理德性涉及性情、欲望或脾气和行为，如愤怒，有德性

【9】 参阅保罗·利科尔（Paul Ricoeur）：*la vérité pratique, Aristote, éthique à nicomatique livre VI,*（为了明智之荣光，亚里士多德:《尼各马可伦理学》第六卷），textes réunis par Jean-Yves Chăteau, édition:J. Vrin 1997, Paris。在这篇文章中利科尔对法国著名的亚里士多德注释家 Pierre Aubenque 教授在《亚里士多德的明智》中将整个《尼各马可伦理学》聚焦于明智来解读表达了“吃惊”，认为伽达默尔，麦金泰尔的解读与文本的差异太大，罗斯（David Ross）、哈迪（W.F.R.Hardie）等等著名的亚里士多德阐释家的阐释“都让我们如坠迷宫”。感谢复旦大学哲学学院 2008 级博士生赵伟先生作为他的课程作业向我提交了这篇法文译稿。

【10】 B.Williams: *Ethics and the Limits of Philosophy,* Cambridge MA:Harvad University Press, 1986, p.36.

的人，既不暴跳如雷，也不无动于衷，对什么事该怒的一点都不怒，所以德性是它们之间的中庸状态。这时的“中庸”指的是，既不太过也不不及，在“过”和“不及”中间的“不偏不倚”，就是“中庸”。但这种意思上的“中庸”容易造成误解，人们以为“中间”就是“中庸”。实际上，“中间”只是一个比喻性的说法，它的实质含义，是要把“中”理解为动词：“切中”、“命中”、“契合于”，把“庸”理解为“正确”、“常道”、“恒常之理”，这样的意思与我们儒家所讲的“不偏之谓中，不易之谓庸。中者，天下之正道，庸者天下之定理”（程颐）；“中庸者，不偏不倚，无过不及，而平常之理，乃天命之当然”（朱熹）是等义的。因此，严群和苗力田先生都曾把它直接译作“中庸”，是非常有道理的。我之所以没有选择廖申白先生的“中道”这一译法，原因就是“中道”更多地只能表达“中间”之“中”，表达“平常”之“中庸”的含义，它既不能直观地表达“中”的动词意义，也不能直观地表达“庸”作为“正确”、“常道”、“恒常之理”的那种作为“极端”、“最好”的含义，而这些含义恰恰是亚里士多德极力强调的：“所以德性就其本质和其实体的规定而言就是一种中庸；但按照它是最好而且把一切都实现到最完善的意义，它也是极端。”（1107a6—8）。只有在这种意义上，我们才能理解亚里士多德所强调的，“在德性内不存在中庸，在恶之内也不存在中庸，德性完全是正确，恶则完全是错误”（1107a22—26）这样的说法。

实际上，亚里士多德在阐释理智德性时，就几乎不用“中庸”，而是强调它一方面与 orthos logos（“正确的逻各斯”，我们在译文中根据 logos 在这里是“尺度”的意思，译作：“正当的尺度”，按照德文直译就是“正当的理性”）相关，一方面与行为的最终实际，即具体处境相关；作为“正确的逻各斯”，理智德性要切中“真理”（五种理智德性都是灵魂切中真理的能力），洞明“最终目的”，这些都是在“最好”、“最高”、“最完善”的意义上而言的；而考虑到具体行为的相关处境，作为智德的判断和理解也是对如何做才是最恰当，最得体的“判断”、“理解”，因此亚里士多德在此意义上一般不用“中庸”，而用“权谋”。“权谋”意味着反复思考，选择和决断如何才能“切中”、“契合”于中庸（即“正确的逻各斯”），其中也包含对“正确的逻各斯”有“好的理解”（我们译作“善解”）。在此意义

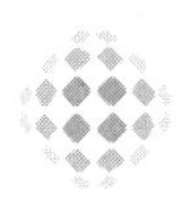

上，中庸就是命中正确的东西并受赞美。而这两者，命中正确和受赞美，就是德性的特征，即中庸品质的特征。这种“权谋”如何“命中”中庸的意思，我们也在《孟子·尽心（上）》可以找到近似的说法：“子莫执中；执中为近之。执中无权，犹执一也。所恶执一者，为其贼盗也，举一而废百也”。这就是说，“执中”仅仅是接近于正确，为了达到真正的正确，需要“权谋”。这也是亚里士多德所特别强调的。

（四）理智德性与明智

上面已经提到，理智德性不同于关乎性情与行为的伦理德性，在于它与 orthos logos（“正确的逻各斯”）相关，主要体现为判断力和理解力，即对具体行为处境中如何做才最适合，得体的判断和理解。但知道了这一点，远远不能说完全理解了《尼各马可伦理学》第六卷的内容。讨论“智德”的这一卷，历来分歧很大，难以理解，使得现代哲学大家在此用力最勤。不过，恰如利科尔所言，这些现代大哲的阐释，不但不能让我们更加接近亚里士多德的原意，反而“都让我们如坠迷宫”。最典型的例子，是海德格尔对这一卷的解读。[11] 由于海氏奢谈“存在论”（Ontologie），不及伦理学，在对这一卷的阐释时也同样一开始就申明：“我们对这本著作的阐释先撇开特殊的伦理学难题，而把理智德性理解为对真正的存在之保真（Seinsverwahrung）的实行可能性的占有方式”，因而德性乃是“灵魂最多地把非遮蔽的存在者带入保真中的那些方式”[12]。但即使我们紧紧联系伦理学来阅读，这一卷“对于评论者而言（也）是个艰难地带，在其中人们频繁地被对立性争议所阻断”[13]。最大的争议

【11】 参阅海德格尔：《对亚里士多德的现象学阐释》，载于孙周兴编译：《形式显现的现象学：海德格尔早期弗莱堡文选》，同济大学出版社 2004 年版，第 102—114 页。

【12】 参阅海德格尔：《对亚里士多德的现象学阐释》，载于孙周兴编译：《形式显现的现象学：海德格尔早期弗莱堡文选》，同济大学出版社 2004 年版，第 102—103 页。

【13】 Sarah.Broadie:Ethics with Aristotle.New York, Oxford University Press, 1991, p.179.

性问题，是由 19 世纪的德国浪漫主义神学家和哲学家施莱尔马赫（Schleiermacher,）提出来的，就是亚里士多德自己在讨论理智德性时，涉及同伦理德性的关系，经常是摇摆不定的。例如在 1144b1 说“因此我们必须再回来考察德性”，这个“德性”究竟指的是哪种“德性”很不清楚。接着讲了“自然的德性”（aretē phusikē）和“真正的德性”（aretē kuria），却没有提及基于习惯、习性的“伦理德性”（1144b3, b16），强调自然的德性如果没有“明智”这种“理智德性”的“指引”，就如同一个强壮的人，如果没有“视力”就会摔得很重一样，不会有卓越的行动，不会有真正的德性。再接着，他在评述苏格拉底时，说：“他把所有德性都看做是明智，是不对的；反之，他认为没有明智，德性就不存在，则是对的”（1144b20—21），又说：“不明智，也就不可能有伦理德性”（1144b31），这就把伦理德性也看做是基于明智德性的。因此，伦理德性和理智德性、特别是与其中的“明智”的关系是理解第六卷的一个重要疑难。

第二大疑难是，在这一卷亚里士多德是从灵魂切中真理的五种能力：科学（episteme）、技艺（techne）、明智（pronesis）、努斯（nous）和智慧（sophia）来阐释理智德性的，那么，究竟这五种切中真理的能力都是理智德性，还是只有其中的三种：明智、努斯（灵智）和智慧是理智德性，或者仅仅是明智是理智德性呢？这都存在着争议。

为了准确解决上述两个疑难，我们先从“明智”这个概念谈起。“明智”是对 phronesis（英文有的译作 prudence, 有的译作 practical intelligence 或 wissdom）的翻译，中文还有一个常见的译法就是“实践智慧”。强调它是“实践之智”这是对的，但由于在灵魂切中“真理”的五种能力中，包含了两种“智”，一是“智慧”，一是“努斯”（灵智），而亚里士多德更多地是把“明智”与“努斯”（灵智）联系起来，因为“智慧”（sophia）是总体性的和理论性的，而“努斯”是针对行为具体处境的“直觉性的”“明见”之光，因而是“实践性”的，它直接针对行为的最终目的（善），以此来“照亮”“理智的”判断和决断，所以我们翻译为“明智”，表达其做出正确伦理决断的实践性的品质。

以此概念为中心，我们就能理解，在灵魂切中真理的五种能力中，“科学”和“技艺”虽然都有“理智”的品质和结构（当然在广

义上，仅就它们有“理智品质”这一点而言，也可以称其为“理智德性”），但不属于严格意义上的“理智德性”，因为“科学”是“知识性”的逻辑演证的品质，它从普遍的前提推论出结论，是单纯“理论的”，它的对象是必然性的，不变的，而德性的对象是可变的，可在“行动”中塑型的；“技艺”是单纯制作性的，也不属于“行动”。因为“制作”有一个在自身活动之外的目的：“产品”或“作品”，而“行动”以自身为目的，“好的行动”本身就是目的（1140b6—7）。我们这里所谓的“严格的理智德性”是按照亚里士多德对于“德行”的一个严格界定为前提的，他明确地这样说：“只有当行为者在行动时满足了相应的条件才是德行。首先，他知道他所做的事，其次，他是基于一种明确的意愿抉择并且这种抉择是全然为了这件事情本身而故意行动的，第三，他是坚定地和毫不动摇地行动的。这三个条件对技艺并不适用，因为只有明晰的知识对它才是必不可少的，但对于德性而言，知识的意义不大或者全然没有意义。”（1105a30—b4）。

因此，在灵魂切中真理的五种能力中，只有“明智”、“努斯”和“智慧”才是真正严格意义上的“理智德性”。当然，“努斯”和“智慧”也只是因为它们对于“明智”德性的构成具有必不可少的伦理价值才是理智德性，即它们能以对普遍原理和善的目的的明察和洞识“照亮”行为的原意选择和目标之确定，使得人们在具体行为处境中懂得如何做才最为恰当和得体。

这样看来，灵魂切中真理的五种能力，都有“理智”的品质，但它们的伦理价值是体现在它们对于一个严格意义上的理智德性—明智—上的。只有明智才真正是理智德性，而这个理智德性是实践的智慧而非单纯理论的智慧。单纯具有理论智慧的人，如阿那克萨哥拉、泰勒斯这类思想家，是智慧的代表，而不是明智的代表。由于“明智则涉及人的事务和人能谋变的东西”（1141b8），所以那些杰出的政治家（如伯利克里）和对生活具有丰富经验的人是明智的代表。

明智作为理智德性具有“善谋”、“善解”和“善于体谅”三种次级形式。善于权谋的人，就是懂得如何通过权谋而命中行为所能达到的最大善的人；善解就是能够明辨善断，规定什么可行，什么不可行，而且是懂得最恰当和得体的行；而体谅在此正是对“得体”

的一种正确判断。举止得体是所有待人之善的共同品质，所有可思议的行动都发生在具体情境和最终实际中，所以，明智之人必须从领悟行为的最高原理和具体情境两方面切中行为的最终实际，这是灵智（努斯）和机智的结合。光有“灵智”而不会就行为的最终实际“善谋善解”的人，不是明智之人，光是有懂得如何去做并达到预定目标的能力，这样的人可能是机灵的和圆滑的，但也不是明智的，亚里士多德明确地把明智区别于“机灵”和“圆滑”。明智像狡猾一样是机灵的，但机灵能否成为明智，依赖于其行为目的的高尚，如果机灵人的目标是卑下的，它就是狡猾。所以只有靠人打开自己高贵的灵魂之眼，明智才能提升为品质德性。“德性的卑劣会使理智在原则上做出错误判断，导致行为原则的失误，所以，如果人没有高贵的灵魂之眼，就不可能是明智的”（1144a35—36）。

这种意义上的明智德性就成为了“完全的德性”，就是说，“一个人只要具有了一种明智德性，同时就将具有所有的德性”（1145a2—3）。但这一说法本身又是令人费解的，因为这种“完全的德性”同作为“德性之总括”的公正是一回事吗？显然不是，但明显地，“完全的德性”应该包含伦理德性和理智德性这些“具体的”德性，然而，完全的德性并不是由明智与那些已经习惯化的伦理德性的外在结合产生的，而是自然德性在实践理性能力的自我完善中逐步转化为明智的过程，它们是“整合”的关系。没有明智就不可能做出正确的意志选择，就不可能有德性，而没有德性的高贵，理智之“明德”也不会“明”。“明明德”既是明智之德之功，也是德性自身的显现，只有在此意义上，我们才能明白亚里士多德所说的：“德性是与明智一同存在的。不明智，人不可能在真正的意义上是有德性的，不明智，也就不可能有伦理德性。”

在此意义上，亚里士多德赋予了“智德”在德性论中的核心地位，这是与我们儒家德性论很不相同的。尽管《中庸》将“智（知）、仁、勇”称为“天下三达德”，[14]但《中庸》对“智”（知）的解释是“好学近乎知”，《论语·子罕》篇对“智、仁、勇”的解释是“知者不惑，仁者不忧，勇者不惧”，而《中庸》对“不惑”的解释居然

【14】《中庸·哀公问政》。

是“尊贤则不惑”，可见，这些说法都没有涉及“智”的真正积极的德性内涵，按照“仁、义、礼、智、信”的这一排序，智德在这里也远不及它在亚里士多德那里的地位，这是值得我们认真思考和比较的一个重要方面。

（五）公正乃德性之首，不公正为万恶之源

儒家伦理中也有强调“公正”的一些思想萌芽，说“政者正也”，但“公正”似乎从未上升到“德性之首”的地位。在德性的排序中，仁、义是首要的价值，但它们似乎与公正不相干，从《中庸》的这句解释：“仁者，人也，亲亲为大；义者，宜也，尊贤为大”，可以明白同样是作为“人文主义”的中西伦理学在价值秩序上的巨大差异。

在当代政治哲学和伦理学中，公正或正义被视为社会制度的首善，而非个人的品德。而在亚里士多德这里则相反，公正是作为人的品德来讨论的：“所有人通常都愿把公正称为那种人们基于它才有能力（Fähigkeit）公正地行动，做且愿意做公正之事的品质。同样，不公正也可理解为那种人们基于它才有能力做且愿意做不公正之事的品质”（1129a7—9）。这样一种公正的品质为什么说它是德性之首？亚里士多德给出了如下几点理由：第一，公正是尊重法律和公民平等（1129a34），“法”在亚里士多德的意义上，不仅是指“实定法”，而且也指“自然法”（作为自然秩序的Logos）、“礼俗法”（nomos），所以，法是普遍的，是对整个生活领域的规定，以普遍利益为目的，它带来并保存城邦的幸福及其组成部分；第二，它是总的德性，是一切德性的总括，是德性的整体而非德性的部分；第三，作为总德在人身上的直接应用，它存乎心（意愿正），见于行（行为公正），均为公正；第四，有公正之德的人也能以此德待人，而不仅仅以此德为己：“公正在德性中看来像是唯一的一个待人之善，因为它与他人相关，它做的是利他的事”（1130a3—4）；第五，德性与公正，虽然概念上不同，但本质上是同一个东西，“在涉及待人的德性时，就叫做公正，但涉及在公正的行为中发挥作用的品质时，就在总体上称之为德性”（1130a12—13）。

因此，当我们把亚里士多德的伦理学称作德性论伦理学时，我们切不可忘记，公正乃德性之首这种“总德”。我们经常容易犯的错误就是，把德性仅仅当作部分的、具体的德性，如慷慨、大方、勇敢等，我们推崇利他的道德，但总是在肤浅的意义上，把利他的事，简单地理解为别人做点“好人好事”，而遗忘了“公正”和“平等”乃是最大的“利他”。在亚里士多德的语境中，不公正的人根本不可能有真正的德性，一个总体上没有德性的人，即便能有勇敢、节制、温和、慷慨之德，又有多大意义呢？

对亚里士多德德性论的一大误解，是说他的“德性”是“为己”的自我中心论的自我实现理论【15】，但就公正德性论、友爱德性论而言，我们可以说，在亚里士多德那里，不存在这种“自我中心论”，原因在于，他所说的“自我”不是原子式的个人，人总是在父母，兄弟，姐妹这样的家庭共同体活着，在朋友，同胞，同伴，同事这样的城邦共同体中活着，因此他才说，“人本质上是政治的动物”，孤独的个人是不存在的。德性的高贵是为了幸福，而没有哪个鳏寡孤独者是幸福的；因此，他决不可能脱离社会政治共同体来谈论德性，正如当代的亚里士多德研究者卡什多勒所说：“在亚里士多德相当广阔的政治领域的概念中，没有政治学是超道德的，也没有道德是非政治的”【16】。在这里所谓“政治的”指的就是“公共的”，与他人相关的社会领域。

四、亚里士多德的德性论对于今日中国的意义

现代之后，人类文明都面临传统德性丧失的悲哀，对此，德国现代哲学家和社会学家舍勒作了这样的描绘：“在古代，人们乐于谈论德行的‘光辉’和‘装饰’，并将之比作价值连城的宝石。基督教的神圣象征使德行自发地从个体的心底放出光彩，并带来这种思想：德行的善与美并不基于人对他人的行为，而是首先基于心灵本身的

【15】 参见黄勇在《美德伦理的自我中心论问题——朱熹的回答》（载于《宋代新儒学的精神世界》，华东师大出版社 2009 年版）对这个问题在英美伦理学界的讨论和回应。

【16】 Standford Cashdollar: *Aristotle’s Politics of Morals, in:Journal of History of Philosophy,* 第 11 卷，第 2 期（1973），第 145—160 页。转引自聂敏里选译《20 世纪亚里士多德研究文选》，华东师大出版社 2010 年版，第 248 页。

高贵和存在”，而“现代人已经不再把德行理解为对意愿和行为的充满生机而又令人欣喜的能够意识……也不再理解为自发地从我们的存在本身之内涌出的力量意识，而仅只理解为含混得无法体验的‘素质’和依照某种定规而行动的秉性，这就是德行变得令人难以忍受的首要原因。德行也变得毫无魅力，这是因为，不仅德行的获得，而且德行本身都被当成了我们的累赘，与此同时，只有缺德或恶习才使人难以为善乃至汗流浃背”【17】。造成人们不再相信德行有力量，有价值乃至有光彩的原因，除了舍勒这里讲的，是现代人把德行错误理解为是按照“定规”（即规范、规则）来行动的秉性之外，我们不仅要进一步追问，为什么现代伦理把德行变成了规则和规范呢？这实际上就是现代人的生活理想和生活方式发生了惊天巨变的结果。现代人不再像古人那样，相信家庭是个其乐融融的共同体，是实现幸福的庇护所，追求“自由”、“独立”和“个性”的现代人宁可走出家庭寻求“解放”，变成“原子式的个人”，相信靠一己之力便能在这个充满挑战和竞争的社会中取得成功。结果，每个人的目标和意向都是向外寻求发展，以外在成功的标准来衡量自身的幸福，没有人关注自己的内心，没有人关注自己的灵魂，在心灵沉睡和灵魂之眼闭合之时，人类的生活再也得不到“神佑”的明光，人人竞相在浑浊漆黑、不知未来的现实中奔忙和奋斗，以满足自己低级的欲求，以为对物质、权力的占有就是人类“真实的”需求，所以，现代政治哲学不再与追求至善的伦理学结盟，而是在“自然权利”的基础上寻求对个人自由的保障，伦理学也就变成了一门以“立法”来寻求个人的自由和尊严的道德规范学说，只是，它毕竟不是法律所强调的具有外在强制的法规，而被视为具有内在强制力的自律的法则（康德）。但是，“本能冲动”获得全面解放而又不再相信灵魂高贵的现代人，外在法规的强制力都奈何不了他，又如何能够具有自律的动力呢？这才是德性论在现代失落的真实原因。

出于对现代规范伦理学的不满，出于对启蒙所许诺的进步理想未能兑现的反叛，西方哲人准确地看出了现代危机的实质，就是道

【17】 马克斯·舍勒：《德行的复苏》，载于刘小枫选编：《舍勒选集》上册，上海三联书店 1999 年版，第 711—712 页。

德危机，就是人之为人的生命价值被物质性的有用价值所取代的意义危机，因此，亚里士多德的德性论传统在“后现代”得到了强劲地复苏。这种复苏表明，西方哲人已经意识到，文明的发展和进步，不能仅仅以丰富的物质占有和科技的迅猛发达为标志，而要以人类内在生命的繁荣兴盛，以存在的意义来彰显人性的光辉。没有德性的光芒，没有灵魂的高贵，没有神灵的护佑，忙碌不堪，孤独焦虑的现代人，靠什么能度过人生的漫漫长夜，靠什么能支撑起时刻处在激烈竞争中的疲惫的身躯？

进入现代以来，我们中国人一代接一代地在做着强国之梦，现代化之梦。为了强国和现代化，我们的前辈砍光了茂盛的树林，砸烂了铁锅铜罐，去“大炼钢铁”；为了强国和现代化，我们的前辈砸烂了“孔家店”，破除了“封建旧俗”，彻底地“革”了传统文化的“命”。现在，当我们城市的高楼大厦拔地而起，让西方的老外目瞪口呆时，当我们经济飞速发展的“效率”让全球惊呼时，我们也同时意识到，高度发展的物质文明，如果不是扎根在深厚的文化土壤之上，就会摇摇欲坠，以人民的吃苦耐劳和低工资换来的高效率如果完全以牺牲“公平公正”这一社会“总德”为代价，那么，稳定、和谐、幸福和尊严就会如烟消云散，发展和进步也将失去基本的意义。因此，大国的崛起必须有引领时代的文化的崛起，而文化的本质和核心在于“明明德”，以其明德之光照亮人类前进的方向，以其明德之境范导合理的社会价值秩序，以其明德之礼型塑灵魂高贵的“新民”。

我国的确不乏深厚的德性论伦理资源，但历史的资源只有在日新、日日新的文明对话中才能激发出生机和活力，成为活的传统流淌在我们的血流中。而文明对话的前提，是我们对他人话语的真实原本的领悟和理解，而不是以我们的“成见”生搬硬套地让别人“说出”令我们动听却并不真实的话语。《尼各马可伦理学》的流传史就是一部注译史，与各种文明的对话史，但与我们中华文明对话的序幕才刚刚开始。我们相信，随着真正对话的展开，一代追求自我实现，追求优秀和卓越的“新民”，一定会把目光转向自己的内心，催促灵魂的觉醒，张开灵魂的慧眼，找回对德性力量的确信，以公正之首德，以友爱之公德，投身于公民社会的制度建设，成就高贵和有尊严的“第二自我”，实现有“神灵”护佑的真正幸福。

第一卷

伦理学和政治学：善、幸福与灵魂活动

◀ 正文 注释 ▶

1.善之为目标／伦理学导论

1094a 每种技艺和探索[18]，与每种行动和选择[19]一样，都显得是追求某种善，所以人们有理由把善表示为万事万物所追求的目标[20]。但目标和目标之间也显得不同。有些目标是纯粹的活动，有些目标超出活
1094a5 动之外，是活动的结果。凡是有目标存在于行动之外之处，结果按其本性就比单纯的活动更好[21]。

由于活动、技艺和知识有多种多样，结果目标也就是多种多样的：医术的目标是健康，造船术的目标是船舶，战术的目标是取胜，理财术的目标是财富。但凡这些被指向的目标从属于一个
1094a10 唯一的使命[22]，例如制作马鞍的技艺和制造其他马具的技艺都从属于骑马术，而骑马术又连同所有以取胜为目标的战争从属于战术，同样，其他一些技能也这样从

【18】Reclam 版本译作“科学研究”，而 Taschenbuch 版和 Meiner 版都译作 Lehre（学问），我们考虑到这里亚里士多德是把它作为与“技艺”相对的认识探索活动，因而译作“探索”。因为一般直译为“科学”或“知识”，但说所有的“科学”或“知识”都追求善，似乎说不通，尤其是亚里士多德本人也在下文明确批判了苏格拉底“德性即知识”的学说，这里译作“科学”和“知识”都追求善，就与其思想不符。

【19】亚里士多德用这四个概念来代表人类活动的整个领域。实际上两个流行的亚里士多德二分法是：“认识和实践”（1095a6），“制作和行动”（1140a2）。他由此也把“知识”分作“理论的”（科学，认识，思辨）、“实践的”（行动，选择）和制作的（技艺、技能）。所以在下文也会出现这样的用法：“每种认识和每种抉择”（1095a14），“在每种行为和每种实践技能上”（1097a16）。在这四个概念中，“选择”是亚里士多德伦理学的核心，它一般被用在两个意义上：一是

注释　正文

“权衡的选择”（überlegte Wahl），这种含义我们译作“选择”；一是做决定，做选择，这种含义我们译作“决断”（Entscheidung）。

【20】请注意这里是“目标”（Ziele）的复数，不是单数的“目的”（Zweck）。因此也有人否认亚里士多德是以“目的论”来定义“善”，他的伦理学具有明显的“技艺”特性（如何命中目标成为“德性”的一个重要规定）。后来西方也有不少伦理学家把伦理学定义为“技艺论”（Kunstlehre），如胡塞尔。但我们觉得在亚里士多德这里，“目的”和“目标”不是严格分开的，有时把“智慧”与“目的”联系得较紧，有时把“明智”与“命中”“目标”联系得较紧。我们认为，即便我们严格地区分“目的”与“目标”也不能否认亚里士多德实践哲学的“目的论”框架。

【21】“更好”在这里是“更值得被追求”的意思，就像“房屋”比“建筑活动”更值得追求一样，因为前者是后者的“目的”。但在实际生活中，有时并非“结果”一定就比“活动”更好，譬如“婚姻”（如果作为“结果”的话）就不一定比“恋爱”（作为单纯的“活动”或“过程”）更好；在亚里士多德本身的语境中，“科学”作为单纯的求知活动，也不适合于说求知的结果（知识）比求知的活动本身更好。那么亚里士多德在这里为什么强调

属于其他目标，[使得每一
次被指向的目标呈现出建筑
术的结构]【23】，在所有这
些情况下，主导性的目标总
的说来就比从属性的目标更
优先地被追求，因为后者只 1094a15
是因前者之故才被追求。

在这里，行动的目标是活动本身还是活动之外的某种别的东西，是没有分别的，上述所列举的那些技艺就是这种情况。【24】

但如果有一个行为的目
标，我们是因它自身而欲求
它，其余的目标也只是因它
之故才欲求；而且如果我们
因此也就不追求所有因他物
之故才欲求的东西（因为这
样就会导致无穷后退，使得 1094a20
人的追求是空洞而虚妄的），
那么显然，这样一个目标就
是终极目的，是最高的善。

而对那个[终极]目标
的认识对于生活不也至关重
要吗？我们岂不就像有目标
的射手那样能够更好地命中
正确的东西吗？如若这样，
那么我们必须试图弄清楚， 1094a25
至少应该概括地讲一讲，这
个最高的善究竟是什么，属
于哪门科学或者属于何种技
艺。

正文　注释

诚然大家愿意想到它属
于最有权威、最高主导意义
上的科学【25】。而这样的科
学看来就是政治学【26】。因
为它规定了，在城邦中哪些
知识［或技能和组织］是必
须具备的，每个公民必须学
1094b 习哪一些，以至学到什么程
度。我们确实也看到，那些
最被看重的技能，如战术，
理财术和修辞术和其他种
种，都从属于治国术。由于
它把其余的实践科学当作是
1094b5 为其目的服务的，所以它还
从法律上规定，人可做什么
和不可做什么，这样一来，它
的目标就包含了作为较高目
标的其他实践科学的目标，
因此，它的这个目标也就不
过是对于人而言的善（Gut
für Menschen）了。只要这
种善对于个人以及对于城邦
也都是同样的，【27】那么把
它把握和保持为城邦之善就
1094b10 显得更加重要和完善。这种
善哪怕只能帮助一个人达到
真正的幸福，就已经很令人
高兴了，但若为了民族或国
家［的福祉］，则无疑更加高
尚和神圣。所以我们现在研
究的伦理学，作为政治学的
一部分，其目标就在于此。

“结果比活动”更好呢？亚里士多德在这里暗示了其伦理学（作为实践哲学）的一个基本目标：不仅是在考察德性活动，而且要成为有德性的人。伦理学最终作为“人学”不是为了获得关于人是什么的知识，而是“成人”的活动；“成人的活动”不仅仅是“做人”，而且是实现自己所选择、所追求的“最好的自己”。所以，在苏格拉底那里最重要的哲学问题“认识你自己”，在亚里士多德这里变成了“成为你自己”。海德格尔后期哲学一个最重要的概念：Ereignis，如果应用于伦理学的话，实际上就是“成为本真的自己”的意思。这就是“实践哲学”要追求的结果。另外也暗示了亚里士多德的这一思想：人为什么要从事灵魂合乎德性的活动呢？因为德性活动能实现幸福这一人生目的；而“幸福”则只能被作为所有人生活动所追求的最终目的（结果：作为整个人生的状态，而非现代所理解的主观感受：快乐）意义上来谈论。否则，我们很难理解为什么亚里士多德在第一卷一开始谈幸福是灵魂合乎德性的活动，一直到第九卷，都可以说是从德性活动来理解幸福，而到了第十卷，却说真正的幸福是单纯的静观、沉思或思辨了。

【22】“使命”（Aufgabe）这是依从 Taschenbuch 的译法，具有“本职”、“天职”之义；Reclam 版译作“从属

注释　正文

于同一种技艺”，Meiner 版译作“从属于同一种愿力（Vermögen）”，可参考和选择。

【23】这句话是 Meiner 版译者加的，其他版本没有，但为了更形象地理解不同目标之间的等级关系，我们还是保留了这句话，凡是译者根据原文意思附加的，我们都加上“[　]”，特此说明。

【24】这段文字说明了技艺活动的目标不在活动之外。

【25】上面有三个问题，但一般版本在这里只回答一个问题。我们这里依据 Meiner 版，回答的是属于哪门科学的问题。Reclam 版回答的是属于何种技艺的问题，所以说它“属于技艺领域”。从赫费的分析看，他与 Meiner 版一致，认为这里的两个“最高级——‘最有权威、最高主导’还没有准确地规定出政治学的重要性”，参阅由赫费主编的《经典诠释》丛书，第 2 卷，Otfried Höffe（Hrg.）: *Aristoteles Nikomachische Ethik,* Akademie Verlag,2006,S.17.

【26】这里的“政治学”德文版用的是 Staatskunst，在强调“科学”或“学科”的意义上，我把它译作“政治学”，但在强调“技艺”、“技能”的意义上，我把它译作“治国术”。实际上这个德文词更强调的是后一含义。但在英译本中一概都是作为“政治学”。我们要注意的是，无论把它译作“政

但我们必须只满足于与[这个学科]所与的材料相适应的那种确定性程度。因为人们不可在所有的研究中要求同样程度的精确性，例如在工匠的手工制作活动中，就不大可能提出精确性
要求。政治学研究的对象是 1094b15
高贵和公正，表现出的差异是如此之大、如此不确定，以至于令人产生这种看法，以为它们只是基于约定，而不是基于自然。类似的不确定性也在财富上存在。因为许多人就因财富而带来伤害：有些人因财而亡，有些人因勇敢【28】丧命，这都是已经出现过的事情。所以，在谈论高贵和公正这类题材时，在这样不确定的前
提下，我们不得不满足于粗 1094b20
略而轮廓性地暗示正确的东西。如果我们只谈论经常出现的和以之为前提的题材，那么我们也将只是进行这种类型的推论。

而听众对我们将说的所有东西也应当完全以这同样的方式来接受。因为一个有教养的人的特点，就是在每一个具体领域只要求事情的本性所允许的那种精确性程

正文　注释

1094b25 度。因为要求数学家接受或然性，就如同要求演说家进行思维严密的证明一样，是不恰当的。

每个人只能对他所了解的东西做出正确的判断，在这些事情上是一个好的判断
1095a 者。所以，对于某个特定的专门领域能做出好的判断的人，是在那个领域受过特殊教育的人，而要在事物的总体上做出正确的判断，就要受过全面的教育。因此，青年人是不适合当政治学课程【29】的听众的。他们在生活实践中还缺乏经验，而所有政治教育恰恰是以生活
1095a5 实践为题材和出发点。此外，青年人还完全受感情左右，听课也是徒劳的，不会起什么作用，因为这门课程的目的不是知识，而是实践。【30】一个人无论是在年纪上还是性格上不成熟，都一样不适合听政治学的课。因为缺陷不在于时间，而在于他们的生活受情感主宰，并根据情感选择他们的目标。知识对于这些人就像对那些不能自制的人一样，是
1095a10 无用的。但是，对于那些其欲求和行动都合理性的人，

治学”还是“治国术”，亚里士多德在这本书中是把它作为“伦理学”或者更正确地说“实践哲学”的同义词使用的。“政治”一词的希腊文原型为Politics，其核心词是Polis，该词最早是城堡的意思，后来转义为人们在城堡里的生活。这种“城邦”中的生活，即公共生活或社会生活，也即今天意义上的“政治生活”。“政治学”的核心自然是讨论治国安邦的原则和建制，分析什么是最好的政制，只有对于公民和城邦都是同样“好”（善）的才是“政治”的最高目标。因此亚里士多德说“政治学”规定了通过人的实践所能实现的“最高善”，伦理学从属于“政治学”一方面是以这种最高善为目标；另一方面是政治学通过立法者规定了社会生活中的善及其等级，并通过教育使人养成这些善。同时请参阅本书第十卷10。

【27】用现代的语言来说，就是对于个人和国家有一种共同的最高善，这一点太重要了。许多国家的（可能也包括我们自己的）严峻伦理问题，就是找不到一个国家和个人都诚心信服的共同善。这应该是我们伦理学研究的一个重要课题。

【28】这里“勇敢”也被视为一种“财富”。

【29】Reclam版注释：这里所谓的政治学课程，实际上指的是伦理学课程，因为伦理学才涉及整个人生。

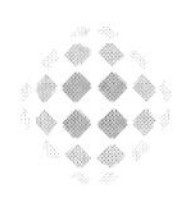

注释　正文

这些知识将有大用。

关于什么人适合学习这门学问，如何学习，如何理解，以及这种研究的目的是什么，作为导论就讲这么多。

【30】这是亚里士多德的一个核心观念，“实践”和“行动”在他这里是可以互换的概念，在后面1103b26和1179a35又再次提起。

2. 幸福作为通过行为所能实现的最高善 / 伦理学方法

既然每种认识和每种抉
择都以追求某种善为目标，
现在我们要再提和再讲这个
问题：根据我们的看法，政 1095a15
治学的目标善（Zielgut）究
竟是什么？在实践中所能实
现的至善又是什么？在名称
上，大多数人在这里诚然是
一致的，一般大众和有教养
的人都把它称之为幸福，他
们把好生活（Gut-Leben）
和好品行（das sich-gut-Ver-
halten）与幸福等量齐观。

但究竟什么是幸福，人 1095a20
们对此的看法却不一
致，[31]而且一般民众和有
智慧的人的意见迥然不同。
一般大众所理解的幸福是某
种抓得着、看得见的东西，

【31】前面说在幸福上是一致的，是就总体而言的，是从所有行为和追求的最终目标而言的，这里又说不一致是就具体内容而言的。

正文　注释

例如快乐、财富或荣誉。但
究竟是哪一个，这个人说是
这个，那个人说是那个，甚
至同一个人有时说它是这
个，有时说它是那个。生病
1095a25 时，说健康就是幸福；贫穷
时，说财富就是幸福。而在
感觉到了自己的无知之后，
又羡慕那些高谈阔论、说出
一些超出他们理解力的东西
的人。与之相反，有些
人【32】认为，除了这些众
多的善物之外，还有另一种
善本身，它既是独立的善，
同时又是所有其他善物之为
善的原因。

对所有这些说法都加以
1095a30 考察，诚然是无意义的。所
以我们只限于考察【33】这
样一些流传甚广或者毕竟具
有某些道理的说法。

在这里我们也不要忽略
从原则【34】出发和归结出
原则这［两种］探索之间的
区别。柏拉图也曾合理地探
索过这种区别，他经常问：
方法是从原则出发还是上升
1095b 到原则，他以赛跑为例，在
运动场上，究竟是从裁判员
那里跑向终点还是从终点跑
回到裁判员这里。无疑，人
们须从已知的东西开始。但

【32】指柏拉图及其学派的人。

【33】这种考察实际上是在下两章（即卷三和卷四）进行的。

【34】Meiner 版和 Taschenbuch 版译作“原则”，Reclam 版译作 Grundgegebenheit（基本事态）：“在一个从基本事态出发的阐述和把另一个人带往基本事态的阐述之间的区别”。而且，Reclam 版把这个概念和下文 1095b8 的 das Daß（具体的东西）看作是一个概念。因为亚里士多德在那里说，“出发点是具体的东西”（das Daß）。这两种译法是完全相反的，我之所以选择译作“原则”是因为亚里士多德在这里还不是表达他自己的立场，而是提请注意他和柏拉图立场之间的区别。所以译作“原则”似乎更可取。当然，在下文 1095b6—8 他是在表达他自己的立场，说“出发点是具体的东西”就是可以理解的了。

【35】“全然是已知的”：schlechthin Bekanntes，也可译作：本来已知的东西（das an sich Bekannt），绝对已知的东西。类似于我们中国人说的“天地良心”之类的东西，虽然是抽象的伦理原则，但都觉得一定会存在；而“对我们而言的已知的东西”则如同前反思的知识，是通过身边的好人的榜样，习俗的意见而知的。

注释　正文

【36】这里所指的“政治学”是关于城邦公民如何相处的知识。

【37】Reclam 版的注释说，不能把“这个具体的东西”或者“已有的品质”（1095b8, 参阅 1098b3）理解为某个具体的事实，而要理解为具有（譬如对关于什么样的生活方式是幸福的）具体的道德判断能力。Meiner 版也对此注释说，这个具体东西具有原则性和规范性，不是人们实际上做了什么事情的事实性，而总是已经包含了人们对他们应该做什么的规范性意见。实践哲学区别于理论哲学在于，它把这个“具体的东西”当作“原则”，“始基”，“起点”，而不进一步追问其背后的“为什么”。

【38】赫西俄德（Hesiod, 公元前 8 世纪的希腊诗人）:《工作与日子》293—297。该书中文版参照张竹明、蒋平译，商务印书馆 2009 年版，第 10 页：“亲自思考一切事情，并且看到以后以及最终什么较善的那个人是至善的人，能听取有益忠告的人也是善者。相反，既不动脑思考，也不记住别人忠告的人是一个无用之徒”。

已知的东西有双重意义：对于我们是已知的和全然是已知的【35】。我们当然要以对于我们已知的东西开始。所以，我们要带着已有的良好品质，去听关于高尚和公正以及一般政治学【36】的课程，以便产生有益的效果。因为出发点是具体的东西（das Daß）【37】，而只要把这个东西说得足够清楚，就不再有人需要问“为什么”了。一个具有基本品质的人，或者已经把握了种种原则，或者容易把握它们。但是，一个既没有掌握原则也不容易把握到原则的人，那就听听赫西俄德的诗句吧：

什么都自己思考那是最好，
肯听良言劝告也算良善，
既不思考也不听别人忠告，
此人无用又糟糕。【38】

3. 三种生活方式及其目标

我们现在再从前面岔开

正文　注释

了的地方【39】接着说。关
于善和幸福【40】，有人从已
知的生活形式中获得意
见【41】，当然不是没有理由
的。我们现在就来考察不同
的生活方式。

一般大众，尤其是本性
1095b15 粗俗的人，把最高的善和真
正的幸福看做就是快乐，因
此他们愿意过享乐的生活，
这看起来也并非完全没有根
据。因为有三种主要的生活
形式，每一种都在其他两种
面前显得很特别：第一种就
是刚才提到的这种；第二种
是政治的生活；第三种是沉
思的生活。

一般人偏好过动物式的
1095b20 生活，这简直完全表露出了他
们的奴性。不过他们也得到
一种貌似合理的假相，因为
在上流社会中也有某些类似
于撒旦那帕罗的嗜好【42】。

那些本性高贵和喜好活
动的人选择荣誉，因为总体
上人们确实可以把荣誉称之
为政治生活的目标。不过，
荣誉与我们所追求的东西相
1095b25 比，显得更加肤浅。因为荣
誉问题的关键，诚然在于授
予荣誉的人，而并非追求荣
誉的人。而我们对善所具有

【39】指上一章最后一段插入了关于方法（出发点）的讨论。

【40】尽管前面我们说了，古希腊的“幸福”概念包括“好生活”（“活得好”）和“好品行”（“行得好”）两方面，但这并不就是亚里士多德对幸福概念所作的定义。对于亚里士多德而言，幸福是这样一个概念，我们除了在最终目标或目的意义上，不能在别的意义上使用它，因为它是“自足的”，是“因其自身之故”而被欲求的。

【41】参阅柏拉图《理想国》580d1—583e1。

【42】撒旦那帕罗（Sardanapal），传说中公元前667—647年最后一个富有的亚述（Assurbanipal von Ninive）国王。据说，在他的墓志铭上记录了所谓的他的名言：我所拥有的就是吃进肚子的和在性爱中满足的快乐，所有的财富都离我而去。Reclam版的注释说，亚里士多德讥讽的只是在他的只言片语中包含着的“哲学的宣传单”。亚里士多德反对放纵享乐，但对于合理的快乐之于生活的意义做出了充分、细致的分析，参阅本书第七卷12—15和第十卷1—5。

注释　正文

的观念是，它是一个人内在具有的属己的
东西，是不能够被轻易失去的。此外，人
们追求荣誉，目的就是为了能够确证自己
本身的优秀。所以，人们尽管是因德性
之故【43】而追求荣誉，但毕竟愿望从贤
达之人，从了解我们优秀的人那里得到赞
誉。如果确实是这样，那必定就证明，对 1095b30
于追求荣誉的这些人而言，德性是更高的
目标。所以，人们也许还会把德性作为政
治生活方式的最终目标来看待。

但德性本身也证明自身并不完满。因
为显然这种情况是有可能的：人在睡觉时也
是拥有德性的，或者说，拥有德性的人甚至
可能一辈子都不实行它。此外，拥有德性的 1096a
人也会遭受苦难和最大的不幸。谁要是过
上这种生活，就没有人把他称作幸福的，除
非他只是为了挽救他自己的断言。关于这
种生活形式说到这里就够了，在其他地方
对这种生活也有充分的讨论。

第三种生活方式是沉思的［或静观
的］，对它的考察我们将留到稍后【44】 1096a5
进行。

以赚钱为目标的生活本来就是不自然
的，这是勉为其难（Forciertes）而为之的
事，而且财富显然不是值得欲求的最高
善。它只用作达到其他目的的手段。所以
有人宁可把前面所说的东西［即快乐和荣
誉］解释为终极目的，因为它们是为其自
身之故被看重的。但也看得出，它们也不
是什么真正的目的，尽管有许多证据支持 1096a10
它们是有助于达到那些目的也罢。我们现
在就把这些思路搁下。

【43】“德性”与我们今人理解的意义大不相同，它的主要含义是优秀、卓越、出众。但对一个追求荣誉的人而言，更多地恐怕并非是因为他有客观认可的优秀和卓越，而是被教导的优秀和卓越。

【44】参阅本书第十卷7—9。

正文　注释

4. 对柏拉图善的理念之批评

诚然，更重要的是考察普遍的善的概念，看看争议到底在哪里。不过，这一讨论对我们有些棘手，因为是我们尊敬的友人提出了这个“理念”
1096a15 的学说。但是，为了拯救真理而不顾惜自己的友情，这似乎是更好的做法，甚至是我们的责任，尤其是我们爱智者的责任。因为二者都是我们的所爱，不过神圣的责任使我们更加偏爱真理。【45】

（1）这个学说的奠基者在他们凡是谈论事物有先有后的地方，没有提出这些事物的共同“理念”，所以他们也没有提出涵盖所有数目的
1096a20 理念。不过他们既用“善”来述说实体，也用“善”来述说性质和关系。但自在的东西，实体，按其本性而言比关系更在先，因为关系也就等同于存在物的附属品和偶性，所以对于这些现象形式不可能存有一个共同的“理念”。

（2）“善”像“存在者”一样，在许多意义
1096a25 上被述说，既可以述说实体范畴，例如说上帝善良，有理性好；也可以述说性质，例如说这是有德性的人；也可以述说量，如适当的尺度是好的；还可以述说关系，例如说有用的关系是好的；也可以述说时间，例如良机是好的；还可以述说地点，例如适宜的住所是好的等等。所以，很显然，不存在普遍的善，就像是共同的和一个东西似的。因为否则就不能用它述说所有范畴，而只能述说一个范畴了。

【45】这就是亚里士多德的名言：“吾爱吾师，吾尤爱真理”的出处，但“吾爱吾师，吾尤爱真理”明显地是我们中国学者根据我们汉语习惯提炼出来的。

注释　正文

（3）既然对于那些被把握在一 1096a30
个唯一理念之下的事物，只存在一门
唯一的科学，那么也就只能有一门关
于所有善的科学。但现在，在用同一
个范畴“善”来描述的具体事态中，
实际上却存在许多科学。例如，关于
时机的知识，战术学在战争中描述
它，医术在疾病中描述它；或者，关
于正当尺度的知识，医学在饮食上描
述它，体育学在运动上描述它。

（4）有人不禁要问，一个具体 1096a35
概念加上“本身”【46】这个补充语，
究竟是要用它表达什么，由于把“人” 1096b
这个概念补充为“人本身”（Mensch
an sich）还是回到同一个本质指称
上，即“人”。只要他们都是人，在
“人”和“人本身”之间就没有区别。
这也适用于“善”和“善本身”。“善
本身”【47】并不因其永远是善的就是
更高程度的善，就像长期存在的白并
不因此就比只存在一天的白更白些一
样。 1096b5

毕达哥拉斯学派关于“善”的学说看起来更加清楚明白，因为他的学说把一（Eins）贯穿于诸善系列中。斯彪西普【48】似乎也在追随这一学说。不过关于这一问题我们要留到别的地方去讲【49】。

（5）但对我们的上述批评，也有
人提出反对意见，说我们所批评的那
个理论并不适合于所有的“善”，而 1096b10
只是适合于那些因其自身之故而为我

【46】“本身”：an sich，也可译为“自身”、“自在”或就其自身而言。

【47】柏拉图创造了一个与世俗的幸福无关的“善”的理念，而亚里士多德的善是多样化的，既包括质料性的、世俗的善，也包括形式性的、精神性的善乃至超世俗的神性的善。所以，尼古拉·哈特曼在他的《伦理学》中说质料性的价值伦理学在亚里士多德这里就已经非常发达了，这是有道理的。但舍勒对此不同意，与哈特曼进行了针锋相对的辩论。参阅 Nicolai Hartmann: *Ethik,* Vorwort,VII. Berlin,1962。以及舍勒《伦理学中的形式主义和质料的价值伦理学》，第三版前言和正文的第一部分。

【48】Speusippus，柏拉图的侄子，在柏拉图死后（公元前 347 年）主持柏拉图学园（直到公元前 339 年）。

【49】参阅亚里士多德:《形而上学》1028b21—24 和 1072b30—1073a3。

们所追求、所重视的善，因而把它阐释为一个唯一的理念，而我们在上面所列举的种种善，无论是在产生还是在保持的意义上，或阻止其相反转向的意义上，都只是因为前者并在另一种派生的意义上被称之为善的。那么显然，善是在双重意义上而言的：一种是
1096b15 善本身，另一种是鉴于善本身而善的。当我们把善本身和有用的东西区分开来时，我们要探讨的是，善本身是否还能够被阐释为一个唯一的理念。一些什么样的善目【50】才能被称之为善业本身呢？它是如同思维、视力、特定的快乐和荣誉那样，也是仅仅为了自身而被追求的东西吗？因为这些东西尽管我们是由于其他原因而追求的，却依旧把它
1096b20 们算作是善本身，或者说，除了善本身，即“善”的理念外，其余就没有什么是善的东西？假如是这样，那么它就只是一种空无内容的形式。但假如所说的其他事物也属于善本身，那么善业这个概念必定就会完全清晰地显现于所有同类事物中，完全就像“白的”概念显现在白雪和白漆中一样。但是，在荣
1096b25 誉、明智和快乐这些善目里，善的概念每次都是不一样的，是不同类的。所以，善完全不是什么共同的东西，即所有情况下的一个理念。

但人们到底在什么意义上言说“善”呢？毕竟许多善显然并非偶然地具有了善的名称。也许这些东西之所以被称作善，是因为它们来自一个唯一的善或者一切目标共同指向的唯一善，还是相反，只是在一种类比的意义上称作善？【51】就像眼睛对身体是善，
1096b30 灵智【52】对灵魂是善，类似的类比还有很

【50】复数的“善”（Güter）有财富的意思，但不仅仅是这种意义，因为亚里士多德用它来表达的就是丰富多彩的不能被归结为唯一的善的理念的所有那些“善”。在翻译这个概念时，我们根据具体的语境，有时译作“诸善”、“善目”、“善缘”，有时译作“财富”和“善物”，有时也译作“善业”（参考了吴寿彭译著的亚里士多德《政治学》中的译法），特此说明。

【51】类比意义上的善，就是相对于什么关系而言的善，这是亚里士多德自己坚持的观点，参阅《范畴篇》第七章。

【52】即一般直译的“努斯”。对于它的意义，请参阅第六卷。

◀ 注释　正文 ▶

多。不过，这些问题我们现在得搁置在这里，对此的更准确处理，毋宁属于哲学的另一部分[53]。

【53】即形而上学领域。

同样这里也不是进一步探究“理念论”的地方。即便事实上真的有一种能被共同言说的“善”，是单一的，或就其自身而言可分离的，但很明显，这种善既不能通过人的行动来实现，也不能
被达到。而我们的行为恰恰是为了可实 1096b35
现、可达到的善。不过，有人可能会
想，对那个善的理念的了解，还是有助 1097a
于我们考察可获得和实现的善的；它对我们而言如同某种模型，借助于它我们也会更好地认识对于我们的善，况且，我们只有真的认识了它，才能够达到它。这一想法听起来还算有几分道理，
却与技艺的实际情况相矛盾：因为它们 1097a5
总而言之都追求某种善并试图改善尚存的缺陷，那个善本身的知识在这里却不起作用。如果它真有那么重要的帮助，却说所有的艺匠都对它置之不理，甚至不费力去追求它，这不太可信。如果说关于善本身的知识对一个织布匠所织的布，对一个木匠所打的家具，毕竟有什么效用，这也是令人奇怪的；或许这就
像一个好医生或战术家，如果他们埋头 1097a10
于沉思善的理念，这对他们又有什么帮助呢？因为显然，即便一个医生也并不把“健康本身”放在眼中，他看重的是人的健康，特别是他的病人的健康。毕竟他所治疗的永远都是些具体的病人。对这些问题我们就说这么多。

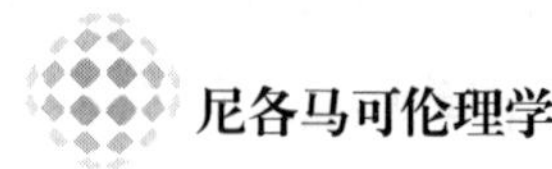

5. 幸福完满而自足

1097a15 现在我们愿意再次回到我们所探寻的善，看看它会是什么。显然，这种善在每一个行为和每一种技艺中永远都是不同的：好的医术不同于好的战术，其余的也都如此。究竟什么是在每一种具体情况下的真正的善呢？当然就是这个所有别的东西都因其之故而发生的东西。这样的东西
1097a20 在医术中是健康，在战术上是取胜，在建筑术中是房屋，在不同的技艺上它都是不同的。但在所有行为和选择上，它就是目标。因为目标就是人们一直因其之故而做其他事情的东西。所以，如果对于所有行为一般地存在一个共同目标的话，那么这个目标就是通过行动可以达到的善。如果有许多目标，那么善就有许多。这样一来，我们的讨论也在不同的道路上达到了同一个结论【54】。

1097a25 我们愿意再努力把这一点阐释得更为清楚。由于目标确实有许多，而其中有一些目标我们是因他物之故而选择的，例如财富、长笛和一般的工具，那么这就清楚了，它们都不是终极目标。但最高的善必定是一个终极目标和某种完善的东西。所以，如果只有一个现实的终极目标，这个
1097a30 目标就是所追求的善。而如果有许多终

【54】即我们所追求的所有善都是通过我们的行为（实践）可达到或可实现的善。但要注意的是，这样界定的善是一般而言的善，还不是终极意义或最高意义的善，下一段就是为了阐明在许多一般的善当中如何区别出最高意义的善或至善。只有从至善意义上，我们才能理解亚里士多德在本书最后，即第十卷所论述的最高的幸福在于沉思（静观）。许多人认为亚里士多德一方面把善界定为“行为可实现的最高善”，一方面又认为幸福在于沉思或静观，是矛盾的，就是没有注意到善的这种层次。

注释　正文

极目标，那么其中最高意义上的目标才是终
极目标。我们作为最高意义上的终极目标来看
的，是那个纯粹因其自身之故而值得追求的东
西，与因他物之故而值得追求的东西相对；而
这个决不因他物之故而被欲求的东西，与那个
既因自身之故又因他物之故而被欲求的东西相
对，因此被视为绝对的终极目标，作为绝对完
善的、永恒地因其自身之故而绝不因他物之故
而被欲求的东西。而幸福（Glückseligkeit）比
任何别的东西都更加具有这样一种性质。因为 1097b
我们永远都是因其自身之故而决不会因别的缘
故而欲求幸福。相比之下，我们追求荣誉、快
乐、智慧和每个德性，虽然也是为其自身之
故——因为即便这些东西不为我们带来任何更
多的东西，我们也会愿意欲求它们——但毕竟
也还是为了幸福而欲求它们，因为我们相信， 1097b5
正是通过那些东西我们才幸福。相反，没有人
追求幸福是为了那些东西，总之，不是为了其
他东西而追求幸福。

从自足的概念显然也能得出同样的结论。
因为完满的善必定是自足的。但我们所理解的
自足，不是指单一的人孤单地仅仅为其自身而
活着，而是也为他的父母、儿女、妻子而且一 1097b10
般地为其朋友和同侪（Mitbürgern）而活着；
因为人按其本性而言确实是生活在共同体中
的。【55】不过在这里必须要作个限制。因为假
如要把这种关系进一步扩展到前辈和后代，以
及朋友的朋友，这样就没完没了。不过这个问
题还是留到后面去讨论。【56】

我们所理解的“自足”是指，那种仅仅为 1097b15
其自身就值得欲求并一无所需的生活。我们认
为幸福就符合这一规定。此外，我们甚至认

【55】这就是亚里士多德关于“人是政治的动物”的原义，也可译作“人的本性是社会的”。

【56】在本卷10、11和第九卷10中又对此作了讨论。

正文　注释

为，幸福是人们所欲求的善目中最值得欲求的，没有什么同类可与之并列。[57]因为如果有与其并列的其他善目的话，那么显然，这些善目哪怕只是再添加一点点的善，它们就在更高程度上变得值得欲求了。因为添加意味着善更多，更大的善按本性而言总是更值得追求。

1097b20 所以幸福看起来是完满而自足的善，是所有行为的终极目标。

【57】幸福不是诸善相加的总和；它包含所有善物，但不是作为它们的总和。

6. 幸福与人之为人的活动或使命

不过说幸福是最高的善，也许只是老生常谈，我们还需要更清楚地说明，它究竟是什么。

如果我们从人所固有的活动[58]出发，这一点就可以看得清楚了。正如对一个吹笛手、
1097b25 一个雕刻家和任何一个匠人，总之，对于每一个从事某种活动和行为的人，他的善和卓越就在于他的活动的完善，所以这理所当然地也适用于人，假如说不同的人也有一种适合于他的固有活动的话。既然木匠和鞋匠有专属于

【58】对希腊文 ergon 德语一般译作 Leistung（功效、成就、成绩，总之指完成实现出来的“功能”（Funktion），这和英文的翻译是一致的，因此这一章在前面探讨的目标（telos）、善、幸福之后重新从整体上论证最终的人生目标：幸福问题。但论证的方法明显地与前面不一样。这里是从具体活动之功能的卓越上升到人之为人的活动（使命）：眼睛的功能是看，其“职责”

注释　正文

（功能的实现）就是好好地看；鞋匠的功能是做鞋，其“职责”就是做好鞋；既然人的每一个部分都有其特殊的“功能”（或“职责”）那么人之为人的“固有”“功能”或“职责”是什么呢？亚里士多德从一般事物和职业的功能（职责）与“好”（好眼睛、好鞋匠、好琴手等）直接推论出人之为人的固有活动就是实现“好生命”（好生活），人的德性（卓越）即实现生命固有的辉煌。这一论证无疑让亚里士多德的论证策略同1—5章发生了一个逆转，在这里上升到了“形而上学”（人本身，而非人的实践活动或职业中的“好”）的高度。这一论证被英美学者称之为“功能论证”。威廉姆斯、麦金太尔、哈迪（B.Hardie）等都在他们的代表作中讨论过这一论证，德语学者对此论证的回应，请参阅 Ernst Tugendhat: *Vorlesungen über Ethik,* Suhrkamp1997,S.241—249;Ursula Wolf: *Das menschliche Ergon,* in:Höffe（hersg.）*Aristotles Nikomachische Etike,* Akademie Verlag2006,S.84—88。在 Ursula Wolf 的文章中，特别提到了“人的功能”等同于“人的使命”（同上,S.85），这是我们在这里有时把“功能”译作“使命”的根据。这是人的存在区别于物的存在之处。

【59】亚里士多德和柏拉图一样，都是根据“灵魂”的结构来阐明德性。但两人所用的“灵魂”意义是不一样

他们的活动和成就，怎么
就会没有专属于人的活动
和成就呢，难道人天生就 1097b30
是为了不活动吗？是不是
该反过来这样看：既然眼
睛、手脚以及一般地说身
体的每一个部分都有其特
殊的功能，那么人就该超
出所有这些特殊活动之外
还有一种他所固有的活动
呢？如果有，这会是什么
样的活动？显然，不是生
命，因为生命活动也为植
物所固有。而我们所寻求
的，是只为人所固有的活
动。所以我们要把营养和 1098a
生长的生命放在一边。接
下来要考察的是感觉的生
命，但这样一种生命活动
明显地是与马、牛和一切
有感官的生灵所共有的。
那么，剩下的就只是有理
性天赋的灵魂部分【59】的
生命活动，但这里有一部
分是对理性的顺从，另一
部分则是对理性的持有和
实行。但由于这种（基于 1098a5
有理性的灵魂部分）生命
活动也可在双重意义上理
解，那么我们在这里只把
生命作为立己的实存［或
实现］活动（eigenständige

正文　注释

Tätig-sein）【60】，显然这种生命可视为更加本己的生命。

只要人的固有活动是在灵魂的活动中，这种活动是遵循理性或不可缺少理性而实现的，而且只要我们把一个随意活动的功效和一个杰出活动的功效归结为同类活动，例如一个竖琴手的演奏和一个杰出的竖琴手的演奏是同类活动，而且在任何情况下都是同类活动，那么我们就把出众的德性特征加到了一般功效上：竖琴手实现功效的能力（Leistungsfähigkeit）是演奏竖琴，出色的竖琴手就是把竖琴演奏得完美高雅。如果是这样的话而且我们把某种独特的生命视为人所固有的使命，灵魂的实现活动就是作为这种活动，即合乎理性地行动，但一个卓越之人的灵魂的实现活动，我们也就只能做这种增加：就是最好的和最完善的灵魂的实现活动。如果一个人终归变得卓越，就是说他实现或完成了他所固有的人的使命。如果一切都如此，那么我们最终得到

的。柏拉图本质上是把灵魂和肉体作为两个实体，而在亚里士多德这里，灵魂是肉体的形式，两者是不可分离的。在柏拉图那里，灵魂的理性和欲望之间必然具有激烈冲突，而在亚里士多德这里，这种冲突并非必然的。

【60】这就是一般所说的“自我实现”的活动。但译作“立己”活动，更加准确地表达出亚里士多德在这里所强调的人之为人的“属己”活动：“自立”，人的生命就是“自立为人”、“成己”的活动。因此是人所固有的、专属于人的活动。

◀ 注释　正文 ▶

的结论是：**人的善就是灵魂合乎德性的活动**，如果有许多德性，那么就是**灵魂合乎最杰出、最完善的德性的活动**。

但还要补充一句："这是贯穿在一个人完整一生中的"【61】。因为一只燕子不成春，一个白天不成夏。因 1098a20
此一天或一个短暂时间的[德性]不能给人带来至福或幸运。

【61】麦金太尔正确地看到了亚里士多德"是在人的整个一生意义上使用'幸福'这个词的。当我们称某人为幸福的或不幸的时，我们判断的是生活，不是某些特殊的状态或行为。我们是从构成人的整个一生的个别行为和计划来判断一个人有德或缺德，从整体来判断一个人是幸福的还是不幸的"（《伦理学简史》，龚群译，商务印书馆2003年版，第99—100页）。

7. 再谈伦理学方法

以上只能看做是对最高善所作的一个概述。因为我们必须首先勾勒出一个纲要，然后对这个纲要进行具体阐明。如果先有了一个正确的纲要，那么每个人都能在这方面继续用功，作些具体补充。而且时间在这方面是个好的向导和助益者。就 1098a25
像知识的进步也是以这种方式完成的，因为每个人都能做些补缺工作。

同时我们也要记得上面

正文　注释

已经提请注意的事，不能在所有对象上要求有同样程度的准确性，而永远只能依据所与材料所允许的、与其研究相适合的尺度。木匠和几
1098a30 何学家都研究直线，但方式不同。一个人只是为了他的工作所需研究直线，而另一个人想要知道，直线是什么，其性质如何。因为他关心的是真理。在其他所有领域我们同样也要这么做，以免抓住芝麻而丢了西瓜。

我们也不可在所有事物
1098b 上用同一种方式寻求原因，而是在某些情况下必须理由充足地指出，具体东西的先后秩序，就像要指出诸原则的先后秩序一样。具体东西（Daβ）甚至就是始因（Erstes）和原则【62】。但对原则有时通过归纳认识，有时通过灵智来认识，有时通过某种习惯、有时还通过某种
1098b5 其他方式被认识。所以，我们必须具体地以适应其特殊性的方式来研究和阐明它们，以适当的方式给予它们以切合其本性的规定。因为原则作为开端［其重要性］超过了整体的一半，许多问题都是从它出发而加以说明的。

【62】把这里的“原则”理解为“行为的动因”可能更准确。因为在亚里士多德这里，伦理学并不以为行为确立一个原则为要务，而是采取“倒果为因”的方法，把行为的“最终目标”（这个终点、最高善、幸福）作为“动因”。这种“动因”的“肇始”（发端）工作是在“灵魂”中进行的，因为灵魂本身具有终和始之两端，它的“肇始”与“发端”带有“欲望”“理性”，既有“灵智”（努斯）的指引，又与快乐和痛苦诸“性情”的参与，因而不是康德经过纯粹的理性批判所确立的单纯理性的“原则”，而是灵智在意欲的性情中因“命中”“最终目标”而“发动”的。所以，尽管西文在翻译 archē 时，也可以译成“本原”、“原因”“原则”等概念，但由于亚里士多德在这里不是在“第一哲学”而是在“实践哲学”的意义上讨论问题，并明确反对到处寻求“始基”的做法，这里还是理解为“动因”更切合他的用意。

8. 三种善缘

不过对于善和幸福这些概念，我们必定不只是基于推理和从一些证明的理由来谈论，而且也要从普通的观点来说明。因为所有事实都和真理一致，相反同谬误一致它们就将很快陷入矛盾。

众所周知，有一种对善的三分法【63】，称作外在的善、身体的善和灵魂的善，而我们在这里是把灵魂的善称作真正的、最卓越意义上的善。此外，我们把善看做是与灵魂相应的行为和实现活动。所以，我们对善的规定也就同古老的并为所有哲学所分享的观点是一致的。

把目标规定为行动和实现活动，也是正确的。因为以这种方式目标就从属于灵魂的善业，而不从属于外在的善业。

同样，人们所说的，幸福的人就是活得好和品行好，也与我们的说法相一

【63】亚里士多德在这里是把善的这种三分法看做是古老的、被承认的观点，但在后来被看做亚里士多德自己及其学派学说的特征，所以 Taschenbuch 版在这里注译说，尽管在柏拉图的对话中有许多地方就有这种三分法，但最终作为广为流传的传统形式是因亚里士多德的强调，例如在他的学说中有三种生活方式，三种政体形式，三条达到德性的道路等等。参阅 Taschenbuch 版第一卷的注释，S.364.

致，因为我们对幸福的规定也正是从好生活和好品行（Wohlverhalten）来说的。

9. 进一步讨论德性、享乐和外在的善缘作为幸福的要素

此外，人们关于幸福所能说出来的所有看法，似乎都能从我
们所阐述的看法中达到。因为有些人把幸福规定为德性；另一些人
1098b25 规定为明智；还有一类人把有智慧看做是幸福；其他人重新把所有
这些或者其中的一种加上快乐（或者至少不是无快乐）视为幸福；
最后还有些人把外在的运气加进来。这些观点有些自古以来就有
许多代表人物，有些则相反只是少数贤达名流的看法。没有哪一
种看法完全搞错了，相反，至少在某一方面甚至绝大部分它们是
对的。

1098b30 我们的学说同那些主张幸福在于德性或者某一种德性的意见相
一致，因为合德性的活动就算作是德性。只是，幸福究竟是具有德
性还是运用德性，是具有单纯的德性品质还是德性的实现活动，还
1099a 是存在不小的区别。因为一种品质，即便在一个不会做出什么善事
来的人身上也是能够存在的，例如在一个睡着了的人身上和完全不
活动的人身上也是有的；相反，在德性的实现活动中这种情况是不
可能存在的，因为它必然要行动，要高贵地行动。就像在奥林匹克
1099a5 运动会上取得胜利桂冠的，不是外表最美、最强壮的人，而是奋力
拼搏的人（因为只有从他们当中才产生获胜者）。所以，在人生的美
好和善良事物中，也只有那些行动正当的人们，才能赢得胜利。

这些人的生活也是自在地充满享乐的，因为享受属于灵魂的事。
但为每个人带来享乐的是他感觉倾心的东西。例如，马为爱马者带
1099a10 来享乐，戏剧为爱戏剧者带来享乐。同样，公正的行为为喜爱公正
的人带来享乐，总而言之，合德性的行为为喜爱德性的人带来享乐。
不过，在常人那里，富于享乐的东西相互冲突，因为不是发自本性

注释　正文

的享乐。反之，对于喜爱高
贵[64]的人，他所享乐的
是那些发自本性地令人享乐
的东西。合乎德性的行为都
属于此类东西。所以喜爱德
性的人都是这样的人，他们
自在地富于享乐。他们的生 1099a15
活无需像佩挂一件外在的装
饰品那样来添加快乐，而是
自身就已经拥有快乐。此
外，一个并非真心喜悦高贵
行为的人，也并非真的高贵
者。因为人们也不会把一个
不喜爱公正行为的人称为公
正的，把一个不喜欢慷慨行
为的人称为慷慨的，其余的
也如此。如若这般，合德性 1099a20
的行为那就真的自在地就令
人享乐。

此外这样的行为本身也是善的和美的，而且如果高贵者能够做出正确的判断，那么这些行为就尤其美善。但他这样判断，就像我们所说的一样。

所以幸福是最好、最美
和最令人喜悦的，我们不可
把这些东西相互分开，这就 1099a25
如同德洛斯（Delos）岛的
铭文所说：

“最美是公正，最好是健康。

【64】这里的“高尚”或“高贵”是对 sittlich Guten（伦理善）的翻译。

正文　注释

最令人喜悦的就是得到
心之所爱”
因为所有这些东西都并列地
1099a30 达到了最好的实现，我们就
把它们，或者它们当中的一
个，称作幸福。

不过同时，如我们所说[65]，幸福诚然也需要一些外在的善缘。因为人们如果没有辅助手段可供支配的话，做高贵的事情是不可能
1099b 的或者是不容易的。许多事情都只有借助朋友、金钱和政治权力这些工具才能办成。另一方面，如果缺少一些东西，如高贵的出身，聪明的子女，身材的健美，幸福就会蒙上阴影。因为谁要是把一个外表丑陋，出身卑
1099b5 贱，生活孤苦伶仃的人，同幸福连在一起，简直就是恶意地歪曲幸福。还有，如果某人子女不善，朋友凶恶，或者说有好儿好女好朋友，但亡失了，我们也不大可能说他幸福。所以我们说过，幸福也还需要这些外在的善缘，运气，正因为如此，有些人把外在的幸运等同于幸福，就像另一些人把幸福等同于德性一样。

【65】参阅 1098b26—29。

正文

10. 幸福的获得靠自己的功德还是靠运气

所以也产生了这个问题：幸福是通过
学习、习惯或通常通过某种别的训练而获
得，还是某种神的恩赐或运气？如若诸神 1099b10
真的给人送过什么礼物的话，说幸福来自
于神恩也是可以接受的，尽管我们还是宁
可把幸福看做是人的善业当中的最佳者。
不过这个问题也许更多地还是属于另一研
究范围。但无论如何，即便幸福不是由诸 1099b15
神赐予我们，而是通过德行和某种学习和
训练获得的，它也显得还是属于最神圣的
东西。因为德行的报偿和结局必定是最好
的，是某种神圣的东西和最高的福祉。

其次，幸福对于许多人也是以相同的方式可以达到的，因为所有人，只要他们的德性没有残废，都能够经过教导和关怀而达到它。

但如果幸福以这种方式获得比通过单 1099b20
纯的运气获得更好的话，我们就可认为，这实际上就是人们获得幸福的方式，因为一切合乎自然而生成的东西，仿佛就是最好的。而且这同样适用于所有艺术和因艺术的原因所创造的东西，这尤其是最好的。把最高贵、最美丽的东西竟付之于运气，这简直就是错误和亵渎。

此外，从我们的思考中也能得到相同

正文　注释

1099b25 的结论，因为我们已经把幸
福规定为“灵魂合乎德性的
活动”，而其他的善或者是
德性本身不可或缺的条件，
或者按其本性是获得幸福的
有用工具。

这个结论也与我们一开
1099b30 始的说法【66】相一致，在
那里我们说，治国术的目标
是最高的目标，恰恰是因为
这种技艺通常所操心的，就
是塑造具有某种品格的公
民，即成为有德性的公民，
从而使公民有能力和意愿去
做高贵的事情。

我们既不能廉价地说一
头牛和一匹马是幸福的，也
不能一般地说一种动物是
“幸福的”，因为它们当中没
有哪一个有能力分有这样一
1100a 种德性活动。出于同样的原
因，我们也不能说一个儿童
是“幸福的”，因为毕竟儿
童还太年轻，根本不能做出
这种有品格的行为。尽管如
此，有人还是称儿童是幸福
的，那是因为人们希望如此。

正如我们所说【67】，幸
福需要完善的德性和完满的
1100a5 一生。因为在一生中充满许
多变故，许多偶然，即便曾
经运气亨通的人，也有可能

【66】参阅1094a27。

【67】参阅1098a18—20。

【68】普里亚摩斯（Priamos）是荷马《伊利昂记》中描写的特洛伊城末代之王。他的父亲拉奥墨冬（Laomedon）在任特洛伊国王时，因说话不算话，连同几乎所有的儿子被希腊英雄赫拉克勒斯（Heracles）杀死，唯有一个儿子普里亚摩斯大难不死被救出。普里亚摩斯当上特洛伊国王之后，娶了许多妻子，生了50个儿子和许多女儿，其中许多成为荷马史诗中的著名人物。例如他的长子赫克托耳(Hector）是特洛伊军队的统帅，著名的英雄，非常英勇善战，但最终被阿喀琉斯（Achilles）杀死。年迈的普里亚摩斯亲自到希腊军营中请求取回自己儿子的尸体。特洛伊城被攻陷之时，普里亚摩斯躲在宙斯祭坛旁边亲眼目睹自己最后一个儿子被杀，最后自己也被杀身亡。所以，亚里士多德认为这样一个人物不能说是幸福的。但在西方的文学作品中他有时被描写成命运多舛的典型，有时也被描写为儿孙满堂的幸福人物。亚里士多德在这里表达的是一种与希腊当时流行的意见相反的观点。希腊人普遍相信命运，认为幸福跟机遇、运气紧密相关，人无力与命运抗争，只能被动适应和接受。但亚里士多德不同意流行的意见，他认为，运气、机遇变化多端，捉摸不定，但幸福是灵魂合乎德性的

◀ 注释　正文 ▶

实现活动，这是通过学习、训练变成我们的习性、品德、灵性乃至高贵气质之类的东西，是本己的永恒之物，是别人无法夺走的东西，因此是我们自在自为的正当生活方式造成的。

在老年遭受劫难，史诗所描写的普里阿莫斯【68】就是如此。没有人把这样一个历经沧桑并最终死于非命的人称作幸福的。

11. 在世幸福以及后人的命运对幸福的影响

那么是否可以说，只要 1100a10
人活着，就没有哪个人能被称之为幸福的，反而要照梭伦【69】的意思，看他最终如何？假如我们接受这种观点，岂不是只有等人死后才能说他是否幸福？这难道不是完全荒谬的吗？特别是对于我们这些把幸福称作是某
种类型的实现活动的人。可 1100a15
是如果我们不把死人称作幸福的，而且梭伦也不是指这个意思，而只是说，只有当一个人已经置身于一切灾祸与厄运之外时，人们才可有把握地称他是幸福的，那么这也有他的困难。因为即使到临终了也还是全然无从知晓究竟是祸还是福，这对于死者和对于生者是类似的，

【69】梭伦（公元前6世纪）雅典著名的政治家和诗人。亚里士多德这里所谓的梭伦的观点记述于希罗多德的《历史》（第一卷，第32章）梭伦同吕迪亚的国王克洛伊索斯（Lyderkönig Croisos）的对话。尽管这位国王向梭伦展示了他所拥有的无数珍宝，但梭伦并不认为他就是最幸福的人。梭伦说，只有等我看到你最终是否幸福地结束了你的一生，才能回答你是否是最幸福的人这个问题。

正文

就像子女的荣与辱，后人普遍的幸福还是不幸。不过这确实也是个难题。一个人活到高寿，一直都幸福，并且同样幸福地离开人
1100a25 世，而他的子孙后代还是可能会遭受许多变故：有些可能优秀，享受相应的优雅高贵的生活，另一些可能相反；这就明显地可以看出，后代们与他们的父母是以最为不同的方式保持着距离的。假如认为死者完全受后人命运变故的影响，时而幸福，时而不幸，这简直是荒谬的。但假如说后辈的命运在任何时候都不对父
1100a30 母或前辈产生影响，这也是荒谬的。

我们还是回到前面提到的问题上来，因为从这个问题出发也许同时就找到了解决现在这个问题的办法。

如果我们非要看最终如何的话，那么称赞每一个人是幸福的，不是因为他现在是幸福的，而是因为他先前是幸福的，这样
1100a35 说并不荒谬，因为人们所说的并不是他实际上是幸福的这个真实
1100b 情况，而只是因为人们不愿因人生的种种变故而称赞活人是幸福的，因为人们把幸福看做是某种持久的和不容易被改变的东西，而运气难道在同一个人的一生中是轮流旋转的吗？因为显然，如
1100b5 果我们遵循这种命运观，那我们就得经常把同一个人时而说成是幸福的，时而说成是不幸的，这样就会把幸福说成是变色龙（Chamäleon）之类的东西，把它变成了空中楼阁。或者说，这难道不是完全搞错了吗？尽管我们也说过，人生需要运气，但生
1100b10 活的幸与不幸并不取决于运气，真正的幸福取决于合乎德性的现实活动，相反则会导致不幸。

此外，通过解答这个问题也再次证实了我们关于幸福的定义。因为在人的各种业绩中没有哪一种能够如同合乎德性的现实活动那样具有如此的持久性，它甚至比知识表现得更加牢固。而
1100b15 且，幸福还是在德性活动当中最为牢固，持久性的等级也最高。因此，幸福的人最多地和最持久地生活在德性活动中。所以这大概也就是德性不会被遗忘的原因吧。这样一来，我们所寻求的持久性幸福也就在真正幸福的人身上找到了，而且他整个一生都将名副其实（地幸福）。因为他一直或者说比任何他人都更持久地
1100b20 合乎德性地行动和思考，他始终知道如何以最佳的、最高贵的方式承受运气的变故，这样一个真正有德性的人是“坚毅的男

注释　正文

子汉，无可指责”【70】。

但由于许多事情都与运气的无常【71】相关，它若隐若现，或大或小。小的运气，无论幸与不幸，都不会对生活造成什么明显的影响。反之，大的运气如果频繁降临，就会使生活更加幸福（因为它们本身自然地会使生活锦上添花，能够抓住和运用它们，正是高贵德性表现的时机，值得称赞），但重大而频繁的厄运，则对生活造成重大压力和创伤；因为它们让人痛苦地经历沧桑，妨碍某些事情的实现。但就是在这里，德性的光辉也会穿透阴霾而朗现，因为人经受住了命运频繁而沉重的打击，不是由于他感官迟钝，而是由于他高贵而卓越的品质。

但实际上，我们前面已经说过，这种品质就是对生活进行决断的能力。一个有此品质的人不会由幸福变成不幸，因为他决不会选择去做他憎恨的卑劣的事情。真正有德性的和明智的人，将以高尚的品质承受运气的各种变故，永远都是在其实际处境中塑造出尽可能的最

【70】Meiner 版的译法是“der feste Mann ohne Fehl”（没有瑕疵的坚毅男人）。

【71】Meiner 版此处译作“Laune des Glücks”（幸福的情绪），不如这里译作“运气的无常”准确，因为接下来讨论的不是“幸福的情绪”而是“运气的无常”同生活中的许多事情相关。

好。他的行动就像一位伟大的将军为了决胜千里，把他所统领的军队调整到最佳状态，一个优秀的鞋匠巧用手中的皮革，做成最好的皮鞋，以及所有匠师所做的那样。如若这样，一个幸福的人就不会完全陷入不幸。不过，如果遇到了普里亚摩斯王那样的命运，也不能说他享到了福。

所以，一个幸福的人不会屈服于运气的频繁变故而改变其固有的东西。因为一方面没有什么东西能轻易地使他失去幸福，哪怕首次遇到了严重不幸也不能，除非遭受到沉重而多次的命运打击；另一方面，也不能在最短的时间内使他从这种不幸中恢复过来并重新找到幸福，一般地除非在多年之后，在此期间他取得了令其满足的成就与荣誉。

那么是什么东西妨碍我们，把一个不是在短时间内，而是在完整的一生中都从事完满的德性活动并拥有充分的外在善缘的人称作是幸福的？（或者我们还要补充一句："他将来也必定这样生活且必定处在这种关系中"），是由于我们不了解将来，却断言幸福是终极目标和完满、完全的东西（Vollendung）？如果是这样的话，那我们就将把活着的人称作幸福的，他们达到了或将要达到我们所说的那些事情，不过是作为"人"（Menschen）的幸福。

关于这个问题就讲这么多。

不过说我们的幸福丝毫不受后人和所有朋友之命运的影响，显得太不近人情（allzu inhuman）并与普遍的确信相悖。但由于生活中的事情多种多样，千奇百态，有些对我们影响多，有些影响少。事无巨细地加以讨论不仅拖沓费时，而且漫无边际。对此我们一般地和大概地说说就够了。

既然我们自己的不幸遭遇也只是有些给生活造成沉重负担，有些则相反不那么要紧，那么所有朋友的命运也是如此，但不幸的事是在活着时遇到，还是在死后遇到，这是有区别的。它比罪恶行为究竟是在悲剧中出现还是在现

注释　正文

实中上演的差别要大得多【72】，所以我们也要考虑这种差别，甚至要考虑已故之人是否能够分享生活的善与恶这一无从确定的情况。 1101a35
这些考虑表明，即使某种善 1101b
事或者恶事会影响到死者，但这种影响不论就其自身还是对于死者的作用，都只能是微乎其微的。或者说这种影响就算不是无关紧要的话，其程度与性质，既不能让不幸者变得幸福，也不能
让享福者失去幸福。所以 1101b5
说，[后人]及友人的幸与不幸对于已故者确实还是有某些影响，只是影响的方式和程度，既不能使从前的幸福者变得不幸，也不能改变其从前的一般状态。

【72】希腊悲剧中的罪行和灾难不仅是在舞台上表演的，而且也是现实中上演的。人们在这里必须考虑到故事的先前报道和戏剧的情节发生之间的区别。

12. 幸福值得称赞还是值得崇敬

在讨论了这些问题之 1101b10
后，我们接着来考察，幸福是属于值得称赞（epainos）的还是相反地属于值得崇敬的东西。因为它明显地不属于单纯有能力就可达到的东西。

所有值得称赞的东西之所以被称赞，是因为它有某种特质，并与某物有特定的关系。我们称赞公正的人、勇敢的人和一般有德性的人，甚至称赞德性本身，是因为他们的行为和活动；同样我们称赞强壮的人、跑得快的人等等，是因为他们有特质，与某种善和出色的事情有特定的关系。从我们对诸神的赞美可以看出这一点：假如我们从我们的关系来称赞诸神，就显得可笑。之所以如此，是因为如我们所说过的，称赞是因某种特定的关系而做出的。但如果说，称赞是为这种东西做出的，那么显而易见，对于最好的东西不存在称赞，而只是对于更伟大，更好的东西才存在称赞。我们称赞诸神幸福或至福，同样我们称赞最神圣的人幸福。我们同样称赞善物中的最善：但没有人像称赞正义那样称赞幸福，而只是像称赞某些更神圣和更美好的东西那样称赞幸福。

欧多克索斯【73】，当他把最高的奖赏颁发给快乐时，也显得对善物作了十分

【73】欧多克索斯（Eudoxos），古希腊著名的数学家和天文学家，卒于公元前340年，他自己创办过学园。关于他的快乐观，亚里士多德在本书的第十卷2中（1172b9ff.）进行了讨论。

正确的判断。因为尽管快乐属于好东西，但不被称赞，他认为，这就证明了，快乐像神和善这类东西一样，比受到称赞的东西更好，称赞理所应当地适用于德性，因为我们是通过德性才有能力做善事。但奖赏适用于作品，无论是身体的作品还是精神的作品。

不过，要对这个问题做出更加准确的规定，应当属于颂词（Lobreden）理论的事。对我们来说，从上述讨论中得出的明确结论是，幸福属于值得崇敬的和完善的事物。之所以如此，也还是由于幸福是本源。因为我们大家都是因其之故而做其他事情，所以我们就把万善之源和本因视为某种值得崇敬的神圣的东西。

13. 灵魂与德性分类

但由于幸福是灵魂合乎完满德性的一种活动，那么我们现在就把德性（aretee）作为我们探讨的对象，这样之后我们也就能够更清楚地理解幸福了。真正的政治家努力研究德性最勤，因为他的愿望是使公民有德性并服从法律。克里特人和斯巴达人的立法者在这方面为我们提供了例子，当然还能举出另外这样一些例子。如果对德性的考察属于政治学，那么这一研究无疑符合我们一开始就拟定的计划。但我们考察的德性，不言而喻只能是人的德性，因为我们所寻求的是对人而言的善，我们所追求的幸福，是人的幸福。

“人的德性”不意味着身体的德性，而是灵魂的德性，我们所说的幸福也是作为灵魂的活动。但如若这样，政治家和政治学的教师就必须对灵魂要有某种程度的熟知，就像想要治疗眼病或者通常身体的某一部分的医生，必须了解眼睛或身体某一部分的性质一样。尽管前者比后者更加重要，因为治国术在效用和重要性上大大超过了医术。实际上，优秀的医生总是大力研究人的身体，那么政治家也必须着力考察灵魂，但始终只为治国的目的而研究灵魂，能使之达到满足这个目的的程度就够了，还要作更深入的研究，对眼前的课题诚然是不必要的。

关于灵魂，在一些通俗的（exoterischen）文论中已经做了充分的讨论，我们可以在这里加以采用。譬如，把灵魂区分为一个非理性的和一个理性的部分。至于这两个部分是像身体和所有可分东西的部分那样彼此区分，还是只在概念上
1102a30 像圆周的内面和外面可分为二，但按其本性则是不可分的，这个问题对于眼前的目的而言并不重要。在灵魂的非理性能力中，再有一个部分对于一切有生命者是共同的，即植物性的本能。我指的是供给营养和生长的能力。因为灵魂的这样
1102b 一种能力，在所有的有机体那里，都以摄取营养为前提，无论是在胚胎那里，还是在发育成熟的有机体那里，都是如此。尽管比任何别的东西都有更大的或然性。显然这种能力的完善性是普遍的，而不为人类所特有。因为这一部分和这
1102b5 种能力在人睡觉时显得特别活跃；但善人与恶人的区别在睡眠时最小。所以有个格言说，幸与不幸，在人生的一半时间内了无分别。这也是明显的，因为睡眠就是灵魂不活动的状态，它不再分别有德无德，好的坏的。最多只有某些在醒时
1102b10 以之为前提的运动过程在睡眠时能在某种程度上进入梦中，在这方面，好人的梦比常人的要好些。这个话题说这么多就够了。我们可以搁下营养能力不管，因为就其本质而言它并未参与人的德性的养成。

灵魂还有另一个无理性的部分，但在某种程度上还是分有了理性的因素。我们既在自制的人那里也在不自制的人那
1102b15 里称赞理性和灵魂的理性部分。因为它告诫得对，促使人们向善。但经验告诉我们，在所说的自制和不自制的人的灵魂中，还植入了理性之外的另一种动因，它同理性斗争、对抗，与理性的追求反着来。就像麻痹了的肢体，你想让它朝
1102b20 右动，它偏偏相反地向左转。在灵魂中恰好也有这种情况：不能自制的人的欲望，总是转向与理性命令相反的部分。我们只是在身体上看到这种倒错，在灵魂中则看不到。尽管如此我们宁愿相信，在灵魂中也有某种理性之外的东西存在，
1102b25 它与理性对立，反抗理性的要求。至于它在何种程度上与理

注释　正文

性不同，在这里并不重要。但是，就像我们上面[74]已经说过的，这个反理性的东西看起来也分有了理性。至少在有自制力的人身上，它顺从理性的指导。至于在谨慎和勇敢的人身上，它更是早已甘愿顺从，因为在他们身上一切都与理性和谐一致。

这也就证明了，非理性的能力也与整个灵魂一样有两部分，一部分是植物性的能力，它与理性全然不搭
界，一部分是感性欲求能力 1102b30
或一般追求能力，它则相反地以某种方式分享理性，能够听从和顺从理性的指导。这大概就如同我们在实际事务中听从父亲和朋友的劝告那样，而不是像在科学中遵照数学公理那样，以这样的方式服从理性的指导。但非理性的部分在某种程度上是听从理性的劝告的，这一点在劝诫、训诫（Zurechtweisen）和鞭策(Aufmuntern, Ermunterung）的实践中得到
证明。同样，如果我们应当 1103a
把理性赋予给灵魂的这一部分的话，那么，灵魂的理性能力也必定具有两个部分，一个部分具有真正的理性，

【74】参阅 1102b14。

正文　注释

在自身之中具有理性能力，而另一部分所具有的理性能力，则像一个孩子“听从”他的父亲那样。

德性也是根据这种区别划分的。【75】我们称一方面是理智德性（dianoeetikee aretee），称另一方面是伦理德性（eethikee aretee, heksis）。智慧、灵智和明智是理智德性，慷慨和节制是伦理德性。因为当我们谈论一个人的品格时，我们不说他是有智慧的或理智的，而是说他是温和的或节制的。但我们称赞有智慧的品行，值得称赞的品格我们称之为德性。

【75】这里证明了，灵魂的二分法（同柏拉图的三分法：理性、勇气、欲望相区别）是亚里士多德品德和智德这一核心学说的前提。亚里士多德之所以基于二分法，是因为他把“植物性灵魂”（获得营养的能力）排除在人的灵魂之外。人的灵魂只有有逻各斯（理性）和无逻各斯（非理性）两部分。上面所说的灵魂分类用图形表达，即是：

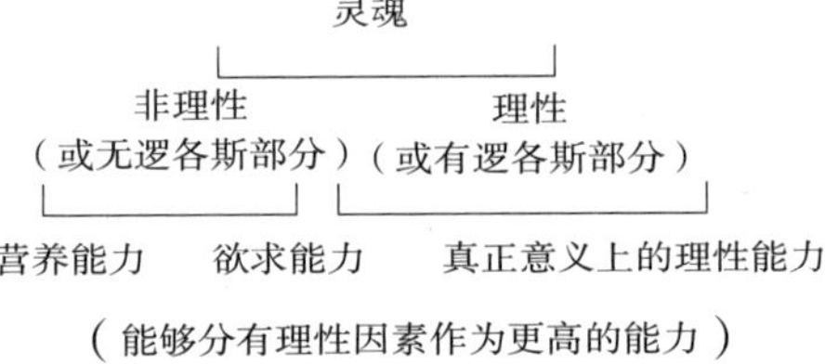

第二卷

伦理德性与中庸

正文　注释

1.伦理德性源自习惯，因此既非自然而然，也非反自然

1103a 那么德性【76】有两类：
理智德性【77】和伦理德
1103a15 性【78】。前者主要是通过
教导（Belehrung）【79】来
形成和培养，因此需要经
验和时间，后者相反是从
习惯【80】中产生的，所以
只把习惯这个词略加改变
也就得到了伦理德性这个
名称。

由此也可清楚地看出，
没有什么德性是自然赋予我
1103a20 们的。【81】因为没有什么
自然的东西能够被习惯所改
变。例如，石头的本性是下
落，没有什么习惯能够把它
变为向上运动，哪怕你无数
次地把它向上抛，想让它习
惯于此也是枉然。你也不能
迫使火苗向下窜，由自然确
定在一个特定方向上的事
物，我们不能让它们习惯
另一种关系。所以德性既
非出乎自然也非违反自然，
1103a25 而是我们具有自然的天赋，

【76】Tugend（arête）现在在伦理学上一般把它翻译为“德性”较为普遍，对应于“德性伦理”或“美德伦理”，但把它理解为“德行”似更准确。因为光有“德性”而不“行动”是亚里士多德特别反对的，“德”就是在“行”中养成和获得的，是实行的“能力”或“品行”，强调“德”的“行动”性；在我们汉语中，德与行也是直接等义的；因此，我们为了与现在通行的用语一致，一般地也译作“德性”，但在特别明显强调“行”的地方也译作“德行”，特此说明。

【77】理智德性：he arête dianoethike（dianoetische Tugend, Verstandestugend）与理智、认识、理解、权衡、选择和判断等能力相关，与我们汉语中的“才能”、“才干”接近，当我们说一个人“德才兼备”时，是把“才”与“德”区分开的，而“智德”就相当于这里的“才”。但在亚里士多德这里，特别强调理智德性是灵魂基于逻各斯部分的德性（行），逻各斯既是自然、宇宙的秩序，尺度，律则，也是人的论证、推理、决断的理性能力。

注释　正文

为了简便，我们有时也译作“智德”，以与“品德”相对。

【78】伦理德性：he arête ethike（sittliche Tugend），一般译为“伦理品德”或“道德德性”，显得“形容词”sittliche（伦理的或道德的）是多余的，因此，我们有时也为了简便，译作“品德”。但我们必须注意到，古希腊的“德”字，比我们现代狭义上的品德、道德要宽泛得多，并常常在非道德的意义上使用。现代意义上的“道德”（Moral）在那时根本没有出现，因此加上“伦理的”或“道德的”也是有必要的。但这种“伦理德性”似乎也有广义和狭义之分。就广义言，它包含了智德，作为一般德性的代名词；作为狭义言，它仅与人的性情、习性、脾气、品格相关的德（区别于基于知识、逻各斯，理性推理的“智德”）。

【79】这直接回答了苏格拉底和智者派争论的“德性可教吗?”这个问题。

【80】希腊文“习惯”一词的写法是 ethos，“伦理”一词的写法是 ethike。这种字形的相似更多地是反映了词源学上本义的同源。德国现代哲学家如海德格尔对 ethos 本义的考察是非常值得认真对待的：ethos（对应的德文词“习惯”是 Gewöhnung，我们从德文词可以更清楚地看出“习惯”和“伦理”的本义）的词根是“居住”（Wohnen），居留之地，居住之所（Wohnung）。因此，所谓 ethos（习

把它接受到我们之内，然后通过习惯让这种天赋完善起来。

其次，我们自然的与生俱来的东西，首先只是潜能，然后我们才把它们表现为相应的活动。一个明显的例子就是感官知觉。我们确实不是通过经常地看或经常地听而获得感官
知觉能力，而是相反，我 1103a30
们先已具备了感官知觉的潜能，然后我们才使用它们，不是使用之后才获得这种潜能。德性【82】则相反，我们事先施行德性活动，然后才获得了德行，就像艺术家是先从事了艺术活动然后才成为艺术家一样。因为我们必须在技艺活动当中，才能学会技艺，在制作活动当中，学会制作：在建筑活动中，成为建筑师，在演奏竖琴过
程中，成为竖琴家。所以， 1103b
我们也是在做公正的事情当中，成为公正的人，在审慎当中成为审慎的人，在勇敢的行动中，成为勇敢的人。过去的城邦生活也证明了这一点：立法者通过习俗使公民变成有德之

正文　注释

人，这至少是每个立法者
1103b5 的意图。但是做得不讨巧，
就会犯错，【83】好政体与
坏政体的区别也就在这里。

再次，所有的德性都
是从同样的原因形成并出
于同样的原因毁坏的，这
恰如技艺中情况。例如，
一个好琴师是通过演奏竖
琴而成的，一个坏琴师也
是。同样，建筑师和每个
其他手工匠或艺术家也是
1103b10 如此。因为通过建好的建
筑，成为一个好的建筑师，
如果总是建不好的建筑，
就变成一个坏建筑师。若
非如此，那么人根本就不
需要老师了，所有人反而
天生成为巧匠（Meister）
或笨匠（Stümper）。德性的
情况也是这样。通过商业往
1103b15 来中的为人处世，我们或者
变得公正或者变得不公正。
通过面临危险是习惯于担惊
受怕还是习惯于处事不惊，
我们或者成为勇将或者成为
懦夫。面对欲望和愤怒的冲
动，情况也完全相同，有些
人变得节制和温文尔雅，有
1103b20 些人变得放纵和情绪暴躁，
之所以如此，就是因为在类
似处境中的习惯使然。总而

惯、伦理）就其本义而言，就是对人的“居所”的意思，这种意思只为了敞开“存在之真理”，海德格尔认为这就是“原伦理学”（Metaethike）。参阅他的《关于人道主义的书信》，中文载于孙周兴译《路标》，商务印书馆 2001 年版，第 417—420 页。这种词源学的考察也不仅仅海德格尔“基础存在论”的特殊嗜好，实际上，在伦理学史上，早在斯多亚派的伦理思考中就已经出现了，参阅 Maximilian Forschner: *Die Stoische Ethik,* IX. Oikeiosis,Darmstadt,Wissenscharliche Buchgesellschaft,1995,S.142—159. 同时这种词源学考察也在当代的应用伦理学中具有特别重要的意义。参阅赫费著，邓安庆、朱根生译:《作为现代化之代价的道德》，第二部分：建造家园。上海译文出版社 2005 年版。但在亚里士多德这里，显然不是从这个词的本义上，而是从习俗意义上使用的。这样就使得西方伦理学在其起源之初，就遗忘了伦理的存在之根，这是哲学追求作为“科学”出现而留下的遗憾。而在柏拉图之前，希腊伦理学思考也像古代中国的一样，并无“科学”的要求，既不是“逻辑学”，也不是“物理学”（自然学），也不是这样失去存在之根的“伦理学”。

【81】这里强调德性不是自然的，也请参阅“自然的德性”: 1144b1—1145a2。

【82】德行（Tugenden），注意这

注释　正文

言之，习性是从久经历练的相应活动中形成的。所以我们必须给予我们的行为一个特定的品格，我们稳固的基本品质【84】就是根据行为的这种习性塑造的。所以，我们从青年时代起以这种习惯还是以那种习惯来塑造自己，这绝非小事，而是非常重要的事情，甚至就是一切的【85】。

里用的是复数，而不是单数。

【83】这里指的不讨巧，就是立法者没有培养起公民的遵纪守法的良好习惯，从而恶化社会风气。

【84】习性或品格是对 Habitus 的翻译，德语有的用 Grundhaltung（Reclam 版），有的用 Charakter（Meiner 版），有的甚至用 Eigenschaften（Taschenbuch 版）。我们这里的翻译依据的是 Reclam 版的。

【85】由此可见，亚里士多德如同柏拉图和智者派一样，强调德育的意义。

2. 伦理德性作为品格由与之相应的活动养成、毁坏并伴随苦与乐

由于我们在这里所探讨的哲学的这一部分，不像其他部分【86】那样，是纯粹思辨的，因为我们搞哲学，不是为了知道德性是什么，而是为了变成有德行的人（由于德性对于我们没有别的用处）。所以我们要考察人们究竟是如何实施行为的，因为我们说过，如何行为的方式也决定地影响到我们的伦理品质如何。

“要按照正当的尺度（logos）行动”这个原理是

【86】Reclam 版注：数学、物理学和神学。

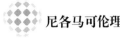

普遍承认的[87]，我们在这里也是以之为前提。后面[88]我们将讨论，什么是正当的尺度，以及它同其他德性处在什么关系中。但预先能够达成一致的观念是，每种伦理学理论只能提供一个一般轮廓，而不可要求达到科学的[89]严格性。我们一开始[90]就已经注意到，我们所要求的研究形式，必须视其题材而定[91]。而在行为和要求的领域内，本来就没有什么东西是固定不变的，就像健康状况是不确定的一样。这已经是普遍适用的情况，凡是在个别情况根本无法达到准确规定的地方，也是合理适用的。因为在这些领域内，既不存在一门主管的科学，也不存在一般的建议，相反，行为者每次都只能依靠自己去判断当下的具体境况，这就像医生和舵手的技艺。尽管我们探讨的学科有这样的性质，但我们还是试图对之进行通盘的考察。

首先我们来考察，按其本性会被过度和不及所毁败的这类东西。为了便于从可见的东西来说明不可见的东西，我们来看看体力和健康的情况：过多的锻炼和过少的锻炼一样，都会损害体力。同样，吃喝过量或饮食不足都有害健康，只有饮食适度才能带来、增进与保持健康。其他的德性，如勇敢、节制[92]都是这种情形。一个回避

【87】即在柏拉图学派中被普遍承认。

【88】在第六卷 1 和 13 中。亚里士多德在后面所谓的“正当的尺度(logos)”就是“明智”或“实践智慧”。

【89】Taschenbuch 版是译作“数学的准确性”，可参考。

【90】参考 1094b11—27 所强调的伦理学方法。

【91】Reclam 版的这句话译作：必须符合这种知识状况。

【92】关于节制和勇敢请参阅第三卷 9—12 和 13—14。

正文

一切，害怕一切，什么都不担当的人，便成为一个
懦夫，反之一个什么都不怕，对任何危险都敢勇往 1104a20
直前的人，就是一个莽汉了。同样，一个纵情享乐，
来者不拒的人，就是一个放纵的人，但像一个呆子
那样逃避任何快乐，就是一个麻木不仁者。所以， 1104a25
节制与勇敢被过度与不及所毁坏，而为适度的中庸
所保存。

但是德性不仅是由同样的原因并通过同样的原因
形成、陶养和毁坏的，而且也以这种原因实现在同样
范围的具体情况中。在其他可感可见的东西，如体力
那里，都是这样：它产生于吸收丰富的营养，经受艰 1104a30
苦的锻炼，而强壮的人也是这样做得最好的。德性也
是如此：通过节制感官享乐，我们变得节制了，而我 1104a35
们变得节制了，我们就最有力量保持快乐。在勇敢这 1104b
里也没什么不同：我们通过培养藐视并经历危险的习
惯，我们变得勇敢了；而只要我们变得勇敢了，我们
就能最轻易地经受住危险。

作为品质的一种表征，我们必须考察与行为连在
一起的快乐和痛苦。节制感官享乐并对此感到愉悦的 1104b5
人，是节制的，但对这种节制感到痛苦的人，是放纵
的。同样，能经受住危险并对此感到愉悦的，或者至
少对此不感到痛苦的人，是勇敢的，但对此感到痛苦
的，就是懦夫。伦理德性与苦乐感相关，因为首先， 1104b10
我们甚至因享乐而行可耻之事，因痛苦而搁下善事不
做。所以，如柏拉图所言，我们必须从小就培养起对
该享乐的感到快乐，对不该享乐的感到痛苦。这才是
正确的教育。

其次，德性与行为和性情（Affeckten）相关。但
由于每种性情和每种行为都伴随着苦乐，所以伦理德 1104b15
性也就与苦乐相关。这一点也见证于快乐和痛苦也被
用作惩罚的手段这件事。惩罚仿佛是一种治疗手段，
但对恶习的治疗习惯于通过相反的事物来起作用。

正文　注释

最后，像我们在前面说的那样，【93】灵
魂的每种品质在其出乎本性的活动中也与那
些它在其中并与之打交道时而被变好或变坏
1104b20 的事物相关。但只有当它追求了不该追求的、
回避了不该回避的苦乐时，或者说，只有当
它在不适当的时间，以不适当的方式追求了
不该追求的、逃避了不该逃避的苦乐时，它
才被苦乐所败坏。出于这个原因所以有人也
把德性规定为 [对苦乐] 不动心（Unempfind-
1104b25 lichkeit）或者“灵魂的无纷扰”，【94】但这种
规定是没有道理的，因为它要求的是绝对不
动心，而没有附加说，我们如何（wie）应该
或者如何不应该，或者，在何时我们应该，
在何时我们就不应该。所以可以把我们所作
的规定视为前提：德性无论在哪里都是与苦
乐相关的最佳行为品质，恶则相反。

我们还可以通过下列事实把这个问题说
1104b30 清楚：首先，有三类东西是我们自愿追求的：
善，有益的东西和令人快适的东西；也有三
类东西是我们逃避的对象：恶，有害的东西
和令人不快的东西。虽然在所有这些对象上，
有德性的人都能命中正确的东西，而德性差
的人则不能，这尤其适合于对待享乐的举止
1104b35 上。因为享乐对于所有有感觉的存在者都是
1105a 共同的并同我们所选择的对象相关。善和有
益的东西也就表现为能带来快乐的东西。

其次，快乐从孩提时候起就伴随着我们成
长，所以要消除我们对快乐的感觉是很难的，
因为它已经深深地扎根于我们的生命之中了。

第三，我们大家或多或少地也把快乐和
1105a5 痛苦作为衡量我们行为的尺度，所以这两种
情感必然是我们整个理论的中枢。因为以正

【93】参阅1104a27—b3。

【94】这种对德性的规定在希腊化时期是斯多亚（斯多葛）派的典型形象，而亚里士多德在这里指的是谁，难以确定。

当的还是错误的方式感受苦乐，对于行动至关重要。

最后，如赫拉克利特所说，虽然制怒很难，但战胜快乐更难。
而任何时候技艺和德性却总是同更难的事情联系在一起，并因此使
好的东西变得更好。所以说，出于这个原因，德性与治国术的整个 1105a10
活动都是围绕苦乐转的，在这里谁处理得好，谁就优秀，谁处理得
坏，谁就恶劣。

所以我们的结论是：德性同苦乐相关；这既是德性形成和发育的
原因，也是它毁败的原因；最终德性也自我实现在这个它从中获得 1105a15
根源的范围内。

3. 如何能够在德性之前有合乎德性的行为？德性与技艺之别

有人可能会提出这样的问题：当我们说，人们必定是通过公正
的行为变成公正的人，通过有节制的行为变成有节制的人，何以能
够这样认为呢？因为人们做事公正和节制，然后就已经是公正和有 1105a20
节制的人了，这就如同能熟练地使用语法和演奏音乐的人，必定已
经是一个有语法知识和音乐知识的人一样。但是，这种前提在技艺
上是根本不正确的。因为一个人完全可能是因为偶然，或者事先得到
了另一个人的指点，才说出符合语法规定的东西。所以，只有当一个
人不仅如同语法所规定的那样说话，而且也能够根据自己的语法知识 1105a25
来说话时，他才是一个有语言知识的人。

此外，在专门的技艺和德性之间也没有类同性。因为通过技艺
产生的作品，它的质地就在其自身之中。只要它被这样制作出来，
就具有了某种特定的质地，[这种质地就是它的好]。而在德性的领
域内，某种事情的发生并非已经就是以公正或节制的方式发生的，
尽管行为自身具有了某种特定的属性，而是只有当行为者在行动时 1105a30
满足了相应的条件才是德行。首先，他知道他所做的事，其次，他
是基于一种明确的意愿抉择并且这种抉择是全然为了这件事情本身

而故意行动的，第三，他是
坚定地和毫不动摇地行动
1105b 的【95】。这三个条件对技艺
并不适用，因为只有明晰的
知识对它才是必不可少的，
但对于德性而言，知识的意
义不大或者全然没有意义。
相反，其余两个，只有通过
对正义和节制的不断训练才
1105b5 获得的东西，则意义不小，
而且就是一切。所以，这些
行为，只有当它们是如同有
公正和节制品德的人所施行
的,才被称之为公正的和有节
制的行为。但说一个人是公
正的和有节制的，却不是因
为他施行了这样的行为，而
在于这样行动的人,如同有公
正和节制品德的人那样做事。

所以这个说法是正确
的：通过公正的行为变成公
1105b10 正的人，通过节制的行为变
成节制的人。但是,不这样行
动，诚然就没有人可以变成
有德性的人，哪怕这种指望
也没有。尽管如此,大多数人
还是不这样做，而是满足于
空谈，以为这样就能成为哲
1105b15 学家，成为有德性的人。这
就像病人,虽然专心听医生的
诊断，但医生的处方他一项
都不去执行。就像这样治病

【95】亚里士多德在这里规定了道德行为的主客观条件。客观条件即行为本身的属性和客体，而行为者主体要考察这三方面的条件。关于第一方面知识性（知道他做的事），参阅 III，1—3，与自愿相关；关于第二方面意愿抉择，参阅 III，4—5 ；关于第三方面坚定不移性，参阅 II，4—6。

注释　正文

不可能使身体好起来一样，那些满足于空谈的所谓哲学家也不能使灵魂达到健康。

4. 德性的一般规定：它是与性情及其能力相关的稳定品格

接下来探讨的问题是，德性是什么。

既然灵魂【96】现象有
三种：性情、能力【97】和
被称作品质的稳定品格，那 1105b20
么，德性必属其中之一。我
们称作性情的是欲望、愤
怒、恐惧、自信、嫉妒
（Neid, envy）、愉悦、友爱、
憎恨，渴慕、忌妒（Eifer-
sucht, Mi β gunst, emula-
tion）、同情，总而言之是
所有那些伴随着苦乐的性
情；能力我是指那种我们因
之能够感受这些性情的东
西，例如那种使我们能够感 1105b25
受愤怒、悲伤或怜悯的东
西；称作品质的是，我们借
助于它在面对非理性的情感
冲动时使我们能正当或不正
当地对待的东西，例如，面
对一种怒气的爆发，如果我

【96】这里的灵魂（Seele）现象指的就是一般的“心理现象”（Phychische Phänomene）。

【97】这里的能力（Vermögen, Können）是指“自然禀赋”（Anlagen），如视觉、听觉等一样。

正文

们的情感对它太激烈或者太软弱，我们的举止就不当，而如果我们适度地对待它，那就是正当的。类似的东西也适用于其余的性情。

1105b30 性情既非德也非恶，首先，因为我们不是由于性情被称作好人
或坏人，而是由于德性的优劣被称作好人或坏人。而且我们也不是
由于性情被称赞或被谴责—因为一个人不是由于他感到恐惧或者发
1106a 怒而不被称赞，不是由于他容易发怒，而是由于他以特定的方式发
怒而被谴责—而是由于我们德性的优劣被赞美或谴责。其次，我们
发怒和陷于恐惧不是出于自己事先的决断，反之道德行为却是自我
决断的行为，或者至少是与这种行为不可分的；此外，我们说，在
1106a5 性情冲动时我们是被激动的，但在德行与恶行上，我们却不能说我
们是被激动的，而是说源自一种稳固持久的状态。

出于这些理由，德性也不是能力，因为我们不是由于具有单纯
的感受性情的能力而被称作好人或恶人，也不是由于具有这种能力
1106a10 而受称赞或谴责。此外，能力是自然禀赋，但善的或恶的不是源自
自然，正如我们在上面已经阐述的那样。

既然德性既非性情也非能力，那么就只剩下是品质了。这样我们就从种类上说明德性是什么了。

5. 德性的进一步规定：它是我们因之而契合中庸的品质

但德性是品质这一规定并不充分，我们还必须说明，它是何种品质。

1106a15 在这里可以说，每种德性既使承载德性的实体本身达到优秀和
卓越的状态，也使其功能达到完善。例如，眼睛的德性既要使眼睛本
身保持好的观看能力，也要使其功能完善，因为眼睛的品质影响到我
1106a20 们有好视力。同样，马的德性一方面使马自身优秀，另一方面要使它
跑得好，让骑手坐得好并勇敢冲向敌人。如果所有事物的德性都是如
此，那么人的德性也必定就是这样的品质了，通过它一个人变成一个

◀ 注释　正文 ▶

优秀能干的人，又能把人所固有的功能实现到完善。

如何达到完善，我们已
经说过了[98]；但如果我们 1106a25
也通过下面的考察，就可以
更清楚地说明，德性的本性
究竟是何种品质。在所有连
续的、可分的事物中，都存
在太多、太少和适中，虽然
有时是在与事物本身的关系
上说的，有时是在与我们的
关系上说的，但适中就是过
多和过少的一种中间。就事 1106a30
物而言的适中，我们是指与
两个端点等距离的中间，这
对于所有人都是一个相同的
东西；反之，与我们相关的
适中，就是既不太多也不太
少，这对于所有东西都是不
相同的。例如，如果 10 太
多，2 太少，那么 6 就是就
事物而言的中间，因为它与
太多和太少是等距离的。这 1106a35
是符合算术比例的中间。但
是，相关于我们的中间相反
不能这样来确定。如果对某 1106b
人而言，吃 10 磅食物太多，
吃 2 磅食物太少，那教练也
不会就此规定吃 6 磅食物。
因为这个量落实到具体个人
也许还是太多或太少：对于
米洛[99]来说太少，而对

【98】究竟是在哪里说过的，评论家存在争论。但大多数国外评论家想到的是 1104a10—26，有一些想到的是 1105a26—33。Reclam 版特别指出在 1098a7—18。

【99】当时雅典著名的运动员。后来的作家计算了他当时的日食量：9 公斤肉，9 公斤面包，10 瓶葡萄酒。参见 Reclam 版的注释 Buch II，32。

于一个刚开始体育训练的人
1106b5 来说又太多。这对于赛跑和
摔跤也是适用的。每个内行
的人（Kundige）都这样避
免过度和不及，寻求并选择
中庸【100】，不是就事物而
言的中庸，而是对于我们的
中庸。

如果每门“艺术”都是
因为它专注于合适的度并使
其作品趋近于适度，这样才
1106b10 使作品塑造得尽善尽美—
由于这个原因，人们在观
赏艺术品时通常都下判断
说：“这里一点点都不能减
少，这里一点点都不能添
加”，这就是承认，多一点
点和少一点点都破坏了和
谐，相反唯有正确的度才保
持完美—所以，优秀的艺术
家在创作时总是瞄准这个适
度点；但是，如果说，德性
较之于自然比任何艺术都更
1106b15 准确、更美好，那么我们必
定要得出这一结论：德性以
达到中庸为目标。我所指的
自然是伦理德性。因为这种
德性与性情和行为相关，而
在性情和行为当中存在着过
度、不及和中庸。例如，在
胆怯和倔强时，在欲望、愤
1106b20 怒、怜悯中，总之，在所有

【100】对于这个希腊文 mesotês 如何译成中文的问题，本人一直存在犹豫。在我国伦理学界，现在也基本上使用两个概念来表达：严群和苗力田先生都把它直接译作“中庸”，廖申白先生译作“中道”，我最终还是选择译作“中庸”，原因在于以下几点考虑：第一，亚里士多德使用的 mesotês 与中国传统哲学的“中庸”概念是基本等义的：“不偏之谓中，不易之谓庸。中者，天下之正道，庸者天下之定理”（程颐）；“中庸者，不偏不倚，无过不及，而平常之理，乃天命之当然”（朱熹）；第二，“中道”不能表达出“中庸”之“中”的动词含义：“命中”“切中”“契合”“正确东西”（真理）的含义，而这个“动词”的“中”却是亚里士多德特别强调的含义，有德性的人在行动中总是如同一个优秀的“射手”那样，能“命中”正确的目标；同样“中道”也不能表达出“中庸”就等级而言是“极端”和“最好”这样一些含义；第三，翻译为“中庸”能更好地激励我们把亚里士多德的德性伦理与我国传统伦理进行“双向格义”，在比较对话中确定其意义，而译为“中道”给人的意向就是亚里士多德所讲的与儒家的“中庸”是不同的两回事。但实际上它们之间确实有非常多的共同之处。

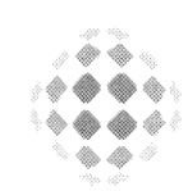

注释　正文

对快乐和痛苦的感受中，都存在着过度和不及，这两者都有不当。相反，我们有这些性情，但何时该有，对什么事情，对什么人，出于什 1106b25
么原因，如何该有【101】，这就是中庸和最好，而且这就是德性的品质。同样，在行为上也存在过度、不及和中庸。但德性正好是在性情和行为的领域内表现出来， 1106b30
在这个领域里，过度就是一种错误，不及值得谴责，但中庸就是命中正确的东西并受赞美。而这两者，命中正确和受赞美，就是德性的特征。因此，德性是一种中庸的品质，因为它本质上以达到中庸为目标。

其次，人犯错误的方式可能多种多样—毕达哥拉斯 1106b35
派已经猜测说，恶无边，而善有界——但合乎正确的方式却只有唯一的一种，正因为如此，犯错误容易，命中正确却困难：打靶跑靶容易，命中目标难。也是出于这个原因，过度和不及属于过错，中庸属于德性。

“认识德性只有一种方式，而认识错误的方式则多种多样”【102】

【101】Reclam 版对这段的翻译“在适当的时候，适当的场合，对适当的人，出于适当的原因，以适当的方式”来解释“适度”，这虽然朗朗上口，但用“适度”来解释“适度”，什么也没有解释。因此，我选择了上述另一种译法，也许能够清楚，亚里士多德想要说的适当的时候，适当的场合等是什么意思。

【102】出自一个不知其名的哀歌诗人的诗句。Reclam 版的译文是：Edle sind einfacher Art,hundertfach schillert der Böse（高贵者单纯唯一，恶人千变万化）。

6. 中庸之德的应用范围

所以德性是一种属于选择的品质，它按照我们所考量过的中庸并为理性（Logos）所规定来选择，就是说，像一个明智的人通常所做的那样。中庸是在两种有缺陷的习性（fehlerhaften Habitus），即或者过度或者不及这种缺陷之间[103]，但也还因为它在这些性情和行为中找到并选择了适中的东西而是中庸，而在这种关系中，缺陷之为缺陷就在于，它或者达不到正当的度，或者超出正当的度。

所以德性就其本质和其实体的规定而言就是一种中庸；但按照它是最好而且把一切都实现到最完善的意义，它也是极端。

可是，不是每种行为以及不是每种性情都有一个适中的空间[104]，因为有些性情（如幸灾乐祸，恬不知耻和妒忌）和有些行为（如

【103】按照字面意思来翻译这句话，往往会把它翻译成“德性是两种恶即过度和不及的中间”，但这样的翻译明显地与亚里士多德的另一句话：“在两种恶之间不存在中庸”以及在“过度和不及这里不存在中庸”（1107a25）明显地发生矛盾。但这种矛盾是亚里士多德自己在不同的地方说了不同的话引起的，还是后人根据不同的文字翻译导致理解上的误差引起的呢？ Reclam 版的译者对此有一个注释，明确地说：“德性作为中庸决不意味着在两种错误之间的一种妥协或者它们的一种混合，就像命中目标的意义决不能被理解为所有误靶的妥协一样，毋宁说，鉴于中庸的理想，这里的错误性要被规定为偏差。”（Anmmerkungen,Buch II,35. Reclam,S.312）

【104】这是 Taschenbuch 版的一个非常高明和到位的翻译（一般译本都译作“可是并非每种行为和每种情绪

注释　正文

都是中庸”），我先前根据Reclam版和Meiner版上课时，多次提出“中庸”的“中间”或“适中”不能理解为一个“空间”概念，但学生们往往反驳说，既然它是“两个极端的中间”怎么不是“空间”概念呢？这往往只能依据亚里士多德的“义理”来解释，如他所说的“数学上的中庸”、“数学比例上的中庸”是“方法论上的中庸”，不是真的一个事实上的“空间”，如6在10和2的“中间”，并非真的有6这个“空间”。而且亚里士多德一直明确地坚持，他不是寻求“事物关系上的中庸”，而是寻求“对于我们而言的中庸”（这是几何学比例上的中庸），以及他的“中庸”是在“正确”的意义上使用等等。但无论如何解释，都没有在亚里士多德的本文当中找到明确支持我的“不是空间之中间”的证据；而Taschenbuch版的这一翻译无疑为我的阐释直接提供了文本支持。

通奸，偷窃和谋杀），在其
名称中就已经与恶相关。所
有这些以及类似于这些的性
情和行为之所以受到谴责，
是因为它们本身就是恶的，
而不是由于过度或不及才是
恶的。所以人们在它们这里 1107a15
决不可能遇到什么正确的东
西，而永远只是出现错误。
在这些事情上不存在是否跟
适当的人，是否在适当的时
候，是否以适当的方式做出
才正确或不正确的问题，而
是不管是谁，只要做了诸如
此类的事情，绝对就是错
的。同样，在不公正，怯懦
和放纵这些事情上，也不存 1107a20
在中庸或过度和不及的问
题。因为否则就会出现一种
过度的中庸和不及的中庸，
以及一种过度的过度和不及
的不及了。相反，正如在节
制和勇敢上不存在过度和不
及一样，因为中庸在某种程
度上也是极端，在不公正、
怯懦和放纵这些事情上也就
不存在中庸，不存在过度和
不及，反之，只要有人这样
做了，永远都是错误。因为 1107a25
在过度和不及这里根本不存
在中庸，正如在中庸这里不
存在过度和不及一样。

7. 应用具体的德性来准确阐明中庸概念

然而，我们不能满足于谈论一般的规定，还必须把它运用到具体情况。因为在涉及伦理
1107a30 行为的讨论中，一般性的陈述是空洞的，具体陈述更接近真实。这是由于行为是由所做的具体事情构成的，我们的陈述必须与这些具体事例相吻合。我们想从我们的德性表中提取这些事例。

从中我们看到，怯懦和鲁莽的中庸是勇敢。
1107b 在这里，如果事情是因无畏而发生的，但畏惧感的过度缺乏，却没有特别的名称，许多性情也都没有自己的名称，但是，如果事情是因大胆过度而发生的，那么这就叫做鲁莽。而一个畏惧过度却胆量不足的人，就是懦夫。

在快乐和痛苦的性情上，却不是在所有性
1107b5 情上，尤其不是在所有痛苦的性情上，中庸是自制，过度是放纵。缺乏快乐感的人真正说来是找不到的，因此这类人也没有名称，有人愿把他们称作麻木不仁者。

1107b10 在钱财的付出和接受方面，中庸是慷慨，过度和不及是挥霍和吝啬。但在这两种情况下，过度和不及是反方向的：挥霍的人付出太多而得到太少，吝啬的人则得到太多却付出不足。
1107b15 目前我们只做出这些概要和粗略的说明，对于我们现在的意图也够了，在后面[105]我们还要做出准确的规定。

【105】参见1117b26。

注释 正文

在涉及钱财的问题上，还有另外一些
品质：中庸是大方（有人注意到了大方和
慷慨的差异，前者涉及大笔的钱财，而后
者只涉及小笔的钱财），其过度形式称为 1107b20
粗俗或无品味，不及形式为小气。大方的
过度与不及不同于慷慨的过度与不及，我
们将在后面说明这种差异。【106】

关于荣誉和耻辱，中庸是自重
（Hochsinnigkei），其过度形式是自夸，其
不及形式是自卑（Engsinnigkeit）【107】。
正如我们说慷慨区别于大方的地方在于它
只涉及小笔的钱财一样，也有一种特定的 1107b25
品质，与同大荣誉相关的自重对立，反而
只瞄准小荣誉。因为对荣誉的欲求也有适
中、过度和不及，那么追求荣誉过度的
人，称为虚荣心太重的人；而不追求荣誉
的人称为无虚荣心的人，但适度追求荣誉 1107b30
的人则无名称来称呼。同样，这些品质本
身也是没有名称的，只有那个爱虚荣的品
质称作自夸。因此，这里的两个极端反倒
要求占据中庸的位置，我们自己对在这方
面有中庸品质的人，也是有时称为酷爱荣
誉的人，有时称为不爱荣誉的人，有时赞 1108a
美酷爱荣誉的人，有时赞美不爱荣誉的
人。我们为何这样做，将在后面【108】做
出解释。不过现在我们还是想以我们一直
以来的方式讨论其他的德性。

在愤怒（Zornesregung）方面，也存
在过度、不及和中庸。但由于几乎没有名 1108a5
称来称呼它们，我们才把具有中庸品质的
人称为温和的人，把其品质相应地称为温
和。至于极端，怒气太盛的人应称为暴躁

【106】参见本书第四卷：1122a20—29；1122b10—18。

【107】这三种品质相对应的中文名称的翻译，并不十分恰当，但又找不到更准确的翻译，为何如此，我们将在亚里士多德对它们作详细讨论的第四卷7—10中加以说明。

【108】在1108b11—26和1125b14—18。

的人，其性格应称为暴躁（Jähzorn, Zornmütigkeit）；怒气不足的人称为木讷的人，而其性格也称为木讷（Phlegma）。

此外，还有三种其他形式的品质，虽然相互之间有些类似，但
1108a10 彼此有别。它们都关系到话语与行为的社会交往，但不同的是一个关系到话语和行为的真诚，另两个则关系到话语和行为的快适（Angenehme）；有时是特殊场合的社交娱乐的舒适，有时则是在所有生
1108a15 活场合中的舒适。我们必须对它们加以讨论，以便更清楚地认识到，在所有的事务中，中庸是值得称赞的，而极端既不正确也不值得赞赏，是必须谴责的。确实，大部分这类品质是没有名称的，但是我们必须像在上面那样，尝试给它们以相称的名称，以期把它表述清楚，易于为听众所理解。

1108a20 就真诚而言，具有中庸品质的人应当称作真诚的，中庸可以称为真诚。如果诚实过头了，把自己的真实伪装起来加以夸大，叫做虚夸，这样的人是虚夸的人；相反就不及方面而言，人们称之为假谦卑（geheuchelter Bescheidenheit），这样的人是滑稽的（ironisch）。

在社交娱乐的惬意方面，具备中庸的人是机灵的，他独特的
1108a25 品质是机灵；机灵过度称之为圆滑（Hanswurstrei, Possenrei β erei），这样的人是滑稽搞笑的；而机灵不足的人是呆板的，其品质是呆板（Steifheit）。

在惬意的第二方面，即在日常交往的所有场合以其适度的方式让人感到惬意的人，是友善的，其品质称为友善。但过度的友善，
1108a30 如果不带私心的话，是献媚，如果是带有私心的话，就是奉承。而不太友善、在所有方面都讨人嫌的（widerwärtig）人，是好争吵的和倔犟的。

在情绪化和被性情所左右的举止中也存在中庸。尽管羞耻不是德性，但知羞耻的人是受称赞的，因为在这里我们也说一个人是适度的；另一个人是过度的，例如害羞的人，在所有场合和事情上都
1108a35 感到羞怯；还说有第三种人，即不太害羞甚至根本就不知羞耻的人。但中庸的人，是有羞耻感的。

其次，义愤（Entrüstung, ehrliche Empörung）是忌妒和幸灾乐祸
1108b 之间的中庸。这三种性情都可归结为我们对邻人的遭遇所产生的愉快和气愤。义愤的人对邻人得到了他所不应得的好运感到气愤。忌

注释 正文

妒的人则比义愤的人更气愤，他对所有人遇到的好运都感到气愤。相反，幸灾乐祸的人则避免气愤，他反倒［对别人遭遇的厄运］【109】感到高兴。

对这些问题我们留到别的地方有机会再谈。【110】至于公正，由于概念不只是在一种意义上使用的，我们将在探讨了公正的事情之后做出概念划分，然后就公正的两种形式来谈论，它们在何种限度内是中庸。再往后，我们也将以类似的方式探讨理智德性。

【109】所有的注释家都对这里存有很大争议，参阅廖译本的注释（第52页注释4）。两个德译本都没有指明幸灾乐祸者“对什么感到高兴”，按照常理，应该是对别人的不幸感到高兴才能说是“幸灾乐祸”，因此，我在这里添加了这一补语。

【110】参阅第三卷9，第四卷15。

8.中庸与极端之间的对立关系

由于有三种类型的品质（Verhaltensweisen）【111】，其中两种有缺陷【112】，一是表现过度，一是表现不及，而只有一种是正确的，就是中庸，所以三者中的每一个在某种意义上都是对立的：两个极端同中庸对立，极端之间也相互对立，中庸

【111】对于这“三种品质”我们或许把它理解为三种“处事方式”更准确些。

【112】我不赞同现有的中文本把两个极端的品质译成“恶”，因为这样将容易引起误解，以为亚里士多德总是要在两种恶（至少是恶劣的品质）之间寻求中庸，我认为德译本把它表述为 zwei fehlerhafte Grundhaltungen（两种有缺陷的品质）是非常到位的。

正文

也同极端对立。由于中庸与小的比就较大，与大的比就较小，所以
中庸与不及比是过度，与过度比是不及，这也同样适用于性情和行
1108b20 为。勇敢的人同胆怯的人相比是鲁莽的，同鲁莽的人相比是胆怯的，
同样，节制的人同麻木的人相比是放纵的，同放纵的人相比是麻木
的，慷慨的人同吝啬的人相比显得挥霍，同挥霍的人相比显得吝啬。
1108b25 所以，极端的人总是把中庸的人推到另一边，如果他是胆怯的人，
他就把勇者称作莽汉，如果他是一个莽汉，他就把勇者称为懦夫。
其他的品质也以此类推。

但是，虽然说中庸和极端之间是对立的，但毕竟还存在着某种
类似，而在两个极端之间的对立就更大了，因为首先，两个极端之
1108b30 间的距离比它们各自离中间点的距离更远，这就像最大和最小的距
离比它们各自与相等的距离更大一样；其次，某些极端与中庸之间
表现出某种程度的类似，如鲁莽与勇敢，挥霍与慷慨；反之，极端
相互之间就有最大的不相似。而既然人们把离得最远的东西规定为
1108b35 对立面，那么我们也必须把离得最远的东西在较完善的意义上视为
相互对立的。

1109a 与中庸形成更大对立的有时是不及，有时是过度，而与勇气形
成最大对立的，不是作为过度的鲁莽，而是作为不及的胆怯；与节
1109a5 制形成最大对立的，不是作为不及的淡漠，而是作为过度的放纵。
这有双重原因。其一在于事情本身，由于一个极端与中庸较近并比
较类似，那么我们就不把这一个而把它的对立面与它对立起来。例
如，由于勇敢看起来与鲁莽比较接近和类似，而胆怯看起来不那么
1109a10 类似，那我们就把后者与勇敢对立起来，因为它显得比勇敢距离更
远，对立就更大。这就是在于事情本身的一个原因。另一个原因在
于我们本身。那些越是因我们的本性（Natur）而倾心的东西，就越
1109a15 是显得与中庸对立。例如，我们发自本性地更倾心于快乐，所以我
们更易于踏上放纵之路，而不过体面生活（Wohlanständigkeit）。既
然我们把更让我们倾心的那一面，视为更强的对立面，于是放纵这
一过度，就在更高的程度上与节制对立。

注释　正文

9. 如何契合与达到中庸

我们已经详尽地讨论了，伦理德性是中 1109a20
庸以及在何种意义上是中庸，其次，它是两
种缺陷，即过度和不及之间的中庸，最后，
它是在性情和行为上以达到中庸为目标。

所以做个有德性的人也是难的。因为在
每个事情上达到中庸是难的。譬如，并不是 1109a25
每个人都能够找到一个圆的圆心，而只是一
个懂得这种知识的人才能够。就像每个人都
会生气，会挥霍，会花钱，这是容易做到
的，但是要把钱给到该给的人，该给多少，
什么时候给，出于什么原因给，如何给，[这
些都做到合适]，这就不是每个人都能做到
和容易做到的事情。所以，善才如此难得，
如此值得称赞，如此的美。

所以想要达到中庸，就必须首先远离它 1109a30
的那个更强大的极端，也就是像卡吕普
索【113】所奉劝的那样：

牢牢把住你的舵
远离惊涛与迷雾！

因为两个极端中一个比另一个的缺陷更严重。
既然完全准确地契合中庸是难以做到的，那
么我们就必须满足于如格言所说的那样退而 1109a35
求其次，两恶相权择其轻，这就是我们上述
所说的最佳方式。其次，我们要考察我们自 1109b
身通常被自然本性所驱使而倾心的那些方向，

【113】卡吕普索（Calypso），希腊神话中提坦巨人之一阿特拉斯（Atlas）的女儿。这句劝告出自《奥德赛》12，108f. 是奥德赛对他的舵手转达埃亚岛的仙女Kirke预先提出的警告。

在此关系中，尽管不同的人有非常不同的倾
向，但这能让我们感受到我们的自然偏好，
1109b5 感受到我们特殊的品质，快乐和痛苦。这时
我们就必须以艰苦的努力把自己拉回到相反
的方向。因为只有远离错误，才能达到中庸，
这就如同人们将扭曲的木材矫枉过正一样。

再次，在所有事情上，我们最要警惕那
些最能招致快乐的事情，因为在快乐的事情
上我们不是公正无邪的判官。在快乐面前，
我们必须像那些长者在海伦面前所做的那
1109b10 样，【114】并在每个这样的场合复诵他们说过
的话。如果我们成功地以这种方式使快乐受
我们的指引，那我们就将最少犯错误。总而
言之，所说的这些方法目的是让我们尽可能
地达到中庸。但这当然是难的，尤其是在一
1109b15 些具体的境况中。要规定一个人究竟该如何、
对谁、出于何种原因、多长时间发怒才是合
适的，这自然不容易，我们有时称赞发脾气
太少的人，称他是儒雅的，有时又称赞怒发
冲冠的人，说他是像个男子汉。但是我们并
不谴责无论是根据过度还是根据不及都只偏
1109b20 离正确航线一点点的人，但我们谴责偏离航
线太远的人，因为他引人注目。至于偏离多
远、多严重就当受到谴责，这难以确定。这
就像一般感觉性的东西很难确定一样。但我
们所说的那些属于行为领域的现象，它们是
单一的，具体的，对它们的判断取决于直接
的感觉。所以说了这么多，确定无疑的还是，
1109b25 尽管中庸的品质在所有事情上都值得称赞，
但人们必定还是有时偏向过度方面一些，有
时又偏向不及一面多些，目的还是为了契合
中庸，更易于达到适度。

【114】《伊利亚特》第3章，第156—160页：白发苍苍的长者尽管被海伦的美丽勾走了魂，但他们还是决定，必须回到希腊国去。这两种美丽的幻境接近于道德的隐喻。

第三卷

德行特征与具体德性

正文

德行特征

1. 自愿为德行之要，不自愿与被迫

1109b30 由于德行与性情和行为相关，只有自愿（hekōn）做
的才适合于赞扬或谴责，如果是不自愿（akōn）做的，有
时得到原谅，有时甚至得到同情，那么研究德行的人就不
能不探讨自愿和不自愿这两个概念。这对于立法者考虑奖
1109b35 惩问题也是有用的。

1110a 不自愿的事情，显得是出于强迫（bia）或无知（ag-
noia）而发生的。受到强迫或强暴的事情，其动因（archē）
是外在的，行为人如同被飓风裹挟，不知将他带往何方，
或者对胁迫他的人施加不了任何影响。

1110a5 但对于因惧怕更大的恶或因某高尚理由所做之事（例
如一个僭主以某人的父母或子女为人质，强迫他去做某种
可耻之事，如果做了，就释放他的父母或子女，如果不
做，则处死他们）人们可能就拿不准，这样的行为究竟是
自愿的还是不自愿的。在轮船遭遇海上风暴时抛弃财物，
也属于这类情形，因为通常情况下没有人自愿抛弃个人财
1110a10 物，相反，为了拯救自己和他人，每个有理智的人，[在
迫不得已的情况下]都会这样做。诸如此类的行为具有混
合性，但我们同样倾向于说是自愿的。因为在实施行动的
时刻，人们是自愿选择做此事的，况且一个行为的目标确
实是由处境规定的。所以，行为究竟是出于自愿还是不自
1110a15 愿，必须考虑到实施行为的时机。仅在它发生的那个时
刻，它是自愿发生的。因为在这类行为中，发动肢体行动
的那个动因，在行动者本身中。做与不做都在于他自

注释　正文

己[115]。因此这类行为是自愿的。但笼统地说反而也许是不自愿的，因为没有人能够对这类行为做得出选择。

在这类行为上，如果有人是出于 1110a20
伟大而美丽的目的而做耻辱或痛苦之事，诚然有时甚至会受到赞扬；但如果是相反的情况，则将受到谴责。因为不为高尚的目的或只为卑微的目的而忍受巨大耻辱是品质低劣的表现。在一些具
体情况下，有人做了不该做的事，但考 1110a25
虑到事情超出了人的天赋能力之外，无人能够经受得住，这样尽管没有赞扬，却也能得到原谅。但某些事情，是我们即便受到强迫，或受尽最大折磨，宁死也不能做的。譬如，欧里庇德斯戏剧中的阿尔克迈翁被迫杀死母亲，就显得可笑。

但有时确实很难决断，在两个事情
中究竟选择哪一个，在两个恶中究竟应 1110a30
该承受哪个恶。但更难的是，自始至终地做所决定的事情。因为在多数情况下，期待有人去做的事，总是令人痛苦的，强迫人去做的事，总是有害的。所以，我们究竟是赞扬还是谴责，要根据人是否受到了强迫而定。

那么究竟什么样的行为才可视为 1110b
是被迫的呢？我们的回答是，动因在行为人之外，他在这里对什么事情都无能为力，这就是被迫的行为。但是，一件本来不愿意做的事，却为了眼前和出于眼前的考虑而选择去做，它的动因在行为人自身［ep ´ autō（i）］，这种行为虽然本来（kath ´ hauto, an sich）是不愿意

【115】这种分析的缺陷是显而易见的，试想，在一个纳粹军官用枪对着一个母亲，要她决定是把她年幼的儿子还是女儿送进集中营时，无论她做出了什么样的决定，你能说她是自愿的，说做与不做都在于她自己吗？暴力胁迫下的“自愿”还能是“自愿”吗？后面的一句话显然更有理：这完全是不自愿的，因为无人能够对这类行为作得了选择。在失去“自由选择”之可能性的地方，讨论自愿和不自愿是毫无意义的。就这里的讨论而言，我们可以说亚里士多德是不懂得人间罪恶的更深刻的凶残本性的，这也是整个西方传统伦理学的根本缺陷。因此，恶的问题在现实中一再出现，伦理学都不能作出令人满意的解答。

正文

的，但为了当下和出于当下的考虑之故是自愿的。不过，自愿的类型有很多，由于行为始终都是在特定情境中做出的，在特定情境下的行动恰恰是自愿的。但每一次究竟选择哪种行为最恰到好处，这不容易确定，因为具体情境与具体情境相比有非常丰富的差异性。

但是，如果有人要说，令人快乐的和高尚的事物也有某种强迫性，因为只要它们是外部的，就应该是强迫实施的，这样他就把所有事物毫无例外地视为强迫的了。因为所有人做所有事都是因这个事物之故而做。被迫的和不自愿的行为也都是痛苦的，而因快乐和友善之故所做的事则令我们愉悦。所以，责怪外在的善物，而不责怪我们自己这么容易被 [快乐] 这类东西所俘虏，是可笑的，把做高尚之事归因于己，而把做可耻之事归因于受外在刺激，这也是可笑的。因此，只有这样才算是出于“被迫”：动因在外，但被强迫者对强迫行为完全无能为力。

2. 人何时出于无知而行动?

出于无知而行为，尽管不是完全自愿做，但只有当人对其所行感到痛苦和懊悔，才能被视为不自愿的。谁出于无知做某事，但对此行为不反感（Mißfallen），虽然在做这个他确实不知道是什么的事情上，他不是自愿的，但也不是不自愿的。因为他对所做的事并不感觉懊悔。所以，谁为出于无知做的事懊悔，那就显得他是不自愿做的，但如果并不懊悔——因为这应该是另一回事了——那就显得他不是随意做的。既然这个人与前者有区别，那他也要有一个特殊记号就更好。

出于无知做某事和不知道做了什么事确实也是不同的。一个喝醉了的人或处于盛怒中的人激动起来，肯定不是出于无知而行动，但对他所做的事并非有知，而是不

注释　正文

知[116]。而每个恶棍也不知道他应该
做什么和应该避免什么，正由于这种不
知，人变得不公正，总之是变坏。 1110b30

总之，不可把不知道什么对人有益
而做的事，说成是不自愿的，自愿的无
知不是不自愿的原因，而是恶的原因；
也不是对普遍的礼节的无知——因为这
种无知受到谴责——而是对行动所发生 1111a
和围绕的具体情境的无知。在这里确实
也会产生原谅和同情。因为一个不知道
具体情境的人，行动是不自愿的。

诚然，若要说明在一个行为上一般
地究竟要知道哪些具体细节，多少细
节，其性质如何，这是做不到的。所
以，在这里要问问自己，某事是谁做
的，他自己做了什么，要考虑做了什么
和是谁做的，常常还要考虑用什么做
的，例如，是否使用了工具，为什么这 1111a5
样做，例如，为了救某人以及是如何做
的，例如是以温和的还是激烈的方式。
对于所有这些事情，除非是个傻瓜，没
有人会处在无知状态，不言而喻，也没
有人不知道行动者是谁。因为谁不知道
自己呢？但相反，对于某人做了什么，
是如何做的，可能真的是不知道，例
如，说这是一句到了嘴边的话，不经意
地溜了出来，或许人们真的不知道，溜
出嘴边的话就是一个秘密，像埃斯库罗 1111a10
斯说出的那个奥秘一样。[117]或者像
一个人拿着弩弓只想示范一下，却不小
心把箭放出去了；人们也会像墨洛
珀[118]那样误把自己的儿子当敌人；

【116】出于无知和处于不知的区别，在法律上有广泛用途。

【117】埃斯库罗斯被控在其悲剧中泄露了古神的密仪，他以他是无意说出的，并不知道它是密仪为由请求法庭赦免他无罪。

【118】Merope（墨洛珀）是欧里庇德斯的一个已失传的悲剧：Kresphontes 中的一个人物，他被 Polyphotes 杀死，他的妻子墨洛珀于是把自己的儿子送到外地去避难。但他的儿子后来回来报仇，几乎被他母亲当作“敌人”杀死。参见亚里士多德《诗学》，第 14 章。亚里士多德在这里讨论悲剧中被误杀的几种可能性，哪种最好，哪种最糟。他认为像墨洛珀这样能及时“发现”是自己的儿子没有被杀，是最好的一种。最糟的悲剧是知道对方是谁，企图杀他而没有杀，因为这样没有苦难事件发生，不能产生悲剧效果而使人厌恶。

或把实际上尖锐的梭镖误以为是被磨平了棱角的矛头；或误以为一块石头是一块磨光石；或者也会出现这种情况，本来为了自卫只想打击
1111a15 一下对手，却把对手打死了；或者某人本想给一个拳击手做示范，却一拳把他打倒在地，造成重伤。

所以由于无知是会与行为的所有具体情况相关的，那么一个不知道具体情况的人，必定是不自愿地行动的，特别是在涉及越重要的具体情况下，不自愿行动的情况就越多。但作为最重要的情况出现的，是行为的对象和目的。在此情况下，我们应该能够说，某人由于对这
1111a20 种情况的无知，他是不自愿行动的，乃至他也必须对他的行为感到痛苦和懊悔。

3. 自愿的总定义及其与义愤和欲望的关系

由于出于强迫和无知而做出的行为是不自愿的，那么自愿的行为就是行为的动因在行动
1111a25 者自身中，而且他也是知道行动具体情况的。但是把出于怒气或欲望而做出的行为称之为不自愿的，诚然也几乎是不正确的。因为首先，如果是这样的话，我们就不再能说其他动物以及儿童能够自愿做出行动了；其次，问自己是不是出于欲望和怒气的行为完全是非自愿做出的行为，或者，是否高贵的行为是自愿做出的，卑劣的行为则不是，这种区分显得很可笑，因为在这两种情况下都是基于一个相同的

注释　正文

【119】Meiner 版译成“有义务去欲求的东西”似乎太过了，因为亚里士多德伦理学中还没有出现明确的“义务”概念。

原因。当然，说我们必须【119】去欲求 1111a30
的东西，是不自愿的，这也荒唐。我们确实必须对某些事情生气，对某些东西欲求，例如，获得健康和知识。再次，不自愿做事显得是痛苦的，但出于欲望的行动，是令人快乐的。第四，在出于考虑而犯错误和出于生气而犯错误之间有何区别，我们应该说，后者是不自愿
的，前者是自愿的吗？两者都应该避 1111b
免。非理性的情感没有什么不是人的情感。出于怒气和欲望的行为同样也是人的行为。所以，把在情绪中发生的行为称作是不自愿的，是荒唐的。

4.选择出于自愿但不等同于任意

在说明了自愿和不自愿之后，我们
接着来讨论选择（prohairesis）。选择显 1111b5
然首先构成德行的属性，我们依据它比依据行为本身更能区别一个人的品质。

选择出于某种自愿（Freiwilliges），但不等同于任意选择（Freiwilligen），后者的范围更广。任意或自发（Spontane）的行动在儿童和其他动物那里也有，但它们却不能选择。瞬间的迅速行
动我们虽然也称之为自愿的，但不能说 1111b10
它是基于选择的。但有些人说，选择是欲望（epithymia, Begehren）、怒气、意

正文　注释

愿【120】、意见（doxa），显
然都说得不对。因为首先，
无理性的存在者没有选择能
力，但共有欲望和生气的能
力。其次，不能自制者的行
动，尽管是出于欲望的，但
1111b15 不是经过选择的。反之，自
制者的行动虽然是经过选择
的，却不是出于欲望的。再
次，欲望和选择相对立，但
欲望和欲望并不对立。第
四，欲望与苦乐相关，但选
择与快乐相关少于与痛苦相
关。选择也很少与生气相
同，因为在生气时做出的事
情与基于选择做出的事情相
1111b20 差最远。选择也不是意愿，
尽管它们看起来很相近。因
为［首先］，没有人选择不
可能的事，如果有人说，他
选择了不可能的事，那一定
被视为一个傻瓜。反之，却
存在对不可能之事的意愿，
例如，不死。［其次］，意
愿也指向某个自己根本不能
实现的目标，例如，一个演
1111b25 员或运动员有取胜的意愿。
反之没有人选择这个不能实
现的目标，而只选择相信通
过自己能够达到的目标。再
次，意愿更多地指向终极目
的，选择指向达到目的的途

【120】对这个词的翻译每个版本都不同。它的原文是：houlēsis，对应于德语的 wollen（“意志” Wille 的原型动词），表达的是“情态”。所以有的译本是“意志”或“自由意志” freier Wille, 有的是“希望”，都不能准确地表达其原义。它既有“志”的倾向性，指向“目标”，“目的”，所以严群先生把它译作“德志”，但这种“志向”更多地还是某种“愿望”，而不单纯是“希望”。实际上，后来康德对“意愿”和“意志”的区别对于理解这里的含义是非常重要的，“意愿”单纯是主观的，不涉及行为的“动机”，而“意志”和“选择”则具有了进一步“行动”的动机指向性了。亚里士多德在下面还进一步说明，意愿指向“目的”，而“选择”指向达到目标的途径和方法。

正文

径。例如，我们意愿健康，我们选择达到健康的途径。我们意愿幸福并说我们意愿幸福，反之，说我们选择幸福则不妥。因为选择一般地似乎总是在某种东西处在我们力所能及的场合下而言的。

不过选择也不可能是意见。有人可能对所有事情都有意见，既对永恒之物和不可能的事情，也对我们力所能及的事情。意见分真假，但不分善恶，而选择则相反地要区分善恶。所以人们不会把选择和一般意见视为等同的。

选择与具体意见也不相同。因为 [首先]，我们具有某种道德品质，是视我们选择善还是选择恶而定，而不是视我们的意见而定。其次，通过选择我们确定了，某个事情适合于我们去做，或者某个东西要避免，诸如此类，但意见则是关于某物是什么，对谁有益或者如何有益。事实上，我们适合于做什么或者要避免什么，不大可能是意见的对象。再次，选择之所以更多地受到称赞（epainos），是因为它以正当（Das Rechte）为定向或者创造正当，但意见之所以受称赞，是因为它是真实的。第四，我们选择的是我们倾向于相信其为善的东西，反之对那些我们并不清楚地知道的东西，则提出意见。第五，最善于选择的人并不是那些最善于提意见的人。有些人善于提出正确的意见，但由于坏而不能做出正确的选择。至于是选择是以意见为前提，还是意见随选择而定，这并不重要。因为我们不讨论这个，要讨论的是，选择是否如同某个意见。

然而，由于选择不是上述那些东西，那它究竟是什么，属于哪类事物？显然是某种自愿的东西。但不是所有自愿的东西都是任意选择的。那么选择难道不就是包含了考虑或预先思考的那个自愿行为吗？确实，选择是伴随着理智和理性而做出的，它的名称就暗示了，它所从事的，就是把某物在他物面前挑选出来。

正文　注释

5. 权衡不涉及目标，而仅涉及达到目标的途径

权衡【121】毫无例外地适用于所有东西，因而每个事物都能被权衡还是在有些事物上不可能进行权衡？我们所说的权衡的对象，自然不是指疯子或傻瓜所考虑的东西，而是指有理智的人所考虑的东西。

没有人对永恒之物进行权衡，例如，对宇宙或者四方形的角和边的不可通约性进行权衡。也没有人对永远以相同的方式在眼前经过的处于运动中的事物进行权衡，这是出于必然的、自然的或者别的原因的事物，如同太阳的西落和东升。另外也不对时而这样出现，时而那样出现的事物，例如干旱和下雨，以及碰运气的事情，例如找到珍宝，进行权衡；对于尘世事务，我们也不是一次就能对其全部进行权衡；例如，没有哪个斯巴达人会为西徐亚人权衡出一个可能最好的政体。因为所有这些事情没有哪一个是我们力所能及的。所以我们权衡的，是我们力所能及的和能够被实现的东西。这也是唯一还剩余的东西。

因为被视作原因的是自然、必然和运气，以及理智和所有人为的东

【121】权衡（überlegen）的希腊文本义是出主意，反复考量、考虑的意思，所以德语有时为了强调它不是一般的思考或考虑，加了一个补充语：hin und her einer Überlegung（来来回回地考虑），因此我不主张把它译为“考虑”而应译为“权衡”。如果把 überlegen 译作“考虑”的话，这句话就根本说不通：“没有人对永恒的东西进行考虑，例如考虑宇宙……”，不考虑永恒的东西，不考虑宇宙，那还有所谓的爱智的哲学吗？还有科学吗？但把“考虑”换成“权衡”的话，这句话就完全可以理解了。但在不引起理解上矛盾的地方，我们有时也译作“考虑”。

◀ 注释　正文 ▶

西[122]。但每个人权衡的是通过他自身的
能力所能实现的东西。不过在精确和完善的 1112b
科学领域用不着权衡，例如在字符（Schrift-
zeichen）上我们对它如何拼写没有疑问时。
但我们要权衡的是，通过我们自身而发生、
但不是永远以同一的方式发生的事情，例如
医术或商业的操作程序；航海术上的事也是 1112b5
要作权衡的，因为它很少能够形成固定的规
则，它比体育训练上的事具有更多的权衡空
间。其他的技艺领域也是如此，因为在这
里，意见更加纷呈，比科学领域要求有更多
的权衡。权衡是围绕着那些大多数情况下会
遇到、但具体问题又完全不确定、在所有事
情上都找不到明确界限的事情。在重大事情 1112b10
上，如果我们自己不能做出令人满意的判
断，我们就请其他人来一起商量。

权衡不涉及目标，而涉及达到目标的途
径[123]。医生不考虑他是否救人，演讲家
不考虑他是否说服听众，政治家不考虑他是
否应该为共同体建立好的体制，一般也没有
人考虑，他是否应该追寻他的目标，而是在 1112b15
目标确立之后，考虑如何达到、通过什么途
径达到目标。如果有多种途径，那么人们要
权衡的就是哪个途径是最容易、最好的。如
果只有唯一的一条实现目标的途径，那么就
要权衡，在这条路径上如何可能达到目标，
这一路径之能被达到还需要以何种其他途
径，这样，只要一直追溯到第一因[124]，
它就是所寻找到的最终途径。因为我们以这 1112b20
样的方式所描述的追溯和分析的权衡，即解
析的方法，如同解析一个几何图形的结构所
涉及的方法。[125]不过，并非每一个追溯

【122】这个分类来源于柏拉图，参见《法律篇》888e—889a。

【123】许多英译本都是用“目的……手段”来翻译亚里士多德这里的意思，使得不少人误解亚里士多德是现代工具理性的始作俑者，这种误解是完全不应该的。因此，我们选择了另一对概念：“目标……途径”来翻译，更能体现亚里士多德的本义。

【124】第一因，即实现目标的第一步，行动的根本动因。

【125】这种解析的方法是以完整设想的结构为出发点并追溯它的前提，找到它的前提后又再次追溯此前提的前提，这样一直追溯到实现目标的第一前提，即第一因。参阅1112b24。

正文　注释

都是权衡，例如追溯数学的解题方法就不是。相反，每一种权衡都是一种追溯，在解析中作为最终东西获得的，就是在通过行动实现的
1112b25 活动中作为最初的东西。如果我们遇到了不可能的事，那么就放弃这件事，例如在需要钱却不能搞到钱的时候。但如果事情显得是可能的，那就抓住它【126】。所谓可能的，就是通过我们能够实现的。因为借助于朋友实现的，在某种意义上也是通过我们自身实现的，由于推动行为的原因在我们自身。我们所寻求的，有时是工具，有时是工具的使用方
1112b30 式，在其他事物上也是如此，有时是探究以何种工具，有时是探究如何使用或以何种途径达到目标。

所以如刚才所说的那样，人是行为的动因，这是正确的。但权衡所关系到的是他自身能够做到的事情。而他所能做的，就是达到目标之途径。【127】因此目标不是权衡的对象，而只有达到目标之途径才是权衡的对象。而且个别的事实自然也不会是权衡的对象，例如，

【126】注意：这句重要的话在以前的译本中漏掉了。

【127】注意，这一句在有的译本中不仅译错了，注释也莫名其妙。Reclam 版的译法是："但具体行动的目标超出行为自身之外"，但无论如何不能因此进一步引申出"行为都是为着别的事情的"这一无法理解的含义来。亚里士多德强调最值得欲求的行为，是因其自身之故而行的，如果"行为都是为着别的事情"，行为自身的目的就失去了善的意义，这对于亚里士多德是无法理解的。

正文

人们不会去权衡，眼前的对象是否是面包，或者面包是否属于烤出来的。因为这些事情知觉会告诉我们。如果有人想不断地权衡这些问题，那就会陷入一个无底洞。

权衡的对象也就是选择的对象，区别只在于，被选择的东西已经是确定了的。因为权衡就是为了确定要选择什么。如果行为的动因归结到自身了，尽管是归结到自身中的那个主管，每个人就不用再去权衡，他应该如何行动了。因为这个主管就是做决断者。由荷马史诗所阐述的古代城邦生活的形式也证明了这一点：国王把他们作出的决断颁布给人民。

所以，既然选择的对象是我们在权衡之后所欲求的东西，那么选择也就是对我们权衡过的力所能及的事物的欲求。因为我们在进行了权衡之后，作出一个选择，那么欲求也就会按照事先作的权衡来进行。

关于选择我们就泛泛地说到这里，包括它属于哪类事物以及它与实现目标的途径相关。

6. 意愿指向目的，但目的是善还是显得是善大为不同

就意愿而言，已经说过，它指向的是目的。不过，有些人认为，目的是善，有些人则认为，目的是善的具体表现。不过，对于那些把善称作意愿之对象的人而言，不免会得出一个看法，认为一个基于不正确选择的人，他意愿的东西无论如何不能被视为真正的目的。因为意愿的目的应

1113a20 该是、而且也必定是某种善，【128】但实
际上在假设的这种情况下【129】是恶。而
另一方面，那些把具体表现出来的善作为
意愿之目的的人来说，也必定会得出一个
结论，即除了对每个人每次表现为善的东
西外，没有什么东西自然地就是意愿的目
的、即自然地是善【130】。但是这个对不
同的人显得是善的东西，在不同的表现情
境中是不同的甚至是对立的。

如果这两种看法都不令人满意，我
们是不是该说，一般地和真正地说，善
1113a25 全然是意愿的对象，但对于具体的人而
言，每次都是意愿对他显得善的东西？这
意味着，对于品行高贵的人而言，意愿的
对象就是真正的善，而对于品行低劣的
人【131】而言，意愿的对象只是偶然碰到
的东西。人的身体可说明这个问题：身体
状态好的时候，那些对身体有益的东西，
就是它们真实所是的东西，反之在生病的
时候则不同，[本来对身体有益的那些东
西]也就类似于表现得是苦的，甜的，温
1113a30 的和沉的，等等。由于品行高贵的人对所
有东西每次都能做出正确的判断，事物在
所有具体情况下对他显现出来的，就是它
们真实所是的东西。每种品质都有其自身
高贵和令人愉悦之处，而品行高贵之人的
最大不同，就在于他最优秀，能在每个事
情上看到事物真实的样态，他仿佛就是事
物的标准和尺度。但大众却被享乐所蒙
1113b 骗，它显得是一种善，但却不是善。所
以，他们选择似乎是一种善的享乐，逃避
对他们显得是一种恶的痛苦。

【128】后来康德更明确地提出："在世界之内，一般地甚至在世界之外，除了善良意志（意愿）就不可能有什么能被视为无限制的是善的"。参见《道德形而上学基础》第一章第一句话。

【129】应该是指前一句"基于不正确的选择"这种情况。

【130】这里把两个意思都表达出来了，一般版本或者只是"自然的意愿目标"，或者只是"自然地显得是善"。

【131】这里把前者译成"好人"，把后者译成"坏人"太过简单了。我们要避免对人做这么简单化的理解。

◀ 注释　正文 ▶

7. 人的高贵与低贱全由自己负责

既然意愿的对象是目的，权衡和选
择的对象是达到目的的途径，那么指向
这种途径的行为也是自愿选择和出于意
愿的。而德行也在这些行为中。但德行 1113b5
也如恶习一样也在于我们自己。因为凡
是在我们自己能力范围内的行动，不行
（动）也在我们自己的能力范围内，在
能说不的地方，也能说行，[反之亦然]。
由此得出的结论是，只要带有高贵目的
的行动在我们能力范围内，那么，如果
目的是卑贱的，不行（动）也在我们的
能力范围内。而且，尽管目的是高贵 1113b10
的，我们也能够倾向于不做，那么，如
果目的是卑贱的，我们也能够倾向于去
做。但我们的倾向是，做高贵的事，不
做卑贱的事。这就是我们前面已说过
的，人的高贵和卑贱在于我们自己。因
为成为卓越的人和成为低贱的人，都是
我们能力范围内的事。【132】

因此有句俗话说：

“无人有意作恶，也无人不愿意享福。”【133】

但这句话前半句是错的，只有后半句是 1113b15
对的。因为没有人说享福是违背其意愿
的。可是，卑贱也是出自意愿的。否则

【132】后来康德也论证了道德上绝对应该做的事也是我们“能够”做到的事。对此许多人提出了批判，但从这里看到，康德与亚里士多德在这一点上是一致的。

【133】语出不详。有的注释家认为出自梭伦，而有的注释家认为出自悲剧诗人埃庇卡尔莫斯（公元前6—5世纪）的一个已经遗失的悲剧：Herakles be dem Kentauren Pholos。参见Reclam版卷III注释30。

的话，人们必然会怀疑我们迄今所得出的那些结论并且必然否认，人自身就是其行为的动因和肇始者，一如他也同时是其孩子的父亲一样。如果已经清楚了这一点的话，那么我们就不能把行动归诸于别的动因而只能归诸于我们
1113b20 自身中的动因。那么必然得出的结论只能是，存在于我们自身中的动因，本身也在我们的能力范围之内，是自愿的。

这种认识不仅在个人的私人领域而且也在立法者身上得到见证。因为他们都涉及对有罪和有错行为的惩罚和报复措施，这都以不是被
1113b25 迫和无知做出的为限。而他们嘉奖高尚行为，既是鼓励也是儆戒。没有人鼓励去做力所不能和不愿之事，因为即便鼓励也根本无济于事，就像要说服一个人不去感觉酷热、痛苦、饥饿之类的东西全然无用一样，因为他还是在一样
1113b30 不少地在感觉。其次，如果能够假定，某人不是由于无知就不会犯下罪过，那么无知本身还是要受到惩罚。所以对醉酒肇事者要进行双倍惩罚，因为肇事的原因在于他喝醉了，而喝醉了的原因在于他本人，因为他本可以不喝酒。而喝醉了酒是他无知的原因。再次，对本该知道以及能够不难知道法律规定却不去了解的
1114a 人，也要惩罚。此外，对于因疏忽大意而不知造成过失的行为，也要惩罚。前提是，他有责任避免这种无知，如果在他身上具有必要的小心做事之能力的话。

但也许造成过失的人是一个天生不具有小心做事能力的人，确实也有这样的人。但是，
1114a5 他之变成这样一个人，自身还是有责任的。就像做事不公正的人要为他成了一个不公正的人负责，把时光消磨在饮酒之类事情上的人要为

注释　正文

【134】请注意，这里是强调你变成一个具有什么品质的人不是天生注定的，而是自己的行为长期养成的，因此要自己负责。许多版本都没有把这层意思明确表达出来。但这也引起了一个有广泛争议的问题：在亚里士多德这里，究竟是以行为来解释德性品质，还是以德性品质来解释行为？亚里士多德自己在1094b32—34提示我们要注意讨论中的一个巨大差别：有的人是从品质开始，即以品质为讨论的起点，而有的人则以品质为目标，即品质是终点。他只说他自己以已知的东西为起点，因此，行为和品质何者在先的问题，只有靠我们读者自己来探讨了。因为亚里士多德自己的看法只是：品质靠习惯养成，习惯是在实践行为中养成的。但行为是否高贵又与人的品质相关，这是一种相辅相成的关系，而很难完全区分出先后与始终。

【135】即长期养成的某种习惯行为。

【136】Reclam版注释：突然的浪子回头从亚里士多德伦理学这里是不可思议的。但“不可思议的”原因在于下一个注释给出的理由：“由不得他们了”，即不是你想浪子回头就能回头的。

他变成了一个放纵的人而负责一样。【134】因为首先，以特定的定向反复训练而做出的行为【135】，影响一个人相应品质状态的养成，使一个人变成他所是的这样一个人。这可以从那些为某个竞赛或某项活动而训练自己的人身上看出来：他们反复地做同一个动作。

谁要是不知道，反复做 1114a10
的具体行为养成相应的品质，那简直是个白痴。其次，说一个行为不公的人，根本不是有意地成为不公正的人，一个生活不讲规矩的人根本不是有意地成为不规矩的人，这也不合逻辑。如果某人不是处在无知状态，他行为不公，而变成不公正之人，那么他无疑是出于自愿地不公的。反之，这并不意味着，只要他有此意愿，停止成为不公正的人，就将变得公正。【136】因为一个病人也并不能自愿地想健康
就变得健康。反而，他的病 1114a15
在此情况下可能是由于任意而得的，因为他过着放纵不羁的生活，不听医生的话。他原本是可以不得病的，但在他失去了健康之后，想不

再得病就不是他的意愿所能决定的了。正如一块从手中扔掉的石头，很少还能原原本本地再捡回来。不过，把石头扔掉是他的自愿行动，因为动因在他自身。
1114a20 同样，不变成不公正的和无节制的人，尽管原本也是自愿的，所以他们变成了这样的人，也是他们自愿如此。但在他们变成了这样的人之后，想不再成为那样的人，就由不得他们了。【137】

再次，不仅灵魂的丑恶，而且有时身体的丑恶也是有意的，因此我们也谴责（psogos）这些人。天生丑陋的人无人谴责，但由于缺乏锻炼和疏忽大意而
1114a25 造成的丑陋却会受到谴责。肌体的孱弱与残缺也是如此。没有人谴责一个自然的盲人，或因病和意外而失明的人，反而还会同情他。相反，一个因饮酒过度和长期放纵而导致失明的人，每个人都将谴责他。因此，因过失而造成的身体
1114a30 残缺受谴责，非过失造成的则不受谴责。如若这样，那在其他事物中也必定是那些因我们有过失造成的错误受到谴责。

但有人可能会反驳说，我们追求对我们显得是善的东西，但我们却管不了
1114b 善的这种“显现”，相反就像每个人的品质那样，它也显现为每个人的目标。对这个问题的答复是，如果每个人对他拥有的某种品质以这种或那种方式负有责任，那么他也无条件地以同样的方式对向他自身显现为善的观念负有责任。如果不对自己的善观念负责，那就没有人对他自己的错误行为负责了，相反，出

【137】这句话太重要了，但可惜许多版本没有把此意思明确表达出来。

注释　正文

于对目标的无知而行动，导致的就是相 1114b5
信达到了对其自身而言的最高善，同时，
追求的目标就不是他所选择的对象，而
是某人仿佛天生具有灵视官能，从而有
能力形成正确的判断和选择真正的善。
一个天生具有这种高贵品质的人，就具
有这种天赋的优秀能力。不过这是从别 1114b10
人身上感受不到也学不来的最完美、最
高贵的东西，而只能如同自然禀赋那样
被赋予我们拥有，而且在这种高贵而完
美的自然禀赋中存在的，就是完善的和
真正的好品质。如若这种说法是对的，
那么德行将比恶行更加是自愿的吗？因
为对两者，无论是德性高贵者还是品行
低劣者，目的都同样是自然赋予或一再 1114b15
显现出来和被给定的，他们愿意一如既
往地行动：他们在行动时是把所有其余的
目标都归属于这个目标。有人设想【138】，
目标不可能是由自然一如既往地显现给
每个人的，而是也要加上每个人自己，
或者目标虽然是自然赋予的，但因其余
目标都是由有德之人自愿做出的，德行
也就是出于自愿的，所以恶行也必定没 1114b20
有什么不是出于自愿的，因为品行低劣
者除了在目标的选择上之外，他在行动
上的行止也都同样是在他能力范围内的。
如果如我们所说的那样，德行都是自愿
的，因为我们是我们自身品质的共同原
创者（Miturheber），我们有多高的品质，
我们才设定多高的目标，那么恶行也是 1114b25
自愿的，因为对它们两者而言情况是同
样的。

【138】请注意，这里是亚里士多德自己在做设想。在这段讨论中，亚里士多德没有明确区别哪些是对手提出的反驳意见，哪些是自己提出的解答，而是在表达反驳意见时，夹杂着自己的理解，因此意思不很明确，特别是论证的结构不很清楚。在阅读时应特别注意。

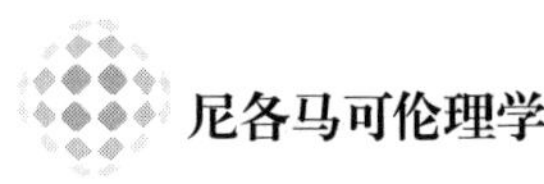

8. 前述德行的总结

说到这里我们已经讨论了德行的一般性质和特点，既大体上规定了德行的种类，即它们是中庸和品质，同样也阐明了它们是通过什么养成的，说明它们一直也是合乎品质地从事活动，从活动中自我养成。同时说明了它们是在我们能力范围内的事，是我们自愿做的。最后说明了，它们之具有这些性质，就像是受正确的逻各斯
1114b30 的规定去做的那样。但行动的自愿性程度比品质要高。因为对我们的行为，我们是以对具体情况的知识为出发点，自始至终它们都在我们的掌控之下。可是，对于品质，我们只在始
1115a 端【139】掌管它，而它在具体情境中的逐步发展，我们却察觉不到，正如我们察觉不到疾病的发展一样。但由于是这样采取行动还是不这样采取行动，都在于我们自己，所以品质也还是自愿的。

我们现在愿意再次转向具体的德
1115a5 性并说明，它们的性质如何，它们把什么作为对象，它们如何得到训练，由此也要说明，究竟有多少种德性。【140】

【139】行为的动机、意愿或原则都属于品质上的“始端”。

【140】从1141b25之后，原稿编排有些混乱，接在b25之后的是b30，而第8章的开头是b26。Taschenbuch版虽然标出了国际标准行注，但在编排上是依据上述“混乱”的顺序，为了便于中文阅读的方便，我们依据Meiner版按照国际标准行标的顺序。

注释　正文

[具体德性]

9. 详解具体德性之导论——勇敢

首先我们想从勇敢（Courage, Mut, Tapferkeit）谈起【141】。

它是胆怯和鲁莽之间的
中庸，我们上面【142】已经
说过了。但我们对什么胆怯
呢？自然是引起我们害怕的
东西，简单地说，就是不同
形式的恶。所以，也有人
说，胆怯是由于有某种恶的
预感。诚然我们害怕所有恶 1115a10
的表现，譬如，坏名
声【143】，贫穷，疾病、孤
独【144】和死亡。可是，勇
敢显然同所有这些东西无
关。相反，害怕某些恶是必
须的，也是对的。例如，坏
名声，害怕它的人，是正直
的和有荣誉感的人，不知羞
耻的人才不害怕它。不过， 1115a15
在非真正的意义上这样的人
还是被某些人称作勇敢的，
因为他与勇敢的人具有某种
类似性，即勇敢的人在某些
方面也是无所畏惧的。但贫

【141】从勇敢谈起，说明勇敢这一品德在古希腊具有重要的地位。这从德性 aretē（Virtue 是英语对它的翻译）与战神阿瑞斯（Ares）明显的词源联系可以看出来，德性的这种词源学上的基本语义就是指人在战争中的勇敢（而德语的德性 Tugend，也有强调“力量”、“强盛”的意思）。所以，勇敢在柏拉图那里就是四主德之一。但四主德（智慧、勇敢、节制和正义）之间是什么关系？谁主谁辅，这是一个值得研究的伦理—政治问题。为什么勇敢这一品德在现代之后完全失落了？也非常值得思考。从这里我们也可以有许多与中国传统伦理价值秩序相比较的联想，如儒学中为什么是“仁、义、礼、智、信”，而民间儒家伦理却说“百善孝为先”？勇敢在我们伦理传统中为什么不是一种重要的德行？勇敢的德性力量与尼采所推崇的“强力意志”的力量是什么关系呢？

【142】第二卷，1107a33—b4。

【143】亦译：耻辱（Schande）。

【144】亦译：失去朋友（Freundelosigkeit）。

穷和疾病以及一般这些并非因恶和自己本身的原因引起的坏事，人们是不应该畏惧的，不过即便对这些东西无所畏惧也不是勇敢。尽管我们也说过它类
1115a20 似于勇敢。因为某些人虽然对战争的危险是胆怯的，但为此他在出钱上却是慷慨的，一点都不惧怕钱财的损失。此外，如果某人惧怕妻儿母女受到暴行侮辱或惧怕嫉妒以及诸如此类的事情，也不因此就是一个怯懦的人，就像一个受到鞭打还依然保持同样勇气的人，也还不能说就已经是一个勇敢的人了。【145】

【145】这一段总的意思是，勇敢就是无所畏惧，但不能反过来说，无所畏惧就是勇敢，有所畏惧就是怯懦，因为有所畏，有所怕，有所惧，在某些情况下是必要的。

1115a25 那么勇敢是相对于哪些可怕事物而言的呢？不就是对最重大的可怕事物而言的吗？因为没有谁比勇敢的人更能担惊受怕。但最重大的可怕事物是死亡。它是终结，只要死了，什么善和恶都不再对他存在了。但同时，勇敢的人似乎也不是在每一个形象中都要同死亡打交道。例如在面对海上风暴或面对疾病时就不是同死亡打交道。那么，在哪些场合
1115a30 必须面对死亡[才算勇敢]呢？确实是在最荣耀的场合。而这就是在战场上。在这里危险最大同时也最荣耀。所以，无论在自由城邦中还是在君主国中，都把最大的荣誉授予在战场上敢于面对死亡的人。

因此，在真正的意义上，对光荣的死无所畏惧的人，对濒临死亡的突发危险无所畏惧的人，特别
1115a35 是在战场上无所畏惧、不怕牺牲的人，被称作勇敢
1115b 的。确实，勇敢的人在面对海上风暴和疾病时也不惧怕，但与水手们的不惧怕不是同等意义上的。因为勇敢的人在不抱得救希望时还在想方设法抵抗死亡，而水手们则基于他们的经验而有充分的信心。

1115b5 男子汉气概（Mannhaftigkeit）也在这些能够进行自卫和能够带来荣誉的死亡场合下适用，但这两种场合都不是我们上述所说的死的类型。【146】

【146】这里说的是“男子汉气概”而不是“勇敢”，请注意这种差别。

◀ 注释　正文 ▶

10. 高贵与完美作为勇敢德性的目标

令人畏惧的东西并非对所有人都是同样的。我
们也说，有一些东西令人畏惧和可怕是超出人的承
受能力之上的。后者对每个人，只要他有理性，都
是可怕的。前者相反，是在人的承受能力之内的， 1115b10
只有大小和程度上的不同。这也适用于那些摧毁信
心的东西。勇敢者无所畏惧是在人的本性限度内
的【147】。因此，他确实也害怕那些超出人的能力
范围的东西，但他能够如人们应该做的和理性所要
求的那样，因高贵和完美之故，承担这种惊怕，因
为这也是伦理德性的目标。其次，人们对这些令人
畏惧的东西或多或少地都会害怕，也可能对其实并
非那么可怕的事物感到了害怕。这里就存在一个错 1115b15
误：在不该害怕的地方害怕了，还有一个错误是，
出于错误的机缘，以不当的方式、在不当的时间发
生了害怕等等。这样的错误也与信心相关。

【147】这句话对理解这一段的思想都至关重要，但可惜好几个版本都没能把它的意思准确表达出来。

所以，谁经受得住这种惊怕并出于适当的机
缘、以适当的方式、在适当的时候对该担惊受怕的
事情担惊受怕，谁就是勇敢者。因为勇敢的人总是
以境况所能允许的最恰当方式，以理性所要求的来 1115b20
感受和行动。但每种行为的目标是与一个人的品质
相符合的。勇敢也是这样，它对勇敢的人是作为高
贵和完美显现出来的，因为高贵和完美对于他也就
是终极目标，每种事物的品质就取决于这个终极目
标。所以，因高贵和完美之故，勇敢的人承受着勇
敢品德所要承受的，做出勇敢品德所要求做的。

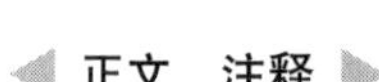

1115b25 就因极端方式导致的缺陷而言，这里由于无
畏过度，我们没有名称来表达它。我们在前面已
经说过，许多性情上的过度状态，都没有自己的
名称。不过，如果一个人什么都不惧怕，既不惧
怕地震，也不惧怕海啸，像传说中的克尔特人
（Kelten）【148】那样，那他大概就像人们说的疯
子或呆子，已经失去感觉了。由于信心过度而导
致的无所畏惧者，就是鲁莽者。但鲁莽者也显得
1115b30 是自夸者和纸老虎。因此，他们在面对真正可怕
的事物时，一心只盼望它是单纯的假相，这样他
就能像勇敢者那样行动，并在能够模仿的场合尽
其所能地模仿勇敢者。所以，大多数鲁莽者徒有
勇敢的外表，内心狂妄又怯懦：在无真危险的场
合狂妄，在动真格的地方怯懦。

1115b35 畏惧过度的人是胆怯的。因为他对不该怕的
东西也怕，而且是以不适当的方式惧怕，在所有
1116a 事情上都如此。他也缺乏自信，但把他放到对所
有痛苦的过度惧怕上来认识更为准确。所以可以
说，胆怯的人是失去勇气的可怜虫，因为他对什
么都害怕。勇敢的人则完全相反，因为大胆的自
信最切合男子汉的性格，这就是好男人的气概。

所以，胆怯者、鲁莽者和勇敢者面对的事情
1116a5 是同样的，但对待同一件事情的行为举止是不同
的。前两者不是过度就是不及，后者的行为才恰
到好处，保持中庸。鲁莽者在危险到来之前冲在
前头，决心十足，但当危险来临时却退缩在后。
勇敢者则相反，在行动前冷静，在行动中振奋。

1116a10 所以，如上所说，勇敢是在面临巨大危险时
一方面虚妄的信心、另一方面过度的惧怕之间的
中庸；勇敢的人之所以选择面对和承受这种惊
怕，是因为这样选择和承受是高贵的，相反则是
卑贱的。但是，如果一个人选择死亡，是为了逃

【148】 在非希腊民族中，克尔特人和斯巴达人一样，被视为好战的民族，特别崇尚武德，因而无所畏惧。参见亚里士多德《政治学》1324b11ff。

避贫困、不幸的爱情或者痛苦，那么这不是一个勇敢者所当为，而是一个懦弱者之所为。逃避逆境与困难，这是软弱的表现，因为这
样做的人，不是因高贵之故而接受死亡，而仅仅只是因为想要逃避 1116a15
某种恶。

11. 貌似勇敢的其他五种类型

勇敢的性质就是这样。但我们也以同一名称称呼其他五种类型的勇敢。

（1）公民的勇敢，它与真正的勇敢最接近。因为公民勇于面对
危险是由于惧怕法律的惩罚，怕丢面子以及为了奖赏。所以，最为 1116a20
勇敢的民族是让懦夫丢脸，勇者荣耀的民族，那里的公民最看重的就是最有男子汉气概和最勇敢的人。荷马通过刻画狄俄墨德斯和赫克托耳来歌颂这种类型的勇敢：

[要是我退入城门，]

“天哪，波吕达马斯将首先羞辱我”；

狄俄墨德斯说：

“赫克托耳日后准会在特洛伊城门口说， 1116a25

梯丢斯的儿子在我面前逃之夭夭（因害怕逃回到战船上）”。

这种勇敢与我们描述的勇敢最为接近，因为它的始因在于德性，即在于荣誉感，在于追求高贵和完美，追求体面，在于避免德性的
可恶，怕羞耻。人们也可以把那些被他们的统帅强迫而表现的勇敢 1116a30
算作这一类。可是，这一类勇敢就要低一等，因为它们不是出于羞耻，而是出于害怕而表现出来的，他们想避免的也不是羞耻和德性的可恶，而是痛苦。因为他们的统帅强迫他们英勇作战，就如赫克托耳所说：

“谁要是被我看见在战场上后退，

就很难逃脱被狗咬烂。” 1116a35

正文　注释

还有些将领把士兵驻扎在最前线，谁
1116b 想往回撤，他就鞭打谁。还有些将领在后
面挖壕沟或者设置其他一些障碍物以防逃
兵，这都是强迫手段。但是，勇敢不应被
视为出于强迫，而是出于追求高贵。

（2）特殊领域中的实践经验也被视为
勇敢的一种类型。所以，苏格拉底认为，
1116b5 勇敢是一种知识。【149】这种勇敢不同的
人在不同的领域都有，士兵则在战争中勇
敢。因为在战争中有许多伪诈，只有那些
老练的士兵对此能够获得丰富的嗅觉，他
们这样也显得是勇敢的，因为别人在此情
况下不知道事情背后究竟隐藏着什么，而
他们则凭借他们独特的嗅觉有能力采取先
发制人的奇袭。此外，他们凭借老练的经
1116b10 验能够在攻防上都出其不意，他们也懂得
如何使用武器，如何装备最为适宜，以便
给敌人以最大的重创，给自己以最好的防
备。所以，这就如同一个拿着利剑的人跟
一个徒手的人搏斗，像职业运动员对付一
个业余爱好者一样。因为在这样的比武
上，也不是最勇敢的人就是最有战斗力的
1116b15 人，而是看谁最有战斗力，谁把体能保持
得最好。可是，当危险剧烈增大，在人数
和装备都不及敌人时，士兵也会变得胆
怯。因为他们总是最先逃跑，而民
兵【150】则能坚守阵地，战死沙场，实际
上，在赫尔墨斯神庙发生的战斗【151】就
1116b20 是这样。因为公民认为逃跑是可耻的，他
们宁可战死也不逃跑生还。而后来逃跑的
士兵一开始就是从相信他们的超强实力来
排除和考虑危险，一旦发觉错了，马上就

【149】参阅柏拉图：《拉凯斯篇》（Laches）192d.ff. 和《普罗泰戈拉篇》（Protagoras）349d.ff。

【150】“民兵”即“公民组成的军队”（ein Heer von Polisbürgern），与前面讲的“公民的勇敢”相对应。但如果译成“公民士兵”则有点怪，我们还是通俗地译成“民兵”。

【151】这是指在公元前354—353年发生在克罗尼亚（Böotien）的第三场圣战，当时逃跑的士兵属于雇佣军。

注释　正文

逃跑，因为他们与怕羞相比更怕死。所以，勇敢的人不是这类人。

（3）有人把发怒也归结为勇敢。因为 1116b25
一个怒发冲冠的人，就如同一头冲向射伤他的猎手的野畜，看起来这也像是勇敢的。因为勇敢的人喜欢发怒。发怒确实就已经是往危险中冲去的最炽烈的热情。所以荷马也说：

“力量爆发于他的怒气”，“怒气唤起勇气与力量”，“他怒发冲冠”，“他热血沸腾”。【152】

所有这些说法都表现怒气的激发与飙 1116b30
升。勇敢者［发怒］的动因是出于德性高贵，而义愤也有助于他的德性高贵。而动物却是受痛苦感的驱动而发怒，它们冲击人是因为受到了惊吓或感到了害怕。如果它们出没于野外（或沼泽），就不会攻击人了。所以，野兽算不得勇敢，因为它们
只是受痛苦或怒火的驱动而冲向危险，却 1116b35
丝毫预见不到它们所会遭遇到的危险。如
果这也是勇敢的话，那么一头饥饿的驴就 1117a
是勇敢的了【153】，因为无论你如何抽打它，它都在继续吃，不会离开。此外，通奸者也受欲望的驱使而做出许多大胆的危险事情。［所以，受痛苦或怒火驱动而冲向危险的行为不是勇敢。］【154】——可是
出于怒气的勇敢似乎是最自然的勇气了， 1117a5
如果再加上理智的思考和正当的动机，它就可以视为真正的勇敢。人也是在愤怒时感到痛苦，在报复时感到愉悦。所以这样的人虽然骁勇好斗，但还算不得勇敢，因为他不是出自高贵的动因和根据理性的要

【152】第一句被认为是出自《伊利亚特》14，151 和 16，529 ；第二句被认为出自《伊利亚特》5，470 和 15，232 ；第三句被认为出自《奥德赛》24，318 ；第四句被认为不是荷马说的。

【153】原文隐藏的引文，出自《伊利亚特》11，558—562。

【154】注意：这句话在许多版本中没有，可能是后人添加的。

求，而是出于激情来行动。当然，在某种意
义上，他已经接近于真正勇敢的人了。
（4）轻敌性格（leichtblütigen Natu-
1117a10 ren）【155】的人也算不得真正勇敢。他们
对付危险的信心基于他们过去经常战胜
过许多对手。但他们同勇敢者很近似，
因为两者都非常自信。不过，勇敢者的
自信是出于我们上面已说过的原因，【156】
而轻敌性格者的自信则来自于他们自己
的想象，把自己想象得最强势，对手根本
奈何不了他们。所以，他们也就像喝醉了
1117a15 酒的人差不多，陷入盲目乐观之中。而一
旦与他们想象的不一样，他们就溜之大
吉。相反，勇敢的人之所以敢于面对和承
担超出人们承受力或显得超出了人的承受
力的可怕危险，因为他这样做是高贵的，
不这样做则是耻辱。出于这个理由，在面
对突发的危险时而表现出的无畏和不惧，
相比于在所预见到的危险前的这种表现，
1117a20 无疑属于更大的勇敢。因为它更多地出
于某种稳固的品质，或者说不大可能有所
准备。对于预先意识到的危险，人们诚然也
能基于理性的考虑而做出选择，对于无法
预见的危险相反则只能根据其特殊的品质。
（5）对所面临的危险无知者也显得
勇敢，他们离有轻敌性格的人不远，但
1117a25 不如他们。因为他们根本没有自信。有
轻敌性格的人反而有自信，所以还能坚
持一段时间。但被假相蒙骗的无知者，
只要他们发觉或单纯猜测到情况不是他
们以为的那样，他们转身就会跑掉，就
像阿尔戈斯人【157】以为他们遇到了救兵

【155】以前往往被译成“乐观的人”，但说“乐观的人勇敢”似乎很隔，与勇敢不勇敢不甚沾边。

【156】即因高贵和完美这种德性之故，因此我们也可以说是“出于德性的力量”而自信。

【157】此典出自色诺芬的《希腊史》第四卷，第 4 章，第 9/10 节。这是发生在公元前 392 年的一次战斗。Taschenbuch 版对此的注释说，亚里士多德在此是粗糙地引用了色诺芬的报道，或者他根本不是以色诺芬的报道为材料来源，也许他依据的是 Ephoros 的报道。当然在这里历史事实究竟如何并不重要，亚里士多德仅仅要说明的是，被蒙蔽的无知者仅仅具有勇敢的假相，当面临真实的危险时，他只会逃之夭夭。

注释　正文

西锡安人，而站在他们面前的却是斯巴达人时的作为一样。

关于勇敢者的品格及其貌似的特点，我们就讲这么多（因为从以上所说不难大概地了解它是什么）。

12. 勇敢与苦乐

勇敢涉及大胆和畏惧，但同两者相关的程度不
同，宁可说，勇敢同引起畏惧的事物相关程度更
大。因为一个人在引起畏惧的事物面前不慌乱，抱 1117a30
着应有的态度泰然处之，就比一个面对激起大胆的
事物这样做的人更加勇敢。

【158】参看 1115b7—13。

因此，如上所述，【158】人们也把能忍受痛苦
的人称作勇敢的。所以勇敢也同痛苦相关联，受到
称赞是有道理的。毕竟同节制快乐相比，忍受痛苦 1117a35
更加困难。当然，看起来勇敢的目的是令人愉悦的，
不过被种种外在的情境掩盖着，就像竞技体育比赛 1117b
所发生的情况那样。因为在拳击比赛时，目的是令
人愉悦的，所有的都是为了花环和荣誉，相反，肉
体所承受的则是被拳击的痛苦，一般说来，整个训 1117b5
练也是痛苦的。而且，紧张的训练不计其数，而那
个目的却遥不可及，总的说来，这就显得全然没什
么快乐可言了。如果勇敢的情况与此类似，那么死
亡和伤痛对于勇敢的人而言虽然是痛苦的和违背意
愿的，但他能忍受这些，因为这样做是高贵的，否
则是可耻的。一个人拥有完满的德性越多，越幸福， 1117b10
那么死亡对他而言也就越痛苦。因为恰是这样的人
最值得活，但正是他将眼睁睁地看到生命这个最大

善被褫夺，这对他必然痛苦。但他的勇敢并不因这痛苦而更小，反而是更大。因为战争中的高贵让他偏爱勇敢。这样说来，并非所有德行都是充满快乐的实现活动，除非这些活动达到了它们的目标。但恰好并非这类人是最勇猛的士兵，反而那些不怎么勇敢就简直不具有别的德性的人，倒更是最勇猛的。因为这类人愿意应对任何危险，为一点小利就愿献出生命。

关于勇敢就讲这么多。我们至少大体上规定了它的性质，根据上面所述这不难做到。

13. 节制是何种快乐的中庸

在讲了勇敢之后现在我们来谈节制。因为这两种德性显得是属于灵魂的非理性部分的。

我们已经说过【159】，节制是快乐方面的中庸；和痛苦不大相关，而且两者相关的方式不一样。放纵也是在快乐范围内。所以我们现在要来考察一下，与节制和放纵相关的是那些快乐。

我们要把灵魂的快乐与肉体的快乐区别开来，属于前者的，例如有对荣誉的快乐和对求知的快乐。在这里每个人都对他心爱的东西感到快乐，但在这些事情上肉体感受不到什么快乐，而是精神感受到快乐。在这些快乐感上，既不能说节制也不能说放纵。在其他一些非肉体快乐上也是这样。对于那些喜欢打听别人的故事并到处传播、以闲谈度日的人，我们称他们是嚼舌者，而不说他们是放纵者。对于那些因丢失钱财或失去朋友而痛苦的人，我们也不说他们是放纵的。

所以节制是与肉体快乐有关，但也不是与所有

【159】参看1107b4—6。

【160】英文版就此分章，以下属第11章。

的肉体快乐相关。因为喜欢视觉感受的人，对颜色、形象和绘画感
到快乐，我们既不说他们节制也不说他们放纵。诚然，在这类快乐 1118a5
上人们也应该适度，也有过度和不及的问题。对于听觉的快乐也是
如此，因为谁也不会说过度喜爱听音乐或歌剧的人是放纵的，也不
会把适度听音乐或歌剧的人称作节制的。也不会称喜欢嗅觉感受的
人为放纵或节制，除非例外。如果有人特别喜欢苹果和玫瑰花的香
味或喜欢熏香，不会说他放纵；但如果有人沉迷于美味佳肴的香味， 1118a10
就会称为放纵。放纵的人之所以沉迷于这种香味，是因为这种香气
使人联想到他们欲望的事物。通常我们也能在别人身上看到，如果
他们饿了，就会特别喜欢食物的香气。而这类喜欢之所以是放纵的， 1118a15
是因为放纵的人欲求这些事物。

其他动物感受不到这些感官知觉中的快乐，除非只是附带的。
狗并不喜欢野兔的气味，而只喜欢大口吃肉，气味所起的作用只是
引起狗对野兔的注意。狮子也不喜欢听到公牛的叫声，而是喜欢吃
掉它，公牛的叫声只让它注意到，公牛正在向它走近，似乎这才令 1118a20
它快乐；对鹿或野山羊的感觉也简直相同，它期待的是食物。

节制和放纵涉及的就是人和其他动物都共有的这样一些快乐，
因此它表现出人的奴性和动物性。这是感觉和味觉的快乐。不过， 1118a25
味觉也显得很少被视为放纵甚至根本不被视为放纵，因为真正味觉
的功能是对味道的判别，如品酒师品酒和美食家品尝味道那样。但
判别味道并不总是给人以快乐，至少对于放纵的人并不带来快乐， 1118a30
毋宁说给他们带来快乐的完全是通过触觉发生的感官享受，如在吃
喝与性爱中那样。所以贪图享乐者欲望他的脖子比天鹅的还长，因
为他的享乐是基于触觉的。因此与放纵相关的感官感觉是最普遍的 1118b
感觉。谴责它显然是合理的，因为我们不是作为人而独有这种感觉，
而是作为动物而有的感觉。偏爱并沉迷于这些事物是动物性的表现。 1118b5
不过，基于这种感觉的最高贵的享受，不在节制和放纵的范围内，
例如，在健身房中用毛巾擦身而产生温热的那种感觉。放纵的感觉
不包含整个身体，而只是身体的某个部分。【160】

欲望有一部分是人所共有的，是自然的，另一部分则是个体性
的和人为的。食欲就是自然的。因为每个人都需要有食欲，或者想 1118b10
吃干燥或流体的食物，或者两者都想要，或者如荷马所说，人在年

轻力壮时还有床上的欲望。但并非每个人的欲望都一直相同地是这一个或那一个。这样就显得欲望是我们能够驾驭的，尽管如此它还是某种自然的东西。因为尽管快乐因人而异，此人对此物快乐，彼人对彼物快乐，但还是有某些事物比另外某些随意喜爱的东西对于大家是更加令人愉悦的。

在自然的欲望上不大有人出错，要出错永远都只有一种可能，即过度。随意地大吃大喝，直到肚子再也装不下而呕吐，这就意味着超出了自然限度的量。因为自然的欲望只以补充所缺为限。所以大吃大喝的人被叫做贪吃者，原因就是他们吃得太多，超出了本该饱足的量。这样的人简直都是奴性的。

但在那些个体性的快乐感受上有许多人并在许多方面都出错。沉迷于某一事物的人之被称作这样的人，因为他喜爱了不该喜爱的东西，或者以常人莫及的方式或者以粗俗的方式或者以不应当的方式去喜爱。放纵的人在所有这些方面都太出格了。因为他喜欢了人们不该喜欢的事物（这都是些可憎的东西）；即使所喜欢的是应该喜欢的东西，却也做得太过分，超出了大多数人所能做出的限度。

这就清楚了，放纵是在快乐上的过度，是该受谴责的。但在痛苦上不能像在勇敢上那样，说坚持忍受痛苦就是节制的，不能忍受痛苦就是放纵的，而是说，放纵的人之所以叫做放纵的，是因为回避了本来就不该享受的快乐，使他比通常更加痛苦，使得快乐本身是引起他痛苦的原因；而节制的人之所以是节制的，是因为失去或放弃令人快乐的东西并不使他感到痛苦。

14. 放纵和麻木

放纵的人或者欲求所有的快乐或者欲求最大的快乐，他被欲望所驱使，除了偏爱快乐，别无所求。所以他既因欲求不到快乐而痛苦，也因渴求快乐而痛苦（因为欲望与痛苦相连，不过，因快乐而

正文

感到痛苦似乎显得悖谬）。与快乐不沾边的人，或应该快乐而不快乐 1119a5
的人，诚然非常罕见。这样麻木不仁也非人的本性。因为即便其他动物也能分辨食物，喜欢吃这个，不喜欢吃那个。但如果一个存在者无论什么都不能令其快乐，不能把一种东西同另一种东西区分开来，那么这样的存在者离人的存在还差得很远。一个这样的人根本无以名之，因为几乎不存在。

但节制的人处在放纵者和麻木不仁者中间。他不喜欢给放纵者 1119a10
带来最大快乐的东西，反而厌恶它；他一般地也不喜欢人所不该喜欢的东西，或者对应该喜欢的东西他也不过度；如果他没有快乐，或者渴求快乐，他也痛苦，不过只要适度，不多于应有的快乐，不
在不当的时候，不以不当的方式追求享乐，总的说来就没有什么使 1119a15
其痛苦。而对于那些有益健康和令人舒适的东西，他也适度地追求，并以适当的方式。对于其他令人愉悦的东西，只要不妨碍对前者的追求，不背离高贵，不损害追求能力，他也同样去追求。不过这样做的人，一定会超出它们本身的所值来喜爱这类享乐。但节制的人
不会这样，而是如同依正当的理性之所愿去做。 1119a20

15. 放纵出于自愿，更需得到规训

与怯懦相比，放纵更显得是自愿的。因为前者出于痛苦，后者出于快乐，痛苦人所避之，快乐人所趋之。痛苦会改变和摧毁人所具有的本性，而快乐则完全不具有此类作用。所以放纵更加出于自
愿，相应地也更应受到谴责。因为人也能更轻易地习惯于快乐。生 1119a25
活中有许多这样的例子。养成这样的习惯没有危险；要是习惯于可怕的东西则完全相反。

在具体情况下怯懦的自愿程度显得是不同的。因为尽管怯懦本
身并不是痛苦，但可怕的事情通过痛苦来改变一个人，使他丢盔弃 1119a30
甲，张皇失措，通常做出羞耻之事，所以这种行为本身显得是被迫

而为的。对于放纵者而言则相反，具体的放纵是自愿的（因为所做的确实是他欲望和追求的事），但普遍的放纵却不大可能都是自愿的，因为无人欲望做个放纵的人。

放纵之名我们也用于指称娇纵无教的
1119b 儿童。因为两者有某种程度的类同。但什么人因为什么而得放纵之名，全然不是这里讨论的目标，但［既然得此之名］显然是从某些前提推导出来的，这也就显得名不虚传。追求有害的事情且愈欲愈猛，就
1119b5 必须得到规训和管教；欲望和儿童就是此类事情之例证。因为儿童恰恰就是按照欲望生活的，追求快乐在儿童身上是最有意义的事。如果他们不服从管教，不服从命令，那么长大成人就没有任何规矩了。因为对快乐的欲求永不知足，而不理智之人又无所不欲。活跃的欲望激起了与生俱来
1119b10 的嗜好【161】，如果一些欲望强大而热烈，就把思考能力挤到角边。因此，欲望应该适度、少量，且不以任何方式与理性背离。如果这样，我们就说是顺服而有规矩的。因为就像儿童要按老师的教导来生活
1119b15 一样，欲望也要服从理性的指导。所以在有节制的人身上，欲望必须和理性保持一致。因为对两者而言，目标都是高贵，有节制的人欲求应该欲求之物，且以适当的方式，在适当的时候。而这恰恰就是理性的命令。

【161】该句按 Meiner 版译，Taschenbuch 译作："活跃的欲望使得近似于欲望的东西也增多起来"，可参考。

第四卷

具体德性续论

正文

1. 慷　慨

以上我们讨论了节制，接下来我们应该谈论慷慨。

它应该是与钱财相关的中庸。因为我们称赞一个人慷慨既不会是在战争事务上，也不会是在节制的事务上或者是因为合理的决断，而是鉴于钱财的给予和收取，尤其是在给予方面。至于钱财我们指的是可以用金钱来衡量其价值的所有东西。

挥霍和吝啬是鉴于钱财的过度和不及。我们一直是在这种意义上谈论吝啬：它把钱财看得比其实际所值更为重要；但与挥霍这个词相联系我们有时还是不同：因为我们把那些毫不节俭、放肆用钱的人称之为挥霍的人。所以挥霍也就显得是最恶劣的品质，因为它同时具有许多恶。不过这些恶却不能［构成］对挥霍的一个真正合适的描绘。因为一个真正挥霍的人具有唯一的恶，就是浪费他的钱财。挥霍的人就是被自己本人所毁的人。毁灭自己的财产就是自我毁灭的一种方式，因为财产是生活之所依。

我们就是这样理解挥霍的。凡有一用之物，既可用其好，或可用其坏。财富属于使用的对象。每个事物只能被具有与之相关之德性的人使用得最好。所以，财富只能被具有财富之德者用得最好。具有财富之德者即慷慨之人。

钱财的使用似乎在于花费和给予；取得和保存相反属于占有。所以慷慨之人的特征毋宁在于给予，给他应给之人，而不是他该从谁那里取得，尤其不能从他不该取得的人那里取得。因为主动行善比受到善待与德行更相配，做高尚的事比不做卑贱的事更有德性；显然，主动行善和做高尚的事属于给予，受到善待和不做卑贱的事属于受取；人们感谢的也是给予者而不是不取者，同样，人们称赞更多的是给予者而不是不取者；

正文

不取比给予也更容易些，因为人们宁愿不取于人也不愿弃己之有。

所以我们把那些给予者称之为慷慨的，反之，那些不取
者，他们不是因慷慨而是因公正受到称赞。但收取者一般得不 1120a20
到称赞。在所有有德性的人中，慷慨的人最受欢迎，因为他们
对他人有益，通过他们的给予而有益于人。

2. 高贵之为慷慨德性的规范

有德性的行为是高尚的，都是因高贵之故而为。慷慨的人
也就是鉴于高贵而给予且以正当的方式：给该给的人，给以应 1120a25
当的量并在适当的时机给，通常这就是正当的给予。他在这样
做时一般是带着快乐而不是痛苦的。因为合乎德性的行为是愉
悦的，不带痛苦，也最不可能是痛苦的。

把钱财给了不该给的人，不是鉴于高贵而是出于某个别的
原因而给予，不是慷慨者，倒是要用另一个名称来称呼这样的
人。在给予时感到痛苦的人也是这样。因为这意味着他更爱占 1120a30
有财富而非高尚行为，这与慷慨者的品质不合。

慷慨的人也不收取他不该取得的东西，因为这种收取行为
对于一个不看重钱财的人是不体面的；他也不愿求人，因为乐
于行善的人不轻易地愿意接受回报。在可以收取的适当地方，
他将收取，视如从自己财产中所出，这并非看起来高尚，而是
出于必需，以便他还能够给予。他不会疏忽自己的本有之物， 1120b
因为他愿意以此去帮助别人。他也不是随便地给任何人，因
为他应该能够给予他应该给的人，在适当的时机并给在高尚
的地方。

慷慨的人也必定是在给予上大方以至过分，使得留给自己
的东西很少。因为慷慨的人不顾自己。 1120b5

慷慨是按一个人的财力[162]来评价的。因为它不在于给予了多少，而在于给予者的心愿（Gesinnung），而这种心愿要相对于给予者的财力而言。一个倾其财力也给得较少的人，丝毫不妨碍他是慷慨的。

人们认为，财产不是自己赚来的，而是由继承得到的人，是特别慷慨的。他们全然不知贫乏为何物，此外，所有人都如父母或诗人那样，更加喜爱自己的创造物。

慷慨的人不易保持富有，因为他既不喜欢收取也不喜欢保留；他容易给出，而且，他看重钱财不是为了他自己本身，而是为了有能力给予。有人也因此抱怨命运说，挣钱最多的人，富有的反而最少。不过这是可以理解的。因为像在其他事情上一样，在钱财上如果不用操心怎么去挣，人就不会去占有它。但慷慨的人并不把财物给不该给的人，不在不适当的时间给，等等。如果他这样挥霍钱财，在他该花钱的地方他就不再给得出什么了。因为我们刚才已经说过，慷慨的人是根据他的财力来给予，只愿给他该给的人，过度了就是一个挥霍的人。

因此，我们不把僭主们称为挥霍者，因为就他们所占有的财富而言，无论是馈赠还是给予，似乎都不容易过度。

既然慷慨是在财富的给予和收取方面的中庸，那么慷慨就是给予者，给他应该给的人，给以适当的数量，小事也如同大事，且都是愉快地给。他也同样从适当的

【162】这里和下面1120b24的“财力”德语翻译为Vermögen，它既有“能力”的意思，也是“财富”的意思，这里更多是指与财富相对应的“心愿”、“心意”的“能力”。

注释　正文

来源和适当的数量中收取。因为德性在这两个方面都是中庸，那么他在这两方面都要如其应当的那样做，与适度的给出相适应地适度收取。另一种收取是与给出相冲突的。所以这种相适应的品性同时出现在同一个人身上，相冲突的品性自然不能。 1121a
但如果慷慨的人偶尔地背离应该和高贵花了钱，这也会让他感到痛苦，而适度地和以正当的方式花钱则不会。因为在适当的地方以适当的方式感受愉快和痛苦，这也属于一个人的德性品质。

在钱财上慷慨的人也是好打交道的， 1121a5
因为，由于他不看重钱财，如果说，当他把钱花在了一个不该为之开销的人身上，他会为做错了这件事而痛苦的话，那么他对一个他本该为之开销却疏忽了为之开销的行为更会感到恼火。西蒙尼德斯【163】的话会让一个这样的人感到不快。

【163】西蒙尼德斯（Simonides, 公元前 5 世纪初），古希腊诗人，因贪欲和吝啬闻名。色诺芬尼就曾写诗讽刺过他。由于亚里士多德在这里并未引出他所说的是哪句话，一般注释家都以亚里士多德《修辞学》（1391a8）引用的西蒙尼德斯的这句话为证：当人问西蒙尼德斯做一位富人好还是做一位有智慧的人好时，他说，做富人比做有智慧的人更好，因为人们确实看到，有智慧的人通常会站在富人的门口。

3. 挥霍和吝啬

挥霍的人在这些方面也犯错。他对于应该做的事和应该做的方式既不感到愉悦也不感到痛苦。接下来就将更清晰地讨论这一点。

我们说过，挥霍和吝啬都是某种过度 1121a10
和不及，尽管是在两件事情上，即相对于给予和收取而言。我们把开销也算作是给予。挥霍是在给予和不取上的一种过度，在收取上的不及，吝啬是在给予上的一种不及和在收取上的一种过度，细小的事情除外。

挥霍的这两方面几乎是不相联系的，因为一个人很难做到从任何地方都分文不取却给予一切；如果私人这样给予的话，很快就会钱财耗尽，而私人也就是人们称之为挥霍者的人。不过，挥霍者还是比吝啬者更好。因为他的缺点随着年龄和贫困化的增长容易得到纠正，从而会让他变得适度。因为挥霍者具有慷慨者的禀性。他给予而不索取，只是他在这两方面都做不到得体和正确。如果他能养成做事得体又正确的习惯，或者通过别的方式改变自己，他就会是一个慷慨的人，就会给予他应该给的人，取之于他应该取之的人。这就是我们认为这样的人并不坏的原因。在给予上过度而又分文不取的人，既不低劣也不平庸，而只是愚蠢。

所以谁是这种意义上的挥霍者，就显得比吝啬者要好得多。原因除了上述所说的之外还因为挥霍者对许多人有益，而吝啬者对人对己都无益。但是大多数挥霍者的钱财，如前所说，取之于不正当的来源，在此限度内他们并不让人感到高尚，而是同样被视为吝啬的。他们将变得贪婪，因为他们乐于给出，但这又不容易做得到。他们的钱财会被迅速耗费一空。所以这就迫使他们设法从别的地方搞到钱财。这同时也就使他们不顾体面，不计多少，只要能够得到就行。因为他们只是热衷于给予。至于如何给，从什么资金中给，这对他们都无所谓的。就此而言，他们的给予也不会是极其慷慨的。因为这样的给予不是源自高尚的动机，也不以公正的方式分配，他们是不高尚的。有时他们使那些应该贫穷的人富有了，而对那些老实正派的人却什么也不给，相反却大量馈赠那些奉承他们和取悦他们的人。这就是挥霍者当中大多数人都不节制的原因，他们会大手大脚地开销，以挥霍钱财为乐，因为他们的生活缺乏高尚的目的，只嗜好娱乐。

挥霍的人如果得不到合理的引导就会陷在这条邪路上，但如果人们关心他，他自然也会达到适度，变成他应该是的人。

正文

相反，吝啬则是不可救药的。因为衰老和任何一种无助似乎都
会让人变得吝啬。相比于慷慨它也更是与生俱来的，大多数人 1121b15
是酷爱敛财而不是乐善好施。

吝啬覆盖的范围很广，表现形式也很多，因为看起来有许
多种类的吝啬，它在给予过少和贪得过度两方面都存在，但并
不是在所有人身上都同时表现出来，有时是分开的，有些人是
在取得上过度，有些人则是在给予上不及。 1121b20

那些被称作“小气鬼”、“守财奴”和“视财如命的人”，
都是在给予上不足，但他们并不觊觎别人的财物，也不想把它
们归为己有。有的人不拿别人的钱财是出于体面和怕丢脸（因
为有些人之所以被这样称呼似乎是因为他们把钱紧紧地攥在手
心不放，或者至少保证要紧守钱财，以便日后不至被迫去做不 1121b25
体面的事；一粒芝麻分两半的人和诸如此类的人就属于这样的
人，之所以称作这样的人，是因为他把不给予的原则推到了极
致）；有的人是由于害怕而谨防自己贪占别人的财物，因为若
是把他人的钱财拿来归己，就难免自己的东西不被别人拿走。 1121b30
所以他们坚守的原则就是既不取也不给。

另一些人则在索取方面过度，他们什么都要，也不管来自
哪里，如那些从事低贱职业的人，皮条客和放高利贷者以及诸
如此类的人。所有这些人都是从不正当的地方索取多于应得的
钱财。他们的共同之处就是贪婪。他们都因贪婪而且是贪图蝇 1122a
头小利而背上坏名声。那些从不正当的来源，以不正当的方式
占取巨大财富的人，如洗劫城市，掠夺庙宇的暴君，我们不说 1122a5
他们吝啬，而说他们邪恶、不义、无法无天。相反，那些出老千
的赌徒，小偷和强盗则属于吝啬的人。因为他们都是贪婪的。两
者正是出于贪婪才使用伎俩，干无耻的勾当；一些人为了劫货
而冒生命危险，另一些人则从他本应给予的朋友那里骗得东 1122a10
西。这两种人都是贪婪的，他们都想从不应当取得的地方取得。

所有这种类型的取得都是贪婪的。所以，人们把吝啬者看做
是慷慨者的对立面是有道理的。它比挥霍是一种更大的恶，我 1122a15
们已经说过，与因挥霍犯的错相比，人们犯吝啬的错要多得多。

对于慷慨以及与它对立的恶，我们就谈这么多。

4. 大方和小气

接下来似乎应该讨论大方（megalo-
prepeia, Großartigkeit）了，因为它似乎
1122a20 也是与财力相关的德性。但它不像慷慨
那样涉及钱财方面的所有行为，而只涉
及支出。在支出的数量上它超过了慷
慨。正如其名称所示，大方意味着量大
1122a25 的开销。量大只是一个相对的概念。一
个男人建造一艘战船的开销和一个男人
修建一所庆典公馆的花费是不一样的。
适量要根据什么人、什么场合和什么对
象而定。一个人少量地支出或者恰如其
分地支出，不能称作大方，所以大方的
人不是常说“我经常施舍乞丐”这样的
人，而是支出数目大的人。因为大方的
1122a30 人也是慷慨的，但慷慨的人不一定大
方。缺乏这种品质的人称作小气，过度
大方称之为炫耀和粗俗，诸如此类。他
们这些人不是在他们应该出手大方的地
方做得太多，而是在不应该大方的事情
上，以不适当的方式大量花钱来炫耀自
己。我们将在后面来谈这些。

1122a35 大方的人是明白人【164】，他能够
明白适度在哪里，如何正确地大笔开
1122b 销。因为我们开始说过，这种品质是根
据活动和对象来规定的。所以，大方之

【164】德文版有的译作：Wissenden（有知识的人），有的译作：Kenner（行家），此处意译为“明白人”。

人的开销是大笔的得体的，与此相应，其作为也是宏大和得体的。因为只有与这样的作为相对应，大笔的开销才是得体的。所以，作为应该与开销等值甚至超出开销。大方的人做出这笔开销是鉴于高贵，这是所有德性共同的特点。此外，大方的人是高高兴兴地这样开销，毫不吝啬，因为斤斤计较的话就小气了。所以，他更多的是考虑如何最完美、最值得开销，而不是考虑如何划算，如何最节省。

大方的人也必定是慷慨的。因为慷慨的人也为应该的事情，以适当的方式而支出。但大方的人特色在于一个“大”字，其余都与慷慨的人相同。用相同的花费，大方的人做出的作为将更大气【165】。因为一笔财富和一件作品的价值不是相同的。在财富上，最值钱的东西最有价值，譬如黄金；在作品上，“大”即是“美”。因为观赏大气的作品引起惊奇，大气的东西必定引起惊奇。所以，这样的作品的价值就是其辉煌的壮观与宏大。

【165】“大气”和“大方”是一个词，对人译作“大方”，在“作为”上译作“大气”，特此说明。

5. 大方的实现及其先决条件

我们所指的大气的铺张都是带来荣耀的，所以与诸神相关，例如授予圣职仪式，神殿建筑，献祭等所有这些一般地都属于神灵崇拜【166】的活动，其中表现出竞相为公共事业做贡献的高贵品质，例如修建金碧辉煌的剧院或建造一艘战船或设宴城邦同庆。在所有这些事情上，如我们所说，都涉及是谁操办的，他的资金实力如何。必须与这些相符合，而且这样的开销不仅要适合于所操办的事情，而且要适合于操办的人。因此，穷人不可能是大方的【167】，因为他根本不具有操办这样一个大肆消费活动的合适的财力。假如他试图表现大方，那是逞强。【168】因为这是自不量力，既不适合于他的能力也不适合于他的身份。而德行在于正确的行为。

相反，如此大气的铺张一方面对于富人是合适的，他们或者是通过自己的劳动，或者从长辈那里，或者从亲戚那里取得了财富；另一方面对于贵族或名门望族和诸如此类的人是合适的。在所有这些东西中体现了巨大和地位。

所以大方首先是关于这种类型的，如我们所说，其行为表现出这种大气的铺张。因为这才是最巨大和最荣耀的。就私人开销而言，属于这一类的，人生也许只有一次，如婚礼和诸如此类的事情；其次，为那些全城瞩目的事情，或者为贵宾的迎送，赠礼和礼尚往来的

【166】Reclam 版注译说，这里所指的神不是奥林匹斯山的神，而是地方的神灵，包括远古的英雄，半神。

【167】在我们的观念中，穷人也可能是大方的，比如说，在汶川地震时那位把乞讨来的 10 元钱全部捐献出来的乞丐，就非常“大方”，符合亚里士多德所说的“正确行为”的德行，当然不符合这里所说的“大气的铺张”；Meiner 版把这里的“穷人”干脆译作“Unbemittelter”（没有资金的人），可参考。

【168】德文版都译作“愚蠢”：töricht，似不妥。此处，依苗力田先生改译为“逞强”。

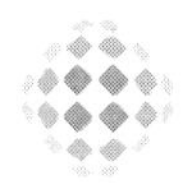

正文

花费也属于这一类。因为大方的人不是为自己开销，而是为集体，他的礼品有点类似于祭品。

建造与其财富相对应的房屋（因为这也是一种装饰）也属于大方，因为这也是一种荣誉，而且大方的人也必须为持久的产业花费更多的钱（因为这是最美好的事情），他必定会重视在所有事情上做到恰到好处。因为对于诸神和对于人不是同样的东西都合适，对于一座庙宇和对于一个墓碑也是不一样的。每笔开销都只能有与其种类相对应的大气。反正，最大方的开销就是在伟大事业上的巨大花费，在不同的情况下也有与之相应的不同的大方。当然，事情的大气与开销的大气也是有区别的。对于小孩而言，最美的球和最美的小罐就是大气的礼物了，但花费不大，也不能证明慷慨。所以，大方的人将是在他一贯的所为中都大方地行动（这是不能轻易突破的标准）以及开销要与事情的意义适当。

6. 炫耀和小气作为大方的对立面

大方的人就是这个样子。过度了就是一个爱炫耀的人，我们已经说过，这样的人在花费上超出适度太多。他在少量花费就可以的事情上大笔开销，不适当地炫耀。例如，用如同婚宴的排场来款待日常的朋友，或者，如果他负担一部喜剧的费用，他就让合唱队穿上紫色长

袍，如同麦加拉人那样[169]。他所做的所有这些事情都不是鉴于高贵，而
1123a25 是为了显示他的财富，以及为了人们因此而羡慕他。在应该多花钱的地方他花得少，在应该少花钱的地方却花得太多。

小气的人在所有事情上都花得太少，哪怕用了最大的开销，也因想省点小钱而破坏了整体的美。这样的人做事缩手缩脚，总在琢磨如
1123a30 何能花钱最节省，即使花了很少的钱，还总是内疚，以为比他该花的花得多了。

这都是坏品质，但并不可耻，因为并未损害别人，也算不上特别可恶。

【169】Taschenbuch 版注释说，麦加拉被视为一种喜剧的发源地，对此具体情况我们并不十分了解，但在雅典人看来，这种喜剧是粗俗和无品位的。因为喜剧合唱队的队服一般不用穿特别的外衣，而让他们穿上只适合于国王和诸神的紫色长袍，非常不得体。参阅阿里斯托芬的《云》539。

7. 自　重

自重[170]顾名思义似
1123a35 乎与重大相关。我们首先要
1123b 问，与什么样的重大相关。至于我们是探究气质之性本身还是探究这种气质之性的载体，并无区别。

【170】这是一个无法对译为汉语的词，按照希腊文（μεγαλοψυχία, Megalopsukhia）来看，主要是由“心灵”和“博大”两方面组成，所以德语译为 Großgesinntheit（志气，气节的高尚和博大）和 Hochherzige, See-

lengröße（心灵或灵魂的高蹈与心胸的博大）。苗力田和廖申白两先生均译作“大度”（Größtmaß），但“大度”在我们的日常用法中主要是指“气量大”，而且主要是对“别人”能宽容或容忍而言，我自己也曾在上课时阐述过在这种意义上是否能把它译作“豁达”的问题，但后来考虑到亚里士多德这里讨论 Megalopsukhia 时，主要不是讲对别人是否能宽容的问题，而是对自己本人实际上的所是有更高或更低的估价，有正确的估价，是对这三种品质如何命名的问题。所以“大度”或“豁达”无法表达出该词“自负”的那一面（“心志”高、“志气”大，“灵魂”高尚和博大宽容），故不采用；严群先生把它译作“豪侠”（见其《亚里士多德之伦理思想》，商务印书馆，第 116—120 页），台湾高思谦先生译作“志大”（参见台湾商务印书馆版《尼各马可伦理学》卷四），都有勉强之处。因此，本人最后试译为“自重”，取亚里士多德所说的“自视重要且配得上重要”之意，也好与它的两个“极端”：“自卑”和“自夸”相对应，作为其“中庸”之德，尽管字面上失去了与希腊文“高、大”的直接联系，但自视“重要”就是自视“高大”。

【171】这里是依据 Meiner 版所译，Taschenbuch 版的译法是：自重按照重大而言是极端，按照应该而言是中庸（因为它对自身有正确的估价），可参考。

一个人自视重要，而且确实也配得上重要的人，看起来就是自重。因为如果他自视重要，却配不上重要，那就是狂妄无知；而一个狂妄无知或一个不理智的人不是一个有德性的人。这样一个有德性的人是自重的。因为一个人如果只是看重低微的事物，而且自视较低，那只是谦卑，而不是自重。自 1123b5
重基于高大，正如美要求身体修长，身材矮小的人可能秀丽而匀称，但不会俊美。

一个自视重要却根本与重要不相配的人，就是一个虚妄自夸之人，但并不是所有自视重要的人都是虚妄自夸者。一个自我估价偏低的人，是自卑，尽管他可能相 1123b10
配于更高的，更中等的或者也可能更低微的，但他每次都把自己估价得比他的实际更低微。不过，最自卑的人是那个配享高大却自视卑微的人。因为如果他真的这样不尊重自己的价值，他还能有什么作为呢？

自重就高大而言表达的是极端，就对自己有正确的估价而言表达的是中庸【171】，而其他人要么对自己估价过高，要么对自己估价不足。

一个自视重要，也确实受人尊重，而且尤其是重中之重的人，诚然是一个有最高德性的人。人们用价值这个词谈论的是外在的善物。在这些善物中我们视为最高善的，是那些我们也用来奉献给诸神的，有名望的人追求得最多的，以及作为最高贵行为的奖品的东西。这类尊贵物就是荣誉（它是外在善物中最大的善）。所以自重的人能够恰如其分地对待荣誉和耻辱。毋庸证明就显示出，自重的人重视荣誉。因为他们把荣誉视为首要价值，尽管这是他们理应得到的荣誉。

自卑的人把自己估价得低，无论是对自己的价值还是对自重者的价值都如此。而狂妄自夸者则对自己估价过高，却不同样高看自重者。

自重者如果配得最高荣誉的话，也就是最好的人。所以真正的自重者必定是有德性的人；而且可以这样说，具体德性中的大德都是自重者本有的。所以说他仓皇逃跑或干不义之事，都与他格格不入。因为，对于一个万众独尊其大者，为何还要做可耻之事呢？在其他德性依次审核之后，人们就将会看到，说一个自重的人没有德性【172】，就是完全可笑的。如果他是一个坏人，就不曾配得任何荣誉了。因为荣誉是德行的奖品，只认可好人。

所以自重看起来就如同是德行的桂冠。它使德行更博大，无它德行不成。所以真实地做个自重的人也不容易；没有高贵的德性修养这是不可能的。

所以自重的人尤其重视荣辱。对于大的荣誉和其高贵所带来的荣誉，他适度地高兴，他

【172】Reclam版在此注释说，只有亚里士多德把自重当作一个实际的德性。参见 Anmerkungen, Buch IV,28。

接受了他理应得到的东西，或者比他理应得到的更少（因为对于完善的德性不存在对等的荣誉）。因为完善的德性不可能有更大的荣誉可以给他了，尽管如此他还是接受这个荣誉。但 1124a10
对于随随便便给他的和微不足道的小事给他的荣誉，他会完全不屑一顾，因为这根本不配他的尊贵。对于毁谤他也同样嗤之以鼻，因为这不可能公正地加之于他。

所以，正如上面所说，自重的人首要的是重视荣誉。不过，对于财富、权力和每一种幸运和不幸（如果遇到了的话），他也会适度地 1124a15
对待，不会“在幸运时过度狂喜，或在不幸时过度悲哀”【173】。因为这些对于他最为看重的荣誉，也算不得什么（因为权力和财富是因荣誉之故才值得欲求，具有权力和财富的人是想凭借它们受到尊重）。谁把荣誉看得微不足道，其他东西对于他也同样微不足道。所以自重的人给人的印象是高傲的。

【173】严群先生译作：“得志不狂喜，失志不殷忧”。参见《亚里士多德之伦理思想》，商务印书馆，第116页。

8. 自重之人的性格和举止

幸运似乎也有助于自重。出身的高贵、影 1124a20
响力和财富值得人们尊重。因为它们具有优越的地位，而所有在善物中有优越地位的东西都值得尊重。这也就是诸如此类的人更加自重的原因；因为他们将会受到他人的尊重。

但实际上只有有德性的人才值得尊重。一 1124a25
个德性和幸福两者皆有的人，将越来越受到尊

重。不过徒有幸福而无德性的人既无理由
自视重要，也无理由被称之为自重的人。
因为若无完善的德性，受人尊重和自重都
根本不可能。徒有财富和权势的人，反而
1124a30 会变得傲慢无礼、目空一切。因为若无德
性就很难适当地受用那些幸运得来的善
1124b 物。而既没有能力适度受用那些东西，又
要盛气凌人，蔑视别人，自己做事却完全
随心所欲。他们模仿自重的人，却又模仿
得不像，而且在模仿时所做的，恰恰只是
他们自己能够做的。所以，虽然他们的行
为不合乎德性，却还要蔑视他人。自重的
1124b5 人蔑视他们是有道理的，因为他有正确的
判断；但大多数人只是凭单纯的情绪来蔑
视。

其次，自重的人不喜欢为小事去冒
险，［也不喜欢冒冒失失］【174】，因为值
得他看重的仅仅只是少数东西。相反，在
大事上他乐于冒险，不惜一切地去做，甚
至生命，因为人不值得在一切境遇中活
1124b10 着。【175】他乐于施人以善，但羞于受人
之善。因为施人以善使得他有优越感，而
受人之善使得他感到低人一等。若受人之
善，他会以更大的善来回报，这样一来，
那个施善者反而变成接受其好处的受善者
了。他对接受其好处的那些人也有美好的
回忆，至少看起来如此，但对他经历的接
受别人好处的事则没有美好的回忆【176】。
因为接受者低于给予者，而自重的人愿意
1124b15 有优越感。所以他也乐于听到施惠于人的
事，而不乐于听到受惠于人的事。所以，
这大概就是，如传说的那样，忒提斯不向

【174】这句话只有Meiner版有，Taschenbuch版没有。

【175】此句依照Taschenbuch版译，Meiner的译法也值得参考："因为对他而言，为每一种代价而活着就太糟糕"。

【176】这一句依据Meiner版译，Taschenbuch版则译作："他们也会记得（看起来是这样）那些接受他们好处的人，但不记得给他们好处的人"，这样译与前面所讲的自重的人有完善的德性是相冲突的，因为在你危难之时别人给你好处，帮助过你，你都不记得，不回想，还算什么有德性的人？把记得不记得译成有没有美好的回忆，显然就化解了这一冲突。

宙斯提起她曾给予他的善举，以及斯巴达人不对雅典人提起曾经给予的帮助，反而只提他们从后者那里接受过好处的原因。[177]

自重的人还有一个特点就是万事不求人，或者不乐于求人，相反却以助人为乐。他对权贵富人高傲，对平民百姓随和。因为优越于前者难得且了不起，优越于后者容易。对于前者高傲不算不高贵，但在后者面前高傲则显得粗俗，如同以强凌弱。

此外，自重的人也不在每个能带来名声的事情上，或在他人拔得头筹的事情上争荣誉。在这些事情上他迟缓而多思，除非有光宗耀祖之大业，他很少出手，他只做名垂青史的大事。他必须爱憎分明。因为只有害怕才使人隐瞒。他比关心荣誉更关心真诚，言与行总是开诚布公；因为既然他蔑视那些［隐瞒自己想法］的人，他自己就很率真。所以，除非他要在大众面前以反讽的口气说话，他都是真诚的。

除非依赖朋友，他不可能依赖别人生活；因为这是奴性的；所以，所有的恭维奉承者都不会长久[178]，而所有屈居人下者都会恭维奉承。他也不容易惊羡，因为对他而言没有什么了不起的东西。他也不是耿耿于怀的人，因为自重者不愿记着自己遭受的不公，而是宁可把它忘却。

过多地议论人，也不是自重者的风格，他既不议论自己，也不议论别人。他既不想自己被赞美，也不想别人被谴责。他也不容易去赞美别人。所以他也不讲别

【177】许多注释家在此注释说，实际上，忒提斯向宙斯提起过、斯巴达人也对雅典人提起过他们曾给予的帮助，但这种注释是没有多大意义的，因为我们在这里需要领会的，不在于亚里士多德所举的例子有没有历史的真实性，而在于思考这种心理上的真实为什么是普遍的。

【178】德语译作：Taglöhner，意思是打短工的。

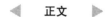

人一句坏话，哪怕是对他的敌人，除非是在开玩笑。

1125a10 他最少为生活所迫或者小麻烦而叫喊并请求别人帮忙，因为如
果他这样做的话，就只说明他很重视这些繁琐小事。他宁愿占有那
些美好但无实用的事物，而不是能带来利益和功用的事物。这样就
更为表现他是自足的。

此外，人们也有一种观念，说自重的人步履迟缓、声音深沉，
言语平静，因为对于一个没有多少东西是重要的人，不会习惯于匆
1125a15 忙，一个不觉得事情有多么了不起的人，不会紧张。大声说话、行
色匆匆表现的是与之相反的人的特征。

9. 自卑和自夸作为自重的对立面

自重的人就是这个样子。在这种品质中的不及是自卑，过度是
自夸。但有此品质的两种人也不是真正的坏人（因为他们并未做什
么伤害别人的坏事，而只是表现出性格上的缺陷）。自卑的人实际上
1125a20 有值得尊重的东西，但他自己褫夺了自己配得的重要性，从而显示
出品格上的一种缺陷：他不尊重自身具有的值得尊重的东西，而且
不认识自己。要不然，他就会要求他所配得的东西，而且他确实具
有值得尊重的东西。同时，这样的人并不傻，而只是太谦卑。诚然，
1125a25 这样的评价反倒使他们的情况更糟。因为每个人通常都追求他所配
得的那种东西，但如若他们认为自己不配得，这些人就放弃了高贵
的行为和高尚的精神活动，同样也放弃了外在的善物。

虚妄自夸者都是傻瓜，没有自知之明，把自己的缺点暴露无遗；
他们追求极高的荣誉，似乎自己与之相配，结果总是让自己丢人现
1125a30 眼。他们衣冠楚楚，仪表堂堂，想让人们看见他们多么幸运；而且
希望引起人们的议论，似乎这样能给他们带来名誉。不过相比于自
重，自卑更与自夸对立。它们更普遍地出现，更加恶劣。

10. 荣誉感是自重的前提

所以，如上所说，自重是与 1125a35
重大荣誉【179】相关。但似乎还 1125b
有另一种德性也与荣誉相关，正
如我们一开始所说的那样，它与
自重的关系似乎就像慷慨与大方
的关系一样。【180】两种德性都
与重大的东西无关，而使我们在 1125b5
中小事情上保持正确的姿态。正
如在钱财的接受和给予上有一个
中庸，一个过度和一个不及一样，
在对荣誉的追求上也存在不及和
过度以及一种来自应该的地方、
以应该的方式享有的荣誉。我们
谴责太好名誉的人，因为他追求
多于他所应得的和从不正当地方
而来的荣誉；我们也谴责相反的 1125b10
不爱名誉的人，因为他即便是在
高尚的行为上也从不要求尊重荣
誉。有时我们也称赞好名誉的人
是条汉子，有抱负，爱高贵；也称
赞不爱名誉者谦让和温厚，正如
我们在开头所说的那样。【181】

显然，由于爱某种东西有不同的含义，所以我们明显地并不总是把爱好名誉与相同的对象联

【179】“重大荣誉”，也译作Ehrgeiz，其褒义是志气大，抱负大，其贬义是虚荣心强，野心大，可参考。

【180】这句话的意思是说，慷慨和大方都与钱财的给予相关，不过，慷慨是相关于少量的给予，大方是相关于大量的给予；与此对应，与荣誉相关的德性也应该有两种，既然自重是与重大荣誉相关，所以应该还有一种相关于小一点的荣誉的德性。

【181】参阅1107b24—1108a1。

正文

1125b15 系起来，而是有时称赞他，因为他比大多数人更爱荣誉；有时谴责他，因为他爱荣誉超过了他应得的。由于太爱荣誉和不爱荣誉中间没有名称，所以两个极端围绕荣誉争执起来，似乎荣誉空缺一样。但凡有过度和不及之处，也就有一种中
1125b20 间。对荣誉的追求确实有比应得的过度或不及；但有人能够做到适中。那么这种品质也就应该受到赞扬。它是相关于荣誉的适中，但没有名称。相比于好名誉它似乎是不爱荣誉，相对于不好荣誉它似乎又是好名誉的，对于这两者可以说是既好荣誉又不好荣誉。这似乎也适用于其他一些德性的情况。不过在这里可以看出，由于中间没有名称，它只相对于
1125b25 极端而存在。

*11.*温　和

温和是怒气情绪的中庸。但由于这个品质的中间状态也几乎如同其极端状态一样是没有名称的，我们就用温厚来称呼这种中庸，虽然它有些偏向那个同样没有名称的不及状
1125b30 态。可以把过度称之为愤怒，因为这种情绪就是怒气。至于引起发怒的原因则有许多，而且是各不相同的。

一个人对应该愤怒的事情，应该愤怒的人，以适当的方式，适当的时间和适当的程度发怒，将受到赞扬。既然温和确实受到赞扬，这样的人也就是温和的。因为温和的
1125b35 人其实就是一个不激动，不受激情主宰，而听从理性安排
1126a 的人，他因此是在正当的契机，适当的时间而发怒。不过，他看起来总是偏向不及而留有缺憾。因为温和的人报复欲不强，反而倾向于宽恕。而不及，无论叫做麻木不仁还是什么，都受谴责。因为在该发怒的场合没有怒气的人是愚
1126a5 钝的；同样，谁以正当的方式，在不适当的时间，对不应

注释　正文

该的人发怒，也是愚蠢的。一个这样的人似乎缺
乏感觉，不知痛苦。由于他不发怒，那他也就不
自卫。不过这是奴性的，让自己受辱，也保护不
了他的人。

而怒气过度出现在各个方面。人们对不该的 1126a10
人，不该的事，以大于应该的程度发怒，时间过
快或过长。但不是说每个人发怒时都同时有所有
这些缺点。这也是不可能的。因为坏事也自我毁
灭，如果完整地表现出来，将是不堪忍受的。

易怒的人怒气来得快，哪怕是对着不该的人，
不该的事，怒气都会多于应该的程度。但它去得 1126a15
也快，这是他身上最好的地方。其所以如此，是
因为他控制不了自己的脾气，只要受了刺激就忍
不住要爆发出来，但发泄了马上就平静了。

暴躁的人性子太急，他对所有人所有事都会发怒，所以他才有此名称。

温怒的人难以和好，生气的时间长，因为他 1126a20
们压制着自己的脾气。只有做出了报复，才能使
自己平静下来。因为报复使怒气消耗完结，痛苦
转变为快乐。如果不发生这种转化，怒气就一直
压在他们心里。由于不把怒气表现出来，也就没
有人去劝说他们，而让自己来平息心中的愤怒，
则需要很长时间。这样的人对自己和对最亲近的 1126a25
朋友带来的麻烦最多。

凶恶的人是那种人：对不该生气的生气，比应该发的怒气更凶狂，持续更长的时间，没有报复或惩罚，决不罢休。

我们偏向于把怒气过度与温和对立。因为这 1126a30
更经常地出现，也由于报复更是人的方式，此外
同凶恶的人更难相处。

这里所说的证实了我们在上面已经说的那番话。【182】要确定一个人发怒应该以何种方式适当，

【182】参见 1109b14— 26，1126a31—b9。

正文

对什么人，什么事，多长时间适当，以及正确与错
1126a35 误的界限，是不容易的。在发怒的过度和不及上出
1126b 现某种小小差错的人，是不会受到谴责的。有时我
们称赞怒气不及的人，称他们是温厚的，相反称凶
恶的人是条汉子，认为他们有能力控制局面。至于
偏离中庸多远以及如何偏离就得谴责，这很难从理
论上说清楚。这些取决于我们对具体情况的判断和
我们对具体问题的感觉。

1126b5 反正说了这么多就清楚了，中庸是一种值得称
赞的品质，[它标志着] 我们在应该发怒的场合，应
该对谁，对什么事，以什么方式发怒等等。相反，
过度和不及则受责备，偏离较小受责备就少，偏离
较大受的责备也更多，偏离得离谱受的谴责也就是
超常的。所以我们应该追求的是中庸的品质。

1126b10 与怒气相关的品格我们就讲到这里。

12. 交际之德

就交际、相处、交谈和交往而言，有一类人显
得是讨人喜欢的，因为他们凡事都称赞，决不和别
人反着来，他们认为不可以让跟他们交往的人不舒
服，这类人被称之为讨好卖乖者；另有一类人与之
相反，凡事跟人反着来，至少不会顾虑他们是不是
1126b15 会让人不舒服，这类人被称之为讨人嫌者。

显然，这两类举止都是受谴责的，而居两者中间的品质——懂得在适当的场合，适当的问题，以适当的方式该赞同的赞同，该反对的反对——是受称赞的，但它没有名称。大多数人把它等同于友

注释　正文

善[183]。因为一个具有这种居中品质的人，如果是我们在谈论一个好朋友时所指的那种人的话，就只需再加上可爱就行了。

同友爱的区别在于它缺乏对所交往之人的情感和爱，因为人在此如其应当的那样中庸，不是出于爱与恨，而只是因为有此品质。他对生人和熟人，亲近的人和疏远的人都同样对待，只是在每一种情况下这样做才合适罢了。因为对亲近的人和生疏的人以同样的方式关心或伤害，是不应该的。

所以，上面所说的是人们一般地如何以合适的方式交往。而若联系到高尚和有益的交往，人们还要努力做到不伤害并分享他人的快乐。因为与人交际［必然］涉及愉悦或痛苦，那么正当的行为者在对他并不体面或有害的场合，也要愉快地参与，这是不公道的，宁可选择伤害。而如果一种行为带来耻辱，哪怕它是有意义的，或者只是造成很小的伤害和忤逆，那么也不能认同，而是要反对。

同有声望的人和普通人以及或多或少熟悉的人交往，他应该是区别对待的，通常人们也是区别对待，但对每个人都应恰如其分；本来他宁愿分享愉悦避免伤害，而且也要考虑后果，如果这些后果都是有意义的话，我指的是高尚和有益。为了取得更大的快乐这一后果，他也可以忍受[184]一点小小的不快。

【183】友谊、友好、友善在我们汉语中与友爱是有差别的，在德语中基本上和我们汉语相似，一般用友谊和爱两个词来表达，但在希腊文中，philia,philo,philos 有“友谊”和“友爱”“热爱”等义，友谊和友爱基本上能相互蕴含的，所以我国的一些希腊哲学专家认为，把英文 friend 或 friendship 译为“友谊”不如译为“友爱”妥切。参见汪子嵩、范明生、陈村富、姚介厚:《希腊哲学史》3，人民出版社 2003 年版，第 974 页。但由于在这里亚里士多德接着就说了它同友爱的区别“在于它缺乏对所交往之人的情感和爱”（1126b23），所以译作“友善”是最恰当的。

【184】Meiner 版译作：hervorrufen（引起、招致），可能译作被动的“忍受”更合原意一些。

这种中庸的品质就是如此，尽管它没有名称。而那些只想自己讨人喜爱的人，如果意图只是快乐没有别的企图的话，就是讨人爱者，如果因此而图与钱相关或者通过钱而取得的利，那么就是谄媚者；但如果对所有的都抱怨，我们说过，这就是讨人嫌者。看来这两个极端是相互对立的，因为居中的品质没有名称。

13. 诚　实

与吹嘘对立而表现中庸的德性几乎也处在同样的领域内，它也没有名称，但一点也不妨碍我们来讨论这样一些伦理品质。因为通过具体地描述这些伦理品质，我们可以更好地认识伦理事物，并能进一步确信德性就是中庸，如果我们看到了德性到处都是如此，那就增强了我们对它们的认识。

我们刚才已经说过，交际的德性与愉悦和痛苦相关。现在就让我们来说说在言谈举止上的诚实和虚伪。

吹嘘的人给人的外表似乎具有值得歌颂的品性，但他并不具有，或者说他实际具有的并不那么了不起；而谦卑【185】的人则相反地否认自己实际具有的好品性，或者贬低他实际有的；中庸的人则是诚实的，在生活和言语上总是保持与他本身以及他所本有的品质相一致，既不夸大也不贬低。无论诚实

【185】“谦卑”在西方伦理学史上只是通过基督教才成为一种美德，在古希腊，特别是亚里士多德这里把它当作“自卑”或“自贬”，是一种“虚伪”的恶德。Meiner 版有时也把它译作 Ironisch（滑稽的），因此这里的“谦卑的人”也就译作了“滑稽的或反讽的人”。

还是虚伪人们有可能把它与某个特别的目的相关联，或者可能也不相关。不过每个人，只要他不抱着一个特殊的目的，他的言谈，行动和生活就会与其本来面目相一致。

虚伪本来就不好，是受谴责的，而诚实本身就是美好的和值得称赞的。所以，诚实作为中庸品质也是受称赞的。两种虚伪都应受谴责，尤其是吹嘘。

我们现在一个个地来谈，首先说诚实。我们所指的诚实，不是交易中的可信，不涉及与公正和不公正相关的事务（因为这属于另一种德性），而是在这样的事情毫无疑问的地方，一个人在言语和生活中所保持的真实，因为他就是这样的品质。这样一个人必定是正直的。因为热爱真理的人在任何场合无一不是以说真话为己任，而且越是以说真话为己任，他就越真诚。虚伪被他视为可耻的事而回避，因为他本来就已经避免了虚伪。这种品质的人是值得称赞的。[如果不能完全保持真实]【186】他宁可少偏离真实一点，这样显得更为恰当，因为真实过头了反而讨人嫌。

一个吹嘘自己长处的人，如果没有特别的意图，固然可憎（因为他毕竟还不是以说谎为乐），但毕竟还不坏，更多地是爱虚荣；但如果有图谋，而且图的是荣誉或名声，那还不算太可憎，而如果图的是金钱或用金钱所达到的东西，那就最可恨了。吹嘘[的原因]不在于有吹嘘的潜能，而在于有这种意志。因为爱吹嘘的人是因为他形成了吹牛的品质，他才是这样的人，就如同真正的说谎者，是以谎言本身为乐的人，而其他的说谎

【186】这句话在Meiner版中加了括号，而在Taschenbuch版中没有，估计是由德译者所加。

者则是为了追求名利才说谎。

一个为了名望而吹嘘的人，就赋予了自己一种受称赞或有幸受尊重的品性；但一个为了得利而吹嘘的人，赋予自己的品性，则是旁人需要的或旁人身上并不存在但可能隐藏不露的，例如，他们自称是预言家，贤人或高明的医生。因此大多数人宣称自己是这样的人，以此来吹大牛，[你还不大好说他不是这样]，因为他们所吹的是他们身上具备的这种可能性条件。

谦卑的人贬低自己的长处，显得他具有一种比较高雅的品质；因为他显然不是为了利益而那样说，而是为了避免张扬。他最喜欢否认会造成大荣誉的事情，像苏格拉底也经常做的那样。【187】但有些人在小事和显而易见的事情上也伪装自己，这就叫做虚伪，尤其是可鄙的。有时恰恰是这种性格的人表现为自夸，例如穿着斯巴达式的衣服。【188】因为过度和太明显的缺乏两者都是夸张。但在不特别明显和完全可把握的事情上适度地用一点反讽，倒显得是可爱和高雅的。

与真诚对立的显然是吹嘘，它是比谦卑更糟糕的缺点。

【187】指的是苏格拉底的自知无知的知表现为反讽式的伪装。

【188】斯巴达式衣服由于过于简单和质朴反而炫耀了身体的硬朗和结实。

14. 风趣和机灵

在生活中也有休闲，在休闲时就要有

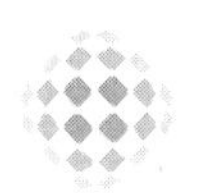

轻松风趣的交谈，在这里也就表现出一种合适的交往形式是谈话的方式：人们该谈什 1128a
么，该听什么，以及如何谈，如何听。在这样的场合是在一起谈还是单纯地听，这是有区别的。但相对于适度，也有过度和不及的问题。

那些风趣过度的人，显得自己是滑稽和俚俗的人，他们什么玩笑都开，搜肠刮肚地 1128a5
只为招人多笑，全然不顾礼节，也不管说出的话是否伤人。但那些从来不开玩笑并讨厌别人搞笑的人，显得自己是呆板和乏味的人。但在风趣时又不失分寸的人，就是机
灵，是一个懂得见机行事的八面玲珑的人。 1128a10

因为风趣的机锋似乎都是习性的变动，内心的变动，就像判断一个人的身体如何要根据身体的运动来判断一样，判断一个人的习性也是如此。但由于滑稽的事也可以是不庸俗的【189】，大多数人比其应然更喜欢开心和风趣，所以滑稽的人也就被视为逗人喜
爱的人和机灵的人。但他们还是不同的，而 1128a15
且相去甚远，这从上面所说的可以看清楚。

这种关系中的中庸品质的固有特点也就是得体（Wohlanständigkeit）。得体的人所说所听的，就像是专门适合于讲给体面的和高雅的人听的事情。一个这样的人善于开得体
的玩笑，也善于听取得体的玩笑。高雅之人 1128a20
的风趣不同于低俗之人的风趣，就像有教养的人开的玩笑不同于无教养的人开的玩笑一样。人们也能从古人的喜剧和近人的喜剧中看出这种不同。前者以黄色下流的事取乐，后者则以含蓄影射来搞笑，【190】这在得体上有不小的区别。

【189】此处依 Meiner 版译，Taschenbuch 译作 Nächstliegende（俯拾即是，触手可及）。

【190】请注意这是亚里士多德时代的"古"和"近"，而不是世界历史的"古代"和"近代"，对于我们这个时代，则完全相反。现在的滑稽和幽默似乎不靠黄色、低俗的话就很难引人发笑，我国的相声似乎早就因陷入这一困境而走向衰落。

正文

1128a25 那么我们是否应该把得体的风趣界定为这样一种言
语，它适合于高雅的人却又不失风趣，或者应该规定为
一种不伤听众的玩笑话，还是相反只要让听众开心就
行？或者这根本不可能做出明确的规定？因为不同的人
有不同的喜怒哀乐，他喜欢听的必定也就乐于接受，所
以我们只能讲他自己也乐于一起听的话，这必定是合适
的。但不是什么话都能讲。因为玩笑带有一种嘲弄的形
1128a30 式，而立法者禁止我们嘲弄某些事情。他们或许也应该
禁止我们开某些玩笑。自由而有教养的人能够把握好分
寸，因为某些尺度就是他为自己立的法。这就是中庸的
品质，在这里称它为得体或机灵都可以。

滑稽的人在开玩笑时有一个缺点，只要能引人发
1128a35 笑，他既不顾惜自己也不顾惜别人，他所说的事情是逗
1128b 人喜欢的人决不说的，其中有一些他甚至听也不愿去
听。呆板乏味的人对于这种社交是不适合的，因为他一
点也不会风趣，而对什么都只会抱怨。不过，休闲和风
趣在生活中是必不可少的。

所以在生活中要阐明三种中庸品质，它们都涉及社交时的特定言语和行动。区别在于，一种与真诚相关，其他两种与愉悦相关，其中一种涉及风趣，另一种涉及通常的社交类型。

15. 害羞不是真正的德性

1128b10 害羞不能说是一种德性，宁可说它是一种情绪而不
是一种品质。它被规定为怕羞，其表现类似于怕惊。害
羞的人脸通红，怕死的人脸苍白。两者似乎都是生理反
应，这与其说是一种伦理品质的指示不如说是一种情绪

的指示。其次，这种情绪不适用于每个年龄段的人，而只适用于青年人。因为我们认为，青年人要知羞，由于他生活在情绪中，会犯许多错误，而知羞能防止他犯错。所以我们称赞知羞的青年人，而对于这样的老年人我们说他不名誉。因为我们认为，对于他自己一定害羞的事，他什么都不可以做。有德性的人也不用害羞，由于害羞只与做羞耻的行为相关，而这正是他所不为的。这丝毫不涉及某种行为是真的可耻还是根据一般的意见可耻。反正两者中的哪一种他都不该做，所以他也不用感到羞耻。

低下的人有做某种可耻事情的能力。所以如果有人做了诸如此类的羞耻事情，自己感到羞耻，人们就因此相信他是一个懂礼节的人，这是荒唐的。因为人对任性的行为感到羞耻，但有德性的人决不任性地做某种可耻的事情。

所以害羞只在这种特定的前提下才是某种积极的东西【191】：如果人真的做了某种可耻的事情，他就感到

【191】对这个词的翻译每个版本都不同。我们选择的是 Reclam 版的译法：etwas Positives。Meiner 版译作：Sittliche Eigenschaft（伦理属性），这与下一句“但这与德性全然无关”直接矛盾；Taschenbich 版译作 anständig（合乎礼节的），但说合乎礼节的东西与德性无关或不是德性，也有问题。所以，译作“害羞只在这种特定前提下是某种积极的东西”是可理解了。

正文　注释

羞耻。但这与德性全然无关。而且，虽然无耻，即做了有害的事情却不感到羞耻，是低贱的，但这决不能因此就证明，做了可耻的事情然后感到羞耻就是德性的。

自制也不是纯粹的德性，而是一种混合的德性。对此我们将在后面来指明。【192】现在我们要讨论
1128b35 公正。

【192】自制是本书第七卷1—11的主题。不过，这里暗示的自制不是纯粹的德性，在第七卷并没有得到进一步阐明。

第五卷

公正论

1. 导论：公正之为人的品质

1129a 现在我们要考
察公正【193】与不
公正，看它同什么
样的行为相关，哪
一类中庸（mean,
Mitte）【194】才算
是公正以及公正的
事情处在什么样的
1129a5 人之间。在做这些
探讨时，我们愿意
采取与先前同样的
方法【195】。

我们看到，所
有人通常都愿把公
正称为那种人们
基于它才有能力
（Fähigkeit）公正
地行动，做且愿意
做公正之事【196】
的品质。同样，不
公正也可理解为那
种人们基于它才有
能力做且愿意做不
1129a10 公正之事的品质。
所以我们把这个看

【193】德语 Gerechtigkeit 一般既可译为“正义”也可译为“公正”，似乎是随便的事情，就像我们既称罗尔斯的代表作是《正义论》也有不少人称之为“一种公正理论”一样。但在我们汉语的一般语境中严格说来还是有区别的：当我们把“正义”理解为一种普遍的规范性理念或概念时，一般就不大说它是一种“品质”；当我们说一种“品质”时，更多地是用“公正”而不是用“正义”来表达。而“品质”更多地是在个人“行为”中表达出来的，而不是在“制度”中表达出来的。亚里士多德在这里首先是把它作为规范性概念使用的，这应该说与古希腊的语境具有一致性：作为宇宙和灵魂的秩序，作为法律的总德性；但做了这种含义的强调之后，亚里士多德更主要的是把它作为“行为的品质”，因而是作为“美德”来使用的；他在这一卷也主要是探讨作为“总德”（一般正义）具体部分的 Gerecht, 所以，我们主要把它译作“公正”。关于希腊文“正义”或“公正”（dikē）的词源及其含义演变，请参阅麦金太尔的《谁之正义？何种合理性？》的第二章。关于亚里士多德公正观，请参阅该书的第六章和第七章。

【194】英文 what sort of mean，德文 welche Art von Mitte, 问的都是“对于哪一（种）类中庸”才是公正。为什么要说哪一类“中庸”？因为“中

◀注释　正文▶

庸”属于“适度”（Moderation），但并非所有的适度都是公正的。所以在国外，有人认为把中庸理解为适度是无意义的，甚至认为这是一个错误的概念。如威廉姆斯就把亚里士多德的中庸说成是“他的体系中最著名但却是最无用的部分之一”（B.Williams: Ethics and the Limits of Philosophy, Cambridge MA: Harvad University Press, 1986, p.36）。确实，把中庸定义为适度也与《尼各马可伦理学》有些文本不相符合：“所以德性就其本质和其实体的规定而言就是一种中庸；但按照它是最好而且把一切都实现到最完善的意义，它也是极端。”（1107a6—8）。还有亚里士多德强调，在德性内不存在中庸，在恶之内也不存在中庸，德性完全是正确，恶则完全是错误（1107a22—26）。

【195】在整个实践哲学中亚里士多德都强调他的方法即非单纯思辨的，而是为了“实践的”，所以是从具体东西出发，即在适当的时间、适当的地方，对于适当的人，以适当的方式是可行的。关于这种方法之特征的阐明，尤其参阅第一卷 1、2、7；同时参照 1145b2—7 等。

【196】严群先生把这句话译作：“见于行，存乎心，莫不出于正”，“存乎心而正，是谓意善，见于行而正，是谓举止端庄，行为公正”，参见其《亚里士多德之伦理思想》，商务印书馆 2003 年版，第 130 页。

【197】这里不能翻译成“品质的情况同科学和能力是不同的”或“在科学上，潜能和品质是各不相同的方式”，因为这些翻译都没有与“公正”问题挂钩。亚里士多德在这里是规定公正的本性，他的出发点是“所有人都称为的”那种从“品质”来说明“公正”的做法。

法视为首要的和普遍的前提。

由于把公正同某种品质挂钩与把它同知识和能力挂钩具有不同的性质。【197】因为同一种能力和知识都包含对立面，但一种品质却不包含对立面。例如，从健康出发不会导致什
么不健康的东西， 1129a15
而只是健康的东西。如果一个人走路，像健康人那样稳健，我们就说这是健康的步态。当然，在许多方面人们认识一种特定的品质也是通过其对立面，或者认识两种行为方式也是通过它们的基础。如果我们知道了良好的健康状况是怎样
的，那么也就知道 1129a20
了不佳的健康状况是怎样的了，反之亦然。这就是说，如果良好的健康状况是指肌肉结实，

正文　注释

那么不佳的健康状况必定就是指肌肉松弛了，而且，要产生健康，就要使肌肉结实。

如果对立面的一个环节
1129a25 是在多种含义上被言说，那么通常导致的结果是，另一个环节也将在多种含义上被言说。所以，如果“公正”这个词是多义的，那么“不公正”这个词也是多义的。

因此这里的关键问题，是把公正与什么（品质、知识和能力）相关（挂钩）作为阐明公正概念的出发点。而这里的 Wissenschaft 也不能译作“科学”而只能译作“知识”（Taschenbuch 版就没有译作 Wissenschaft, 而是译作 Kenntnissen—知识），因为这里要讨论的一个重点问题是，能不能像柏拉图那样，把公正（或“正义”）规定为一种“知识”，如果译成“科学”的话，这个讨论背景就被淹没掉了。

2. 不公正之双重含义的区分

看来人们实际上就是在多种意义上谈论公正和不公正的。只是由于它们名同义异，差别不甚明显，因而这种多义性难以察觉，或者不像并排摆着的事物那样显而易见罢了。相比而言，如果外形上差别很大，意思又相同，例如在双义词 kleis 这
1129a30 里，多义性就明显了，它既是指动物脖子下的锁骨，也是指锁门的工具。

所以，我们先来弄清楚，“不公正”这个术语有

注释　正文

多少含义。违法的人看起来是不公正的，好占别人便宜的贪婪者和敌视平等的人看起来也是不公正的。由此也就得出，公正的人，就是守法的和坚持平等的人。所以，公正就是尊重法律和公民平等，不公正就是蔑视法律和公民平等。

此外，由于不公正的人也是贪婪的，那么不公正也就同贪图善物相关，但也不是贪图所有的善物，而是贪图与外在的幸运和不幸相关的善物，而且，善物虽然就其本身而言【198】总是善的，但对于具体的人而言并不总是善的。不过人们总是不辞辛劳地祈求它们，尽管并不应该这样。人们倒是应该祈求那些本身是善且对他们也会是善的东西，随之应该挑选出对他们是善的东西。

【198】这里的“本来”，德语一是用 schlechthin 表示，与译作英语的 absolutely 同义，是“绝对的”，“全然的”意思，德语还用 an sich 表示，即“自在的”，“本来的”的意思。考虑到亚里士多德一般不会说“绝对如何”，我们还是用“就其本身而言”来理解。

但是不公正的人也不总想占有太多，反而在有些情况下，如在本来就是恶的事情上，就想不沾边。但由于两恶相权取其轻在某种意义上也可视为某种善，那么贪婪者的贪欲也与之相关，这样一个在恶事上想少得的人也显得是贪婪者，但实际上他是不平等的友爱者。所以，贪婪者就是贪图财富和喜爱不平等的人，贪婪是对这两者的共同表达。

3. 公正乃德性之首

此外，违法的人也是不公正的。这种不公正，违法或者不平等，包含了所有的不公正，对于每一种不公正而言，都是共同的【199】。

【199】不平等包含了贪婪和狭义上的不平等。

正文　注释

由于我们把违法的人看做是不公正的，把守法的人看做是公正的，那么显然，一切合法的东西在某种意义上就是公正的。由于通过立法所规定的东西才是合法的，我们才把每个具体的立法规定称作是公正的或者当作法。

但法是普遍的，或者以大家普遍的利益为目的，或者以贵族利益或者以统治者的利益为目的，而且或者是在德性意义上的，或者在其他诸如此类的意义上的。【200】所以，我们称之为公正的是在这样一种意义上：它在城邦共同体中带来并保存幸福及其组成部分。【201】

但法律规定我们既要做出勇敢者的行动，例如，不擅离岗位、不逃跑、不丢弃武器；也要做出有节制者的行动，如不通奸、不施暴；还要做出儒雅者的行动，如不打人骂人。对于其他的德行【202】和恶行方面法律同样做

【200】对这段文字，西方学者的理解历来分歧较大，不同的译本有不同的译法，我先是依 Meiner 版的译法，但最终依据的是 Taschenbuch 版的，这一是由于这种译法考虑到了“法”也是德性意义上，它消除了有些版本仅仅是从“实定法”意义上谈“公正”（或“正义”）的弊端，应该更合乎亚里士多德的本意；二是由于它也比较接近于 Reclam 版（Franz Dirlmeier）和英语剑桥版的译法。现把 Reclam 版的译文翻译如下，仅供读者参考：“法律是对整个生活领域的规定。它的目标或者是为了全体公民（这与英译 on all subjects 一致）的普遍利益，或者只是为了贵族的利益，或者只为这个统治阶层的利益，或者按照个人德性或者通常按照某种类似的德性标准行事。”

【201】从这个定义中但愿不会得出功利主义的结论来。

【202】这里，要译成“德行”而不是“德性”，即 die Akte jeder sittlichen Tugend（每一种品德的行为）。

【203】也即法律本身是完善的，完整的，而不是零碎的，临时的。

【204】这是在“法”的总体上所体现出来的“德性”，德文版非常明确地译作 die vollkommene Tugend。有的同学根据有的英译（general virtue）对我把它译作“总的德性”有疑义，认为英文的 general 和 compplete 一样，有“完整的”、“总的”意思，也有“一般的”意思，似乎并没有充分的理由一定要译作“总的”、“完

整的”。所以我在这里必须交代这样译的依据。实际上，最先译作“总德”的是严群先生，在其《亚里士多德的伦理思想》第 138 页明确地说：“广义之公道（即公正——引者），等于道德之大全（Complete Virtue）”。后来，苗力田先生的译本也译作了“公正是一切德性的总汇”。这样译的依据是德文 Meiner 版的译者做了一个详细的注释：“亚里士多德完全了解更古老的公正概念：作为城邦德性（Polistugend）的公正概念，它自身涵括了所有其他的德性；它是一种世界秩序（Weltzustand）之德”（参见《尼各马可伦理学》Felix Meiner Verlag, Hamburg1985,S.282 对 1129a3 的注释）。关于“正义”预设了一种宇宙秩序，也请参阅麦金太尔：《谁之正义？何种合理性？》的第二章。实际上，在下文德译者就更明确地译为“总德”（die gesamte Tudeng）：“所以，这种公正不是德性的一部分，而是德性的整体；与之对立的不公正不是恶的一部分，而是恶的整体”（1130a9—10）；“那么这就清楚了，有很多类型的公正，除作为总德（die gesamte Tudeng）的公正之外还有一些特殊形式的公正”（1131a5）。

【205】这句话德文版注释说，也许出自欧里庇德斯的一部遗失了的悲剧《米兰妮珀》。

【206】Taschenbuch 版注释说，亚里士多德在讲这两句引语时，明显听得出他提高了音调。这句话出自 Theognis,147。在他的《政治学》1283a38—40 也引用过。

出了规定，它对某些东西做出戒命，对另一些
东西做出禁令。因此， 1129b25
如果法以正确的方式制定得好【203】，就具有正当性，反之，以较恶劣方式制定的出自临时约定的法，就失去其正当性。

这种意义上的公正就是总的德性（die vollkommene Tugend）【204】，不是一般的总德，而是与所有他人都相关的总德。所以，公正常常被视为德性之首，作为一种德性它美丽得如此神奇，“无论晚星还是晨星都不如它熠熠生辉”。【205】还有谚语说，

“公正是一切德行的总括。”【206】

它之所以被视为总 1129b30
德，因为它是完整德性的直接应用。它之所以是总德，因为拥有公正之德的人也能以此德待人，而不仅仅以此德为己。毕竟许多人在自己的事情上能够行之以德，但在与他人相关的

正文　注释

事情上却不能待人以德。所以，比阿斯的名言看来是适用的：“职权考验人的品质”
1130a【207】，因为拥有职权的人必须与人往来，属于共同体。也正因为如此，公正在德性中看来像是唯一的一个待人之善【208】，因为它与他人
1130a5 相关，它做的是利他的事，不论那个人究竟是有职权的人还是我们的伙伴。最恶劣的品质就是既对自己坏也对他的朋友使坏。而最好的品质就是使他的德性不仅为己，而且为人带来益处。毕竟这是比较难以做到的事。

所以，这种公正不是德性的一部分，而是德性的整
1130a10 体；与之对立的不公正不是恶的一部分，而是恶的整体。

尽管如此，德性和公正究竟如何区分，从上述论说中就清晰可见了。两者本质上是同一个东西，但概念是不同的，在涉及待人的德性时，就叫做公正，但涉及在公正的行为中发挥作用的品质时，就在总体上称之为德性。

【207】比阿斯（Bias）古希腊七贤之一。他的这句话有人译为“Macht prüft Manneswert”,“Das Amt zeigt den Mann”。在索福克勒斯的悲剧《安提戈涅》中的克瑞翁也表达过同样的想法。

【208】这种说法是模糊不清的，因为如果说公正是“总德”，是“整全之德”，它当然只能是“唯一的”，因为其他的德性最多只是它的“部分”而已。但如果把公正作为德性之一种，说它是唯一的待人之德，则难成立，因为还有“友爱”也应该是“待人之德”：儒家所讲的“君臣”（义）、“父子”（亲）、“兄弟”（悌）、“夫妇”（别）、“朋友”（信）这“五伦”的“待人之德”，亚里士多德在“友爱”中都做了阐明。但对于友爱是不是一种德性，他却说了一句够人琢磨的话：友爱“它是一种德性，或者说与德性紧密相关”（第八卷的第一句话）。不过，说公正是唯一的待人之善，这种解释在智者派那里是受欢迎的，因为他们把利他的价值（Altruistische）划归给了公正（参阅柏拉图的《理想国》343c3）。可见亚里士多德在许多伦理观念上都处在柏拉图和智者派之间。

4. 特殊的公正作为总德的部分

不过，我们要探讨的是作为德性之部分
的公正，因为我们断言这种公正是存在的。 1130a15
同样，我们探讨的不公正也是作为恶的部
分。这两者的存在也是有例可证的：[首先]，
一个人对别人做了错事，例如，因胆怯而丢
了盾牌，或者因坏脾气而骂人，或者因吝啬
而不愿出手相助，这证明他事实上做了不当
之事，但他却没有贪婪的过错，他也不是经 1130a20
常地犯这些错，而且也确实不可能作总体的
恶，不过却做了一件特定形式的坏事——既
然人们谴责他——尽管如此这是一种不公
正。所以，无论如何还是存在另一种类型的
不公正：作为总体不公正的一个特殊部分的
不公正和作为总体不义之特殊部分的不义，
违法的不义。

其次，如果有人为了得利而通奸，并事 1130a25
实上收了钱，而另一个人是出于强烈的冲动
而通奸，为此损失了钱并受到了惩罚，那么
后者是个纵欲者而不是个贪婪者，但前者宁
可视为不公正的，却不可视为纵欲者。因为
很清楚，他是为了得利而干那事。

再次，所有其他的不公正行为总是被归
结为某种特定类型的品质缺陷【209】，例如， 1130a30
通奸被归结为纵欲，逃离险境被归结为怯懦，
骂人被归结为坏脾气。但贪图不义之财不能

【209】性格缺点：Charakterfehler，另一种表达：缺德（Untugend）。

归结为别的品质缺点，只能归结为不义。

这也就清楚了，除了整体的不公正之外还有其他一些不公正，局部的不公正，它们名称和形态相同，因为它们的概念属于同种，两者都是在与他者相关时才有意义。但一个与荣誉、钱财、健康或者能涵盖所有这些善物的东西相关，如果我们能有一个总概念的话，其根源在于从得利而来的快乐。另一种形式则相反，它只与高贵的品质活动在其中的整体德性相关。

5. 再论一般公正和具体公正之别

那么这就清楚了，有很多类型的公正，除作为总德（die gesamte Tudeng）的公正之外还有一些特殊形式的公正。于是，我们现在要规定它是什么，有哪些类型。

不公正分为违法和违反平等两类，而公正则分为守法和尊重平等两类。前面说过，违法就是不公正。但违反平等和违法不是一回事，而是不同的，两种之间如同部分与整体的关系(因为所有违法的事都是不平等的，但并非所有违背平等的事都是违法的【210】，[这也就像所有的贪得都违背了平等，但并非所有违背平等的事就是贪得一样]【211】)。由此得出的结论是，不公正之事和不公正也不是同一回事，而是不同的。因为每一种不公正之事都是整体不公正的一个部分，同

【210】依据英文本修改。而德文版的意思都是相反的："因为所有不平等的事都是违背法律的，但并非所有违法的事都是不平等的"。感谢金融系杜星琪同学指出了这一问题。

【211】这句话 Taschenbuch 版没有，估计是德译者根据意思所作的引申，所以我们为其加上中括号。

注释　正文

样，目前我们探讨的公正也是整体公正的一个部分。因此，我们也必须探讨具体的公正和不公正以及具体的公正行为和不公正行为，暂且让我们把那种运用到整个人际关系中的作为总体之德的公正和作为总体之恶的不公正放在一边。这样，与之相应的公正行为和不公正行为是如何规定的，就容易看得清楚了，毕竟法律规定的最大部分涉及总体德行。法律命令我们在生活中实行每一种德，禁止任何的恶【212】。实现总体德行的具体行为都是以那些为了教育人们过共同生活的法律规定来调节的。至于把人培养成完全有德性的人而实施的具体教育，究竟属于政治学还是属于别的学科这个问题，我们暂且不论。因为使人成为一个完全有德性的人和使人成为某个城邦的好公民，也许并不是一回事。【213】

但关于具体的公正以及与之相应的公正行为，有一类与荣誉、财富或城邦成员都有份的其他善业的分配相关，因为在这种分配上，一个人可能像另一个人一样得到均等的一份，或者可能得到不均等的一份；另一类是在具体人员相互之间起调节作用的交往规则。后者又分两类，即情

【212】这只能理解为：法律要求我们做的，是总体上公正的事情，而法律禁止我们做的，是总体上恶的事情。

【213】因为在德性问题上，一直有“为人之学”和“为己之学”之争，前者是以“待人”为中心、即与如何对待他人相关，后者以自我为中心，即德性以实现自我的优秀、成就自身的卓越，实现自身的幸福等等相关。成为城邦的好公民，无疑与他人相关。一般情况下，亚里士多德认为这是相辅相成的，因为人都必须过城邦生活，单一的个人是不存在的，所以也不可能有脱离“好公民”的完全有德性的人。但这里似乎强调的是“个人教育”是否属于政治学还是别的科学的问题，不完全是德性的为人为己问题。所以不应该认为这里的观点与亚里士多德认为政治学的目标是人的最高善的观点（1094b7—9）有什么矛盾。因为正是在那里他说：“尽管这种善对于具体公民和对城邦共同体是同样的，但把它用作促进和维系共同体的福祉必定更加重要和完善”，与这里的观点恰恰是完全一致的。Meiner 版对这句话的翻译是强调本然的善和与特定的政治体制相关的善之间的区别，可作为参考。

愿的交往和不情愿的交往。属于情愿交往的，例如，买卖，放贷，抵押，用益权，寄
1131a5 存和出租。之所以说这些是情愿的交往，是因为交往双方的关系源自他们的自由决定。而那些不情愿的交往，有些属于暗中进行的，如盗窃，通奸，放毒，拉皮条，引诱奴隶离开主人，暗杀，作伪证，有些是强暴的行为，如虐待，关押，杀戮，抢劫，致残，辱骂，侮辱。

6. 分配的公正

1131a10 但由于不公正的人和不公正的行为都伤害了平等，那么显然在不平等的事情之间也有一个适中的东西，这个东西就是均等【214】。因为在每一种行为上，即在或有过度或有不及的行为上，也就有某种均等的东西存在。所以，如果说不公正就是不均等，那么公正就是均等，此外，这对每个人也都是不证自明的。而由于均等就是某种适中的东西，那么公正也就是某种适中的东西。

【214】这里的“均等”与“平等”是同一个词。

1131a15 但均等只有在至少不少于两个事物当中才有可能找到，所以，公正必定是某种适中的东西，均等的东西和相对的东西【215】，就是说，它是对于特定的伙伴才有的一种关系。于是，公正作为某种适中的东西，必定处在特定的事物之间，即或者过度或者不

【215】不少注释家认为后者是后人所加，非亚里士多德原话。

注释　正文

及；作为一种均等，它必定是关于两个事物
的均等，而作为公正必然是对于某些人而言
的。所以公正至少包含四项要素。因为公正 1131a20
是对人而言的，至少关系到两个人；公正也
是对事物而言的，至少关系到两件事【216】。
在两个人身上都必须得到他所应当得到的相
同的份额，公正对他们而言才存在，就像在
事情上他们都应当得到同样的份额一样。所
以在事情上是什么关系，在人之间也是什么
关系。因为如果两个人是不平等的，那么他
们也就不可得到同等的份额。反之，如果平
等的两个人得到了不均等的份额，或者不平
等的人得到了均等的份额，因此就会导致争
吵和抱怨。这也就是从人的配得值（Würdig- 1131a25
keit）来确定配得份额。因为所有人都会同
意，分配公正必须以某种配得值为尺度。但
恰恰对于配得值的理解每个人是不同的。在
民主派人士是从自由看配得，寡头派人士是
从财富看配得，而另一些人是从高贵的出身
看配得，贵族派人士是从德性看配得。

所以，公正是合乎某种比例的东西，但 1131a30
比例不仅存在于由单位数目组成，而且也由
一般数目组成，因为它是比率的均等且至少
包含四个项。“分离的”比例有四项这是清
楚的，而连续的比例也同样有四项：因为它
是把一个比例项用了两次，作两个比例项
用。例如直线 A：B，等于直线 B：C，这 1131b
里的直线 B 被提到两次，两次作为比例项
用，那么就有四个比例项。【217】

所以公正也至少包含四个比例项，其中
的比率是相等的，因为两个人之间的比率要 1131b5
和两个事物之间的比率相同【218】。这就是

【216】这不是指两件不同的事，而是指在一件事情上要有过度和不及两个极端存在。

【217】“分离的比例”，即“不连续的比例”，如 A：B=C：D；而“连续的比例”，如 A：B=B：C，分开来看只有 A、B、C 三项，但要保证比例的连续性，必须把 B 使用两次，因此也是四项了。

【218】即人 A：人 B= 份额 C：份额 D；下一句所谓“交换搭配”即人 A：份额 C= 人 B：份额 D。

说，A：B 等于 C：D，那么交换组合一下就推出，A：C 等于 B：D，结果，一个整体对另一个整体用的是同一种比率[219]。这就是分配所要达到的组合，如果它把人和物以这样的方式组合起来，分配就是公正的。

【219】整体指的是：人 A+ 份额 C：人 B+ 份额 D= 人 A：人 B。

7.矫正的公正

因此分配的公正在于把 A 与 C 和 B 与
1131b10 D 联系起来，而这种公正就意味着适中；而
不公正就是指违反比例，因为比例就是某种
适中的东西，公正就是某种比例。

数学家把这种类型的比例称作几何比
例[220]。因为在几何比例中，整体与整体
1131b15 之比等于部分与部分之比。这种比率不是连
续的，因为在这里参与分配的人和被分配的
物在数目上不能是一个。

【220】这种比例是：A：B＝C：D＝（A+C）：（B+D）。

那么公正就是比例，而不公正就是违反
比例，出现一部分多些，一部分少些，像在
实际生活中经常遇到的那样。因为做事不公
1131b20 的人，就是自己得的好处太多，而遭受不公
的人，就是得到的好处太少。但在恶事上则
相反，与大恶相比，小恶可被视为一种善，
因为在面临大恶时，小恶更值得选择，而值
得选择的就是善的，越值得选择，善就越大。

这里所说的就是一种类型的公正。其余
1131b25 还有一类，就是矫正的公正。它产生于或者
是情愿的或者是不情愿的交往。这种公正不

正文

同于前一种。因为这种对公共东西进行分配的公正，总是按照上述
几何比例来分配的，例如，如果要分配公共资金，那么必须按照比
例来进行，这种比例就是人们各自对公共资金（整体）所作的贡献。 1131b30
而不公正，作为这类公正的反面，就在于违背这种比例。

虽然，交往关系中的公正也是一种平等，交往中的不公正是一
种不平等，但它不是按照所谓的几何比例、而是按照算术比例的均 1132a
等。因为无论是好人欺骗了坏人，还是坏人欺骗了好人，并无什么
不同，就像不论是好人还是坏人犯了通奸罪并无什么不同一样。法
律只看伤害的差别，对人则一视同仁。它只管这个人是否做了不法 1132a5
之事，另一个人受到了不法对待，这个人是否施加了伤害，另一个
人则遭受了伤害。因此法官要努力使这种在不平等中存在的不公正
得到平衡。如果一方打了人，一方挨了打，一方杀了人，一方被杀，
承受者和施行者是不平等的，那么法官就要努力通过惩罚来剥夺施
行者（罪犯）不公正的所得，来弥补承受者的所失，使得失恢复平 1132a10
衡。这里所说的“得”是完全笼统的，对于某些个别情况并不真正
合适，例如，对打人者说是得，对被打者就说是失，但在估量所遭
受的不公正时，人们却说它是失，把施加的不公正说是得。

那么，均等就是过多和过少之间的中庸，但得与失是相对地过 1132a15
多和过少，得是善过多而恶过少，失则相反。它们之间的中庸就是
均等，我们把它称之为公正。所以矫正的或者重新平衡的公正就是
在得失之间适中。

这也就是人们在有纷争的情况下去找法官的缘由。找法官无非 1132a20
就是找公正，由于法官仿佛就是正义的化身。人们找法官也就是找
一个中间人，他们有时确实把法官称作“中间人”，仿佛只要他们遇
到了中间人，就遇到了公正一样。所以，公正也是某种中间的东西，
就像法官也是中间人那样。

法官重建了均等，他就像是把一根分得不均等的线从较长的那 1132a25
一段切下超过了一半的那一节而加到较短的那一段上那样。只要整
体能被分成两个相等的部分，如果他们得到了均等的一份，这样人
们就说：“每个人都有他的那一份”。但均等是按数学比例在较多和
较少的中间。所以，之间的这个“中”也叫做“dikaion”（公正）， 1132a30
因为它的意思就是“dicha”（均分为二），就像人们在说“dichaion”（平

均分成二份）时那样，“dichastes”（均分者）就成了“dikastes”（法官）。因为如果有人从两份同样大小的东西中拿出一份，这一份减少了，而另一份就增加了，那么后一份就比前一份多出了两倍的分量。如果前
1132b 一份只是减少了，而不把减少的那一份加到后一份上，那么它只比前一份多一倍的分量。所以后面的那一份多出中间量一倍的分量，中间量又多出被减少的那一份同样多的分量。从这里我们就可知道，为什么人们必须从占有太多的人那里取走超出中间量的那一份，补给占有
1132b5 太少的人。对于占有太少的人，人们必须补给他的，就是他所有的那一份不及中间量的那么多。[而从占有最多的人那里拿走的量，只应该是他超出中间量的量]【221】。

设定 aa', bb', cc' 三者均等，那么从 aa' 中拿走 ae，作为 dc 加到 cc' 上，那么整个直线 d cc' 就比直线 e a' 多出了 dc 和 cf 两段，因此比直线 bb' 多出了 dc 那一段。【222】

[这在其他方面，在不同的技艺
1132b10 成就中也是这种情况。假如艺匠不主动地创造某个作品，让这个作品在质和量上都得到估价，那么就会发生这种情况：在质和量上都不接受的那一方，相应地就要取消交易]【223】

得和失是从自愿交往中借来的词。得意味着比他原有的要多，失

【221】这一句英文版中没有，可能是德文译者加的。

【222】用图画出来就很清楚了：

a —— e —— a'

b ———— b'

d —— c —— f —— c'

【223】这段话根据英德文本注释家的说法，在亚里士多德所有手稿本都存在，而且被重复使用，例如在下文 1133a14—17 处也出现了。但放在这里，确实显得文不对题，因此英译本或者把它删除了，或者加个注释，说它全无意义。这确实可能是手稿的编者搞错了。但究竟是什么意思，我们将在 1133a14—17 处再加阐释。

注释　正文

意味着比他原有的要少，就像在买卖和所有这样的法律允许的交往中那样。如果既没有增加也没有减少，而是保本，那么人们就说，他够本了，既没有遭受损失也没有盈利。所以，矫正的公正是在基于不情愿的得失之间的中庸，它意味着［交往］之前和之后均等。

8.回报的公正

有些人也把报应（talionis）完全看做是公正。毕塔戈拉斯学派的人就是这样看的，他们把公正完全规定为对遭受不公者的报应。可是，仅仅是报应既与分配公正不一致，也不适合于矫正的公正，尽管人们一相情愿地以为拉达曼图【224】的公正就是指这种意义：

“你做了什么就得遭受什么，这样对你才公正。”

【224】　拉达曼图（Rhadamanthy），Reclam版注释说，这是地狱的法官，被视为公正的法官的神话例证。这种公正类似于佛教中的“造了什么孽，就得什么报应”之类的因果报应观。康德和黑格尔在讨论刑法的基础时都提到了这种“报应权”（ius talionis）。所以，这里的“回报”也有“报应”、“报复”的意思。

因为报应与公正在许多方面都是相冲突的。例如，一位官员打了人，就不可反过来把他打一顿，而如果一个人打了官员，就不仅应该把这个人打一顿，而且还要罚他。其次，在情愿的行为和不情愿的行为之间也有许多差别。不过，在人们的商业往来上，回报的公正倒是把人们联系起来的力量。这种回报是按照比例的尺度，而不是按照对等的尺度。通过按比例

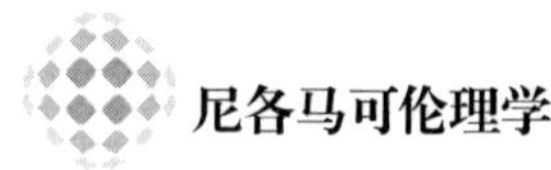

的回报，才能保障共同体的合作。
因为或者，如果公民们都寻求以恶
1133a 报恶，若不能做到这一点的话，就
会沦落为奴隶状态；或者他们寻求
以德报德，若不能做到这一点的
话，那么作为维系共同体之基础的
回报，就不可能完成。正是通过相
互交换人们才有了往来。这也就是
人们在公共广场为美惠女神建立圣
殿的原因，以德报德是人的固有特
性。因为我们不但要对他人给予我
1133a5 们的恩惠做出回报，而且我们自己
首先要有惠于人。

这种按比例的回报是由交叉关
系构成的，例如，a 是建筑师，b
是鞋匠，c 是房屋，d 是鞋子，那么，
建造师要从鞋匠那里得到鞋子，他
也就必须拿自己造的房子同鞋匠交
1133a10 换。如果这两种东西之间的比例关
系事先确定好了，那么两个人 [劳
动成果的] 交换就实现了我们所说
的那种回报。如若不然，平等就不
会出现，有序的交易和交换也就不
会发生。因为没有什么能阻止出现
这种现象：一个人的成就比另一个
人的更有价值。所以在这里必须要
有等值的东西。

[在其他技艺和手工艺中也是
同样的情况，假如艺匠没有创造出
一定质量的产品并因此得到相应的
1133a15 质和量的估值，那么就不可能存在
任何平等的交易]【225】。因为两个

【225】虽然这段话是不是亚里士多德的原话，放在这里有没有意义，存在许多争议。但是不同的译本把它翻译得五花八门，更使得读者一头雾水，不明究竟：

剑桥版的译文是最简捷的：This is the case with the other crafts as well. For they would have been ruined if what the passive party received were not the same in quantity and quality as what the active party produced.

德文 Taschenbuch 版的译法是 Das gilt auch bei den andern Künsten.Sie können nicht existieren,wenn der Künstler nicht etwas von bestimmter Quantität und Qualität hervorbrächte und dafür eine entsprechende Quantität und Qualität erhielten.

我们基本上是根据这里翻

◀ 注释 正文 ▶

译的。

其他版本的译法也供参考（Reclam 版的译文是）：Dies ist auch bei den praktischen Künsten und Handwerken der Fall; es war mit ihnen zu Ende,wenn nicht die Wirkung, die das produktive Element jeweils in bestimmten Ausmaß und in bestimmter Weise ausübt,vom rezeptiven Element in entsprechendem Ausmaß und in entsprechender Weise aufgenommen würde.

而德文 Meiner 版的译文是：Das selbe Verhältnis findet sich bei den anderen Künsten und Handwerken.Es wäre um sie geschehen,wenn der Werkmeister nicht tätig ein Produkt schüfe, das sich quantitativ und qualitativ bewerten ließe, und nicht leidend dafür sowohl quantitativ als qualitativ entsprechend ausgelohnt würde.

之所以把所有这些译法都列举出来，就是让读者来判断究竟哪个版本的译法更符合亚里士多德的原义，因此把理解和选择的权力交给读者自己，尽管译注者自己已经做出了某种选择。

【226】在 1133a19。

医生并不构成交换共同体，而一个医生和一个农民，或者一般地说，不同的人和不平等的人，构成交换共同体，但在他们之间必须形成某种等值的东西。

所以，凡是要交换的东西，在某种程度上必定要在量上是可比较的，为此人们发明了货币，使之成了中间物。它衡量一切，因此也是衡量过度和缺乏的尺度。例如，它被用来估算，究竟多少双鞋子相当于一幢房屋或一定数量的食品。没有这种换算比例就不存在交换，不可能有交易关系。假如这些东西的价格不在某种意义上相等，这种换算关系也不能得到运用。所以，对于所有东西都必须由一种东西作为尺度，如我们前面说过的那样【226】。这一种东西实际上就是需要，就是它把所有东西联系在一起了。因为如果人们什么都不需要，或者没有均等的需要，那么或者不存在交换，或者不存在交易。但借助于等值，货币仿佛成了需要的代表，并因此获得了 Nomisma（通货）之名，因为它的价值不是自然就有的，而是通过 Nomos，通过法律具有的，而且因为它可以由我们来改变，或废除其流通。

只有当不同的东西有等值关系，才能有真实的回报，正如农民与鞋匠，鞋匠的产品与农民的产品的等值关系。但人们不可在交换时才来考虑这种比例关系，否则极端的一方就会得到双倍盈余，【227】而是应当在他们各自占有自己的产品时考虑这种比例关系，这样他们才是平等的，规规矩矩的交易才能产生，因为在这种情况下他们之间的平等才能实现。

假设农民A，食品C，鞋匠B，他所得的产品D就是按照交换规则计算出来的。如果回报不以这种方式进行，那么交易关系就不能存在。

但是，既然需要是把人们联系起来的纽带，那么在双方相互没有需要，或者至少一方没有对另一方的需要时，交易也就不可能发生，这就像只有当一方需要另一方所拥有的某种东西，例如酒，并因此同意拿出他的谷物来换酒时，交易才有可能进行。所以这里必须建立起一种平等关系。

对于之后的交易而言，如果目前没有需要，货币对于我们仿佛就是一旦有需要就能发生交易的担保者。因为只要带钱来了，就能够得到他所需要的东西。不过以货币进行交易如同物物交易一样，不总是保持其同样的价值不变，尽管其比值关系是稳定的。

所以，所有物品都要有个定价。因为这样才将永远有交易，因而总是能够存在交易关系。所以货币如同一

【227】即如果（aa'）等于（bb'）：a—c—a' =b——b'，但bb'占优势从a a'中多得a—c，那么他的所得为：

a—c+ b——b'，因此就是c—a'的两倍。参阅上文1132b5—9。其他的阐释都有过度阐释的嫌疑。

注释 正文

把尺子使得所有物品可以衡量并建立了一种平等。因为没有交易就没有共同体，没有平等就没有交易，没有可公度的尺度就没有平等。可是，实际上事物千差万别，是不可能公度的，但相对于需要而言，公度却是完全可能的。

因此必须设想有一个公共尺度，尽管是借助于约定俗成，所以才称货币为通货，仿佛是由法律，由Nomos确立的价值尺度。所有东西都将根据它来衡量。假设a是一所房子，b是10个米纳，【228】c是一张床，如果一所房子值或相当于5个米纳，那么a是半个b，床c就是十分之一个b，由此我们就清楚地看到，多少张床相当于一所房子，即5张床。显然这种方式的交易出现在货币流通之前，因为究竟是拿5张床换一所房子还是一所房子值5张床，完全没有区别。

【228】米纳（Minen）是古希腊货币名称。

9. 公正与德性

但愿这样就说清楚了公正和不公正是什么样的事情。基于我们的规定人们也可以看到，公正的行为是行不公正和遭受不公正之间的中庸，【229】

正文　注释

因为一种是过度，另一种
是不及，所以公正就是一
种中庸，但中庸的方式与
1134a 其他德性不同，因为公正
产生中庸，不公正则相反
产生极端。【230】

其次，公正是公正
的人出于自愿选择而公
正地行动之德性，借助
于这种德性使得在分配
中，不论是涉及他自己
与他人之间的比例关系
还是涉及他人与他人之
间的比例关系时，都不
让自己得到太多的益处，
1134a5 使他人得到太少的益处，
并在有害的事情上则相
反，而是按照比例保持平
等分配，在涉及他人与他
人关系时，也以同样的方
式来分配。

反之，不公正是自愿
选择不公正的行为并不公
正分配的那种恶劣品质。
而不公正的行为就是在涉
及利与害的事情上违反比
例地拥有太多或拥有太
少。因而不公正同时就是
过度和不及，因为它制造
1134a10 过度和不及，在涉及自己
的事情上总是巴望利益绝
对增多而损害大大减少，

【229】这是亚里士多德十分糟糕的一种说法，非常容易被误解为：公正是两种恶（“行不公正”和“遭受不公正”）之间的中庸，但亚里士多德明确说了在两种恶之间不存在中庸，因此不能被理解为这样。正确地理解这句话，必须注意如下三点：（1）这句话的主语不是“公正”，而是“公正的行为”（德文 Taschenbuch 版译作“公正的行动”，Meiner 版译作“公正的实施”，Reclam 版译作“公正的实现”），所以这里不是为作为总德的公正下定义，而是讨论作为公正之德具体应用时的具体公正行为的实施或实现，因而这里的公正行为特别是就“矫正的公正”，“回报的公正”说的，是通过对事先已有的不公正的“矫正”来实现公正。因此（2）为了避免把“中庸”理解为一个在两种恶之间进行折中和调和的这种“数量”或“程度”概念，同时也为了避免把它理解为在两种极端之间的单纯“空间”概念：“之间”或“中间”，我们必须再次申明这里的“中庸”代表的是“正确”、“公道”的意思：“公正产生中庸，不公正相反则产生极端”。在“公正产生中庸”的意义上，我们可以说，公正是德性之首，中庸是德性之名。公正在这里既是美德，也是规范性概念；（3）那种作为“中间”和“适度”等数量上或程度上的“中庸”，亚里士多德明确把它赋予具有鲜明“性情”、“性格”特征的“（伦理）品德”，而在这里亚里士多德明确指出：“所以公正就

◀ 注释 正文 ▶

但在涉及他人的事情上虽然整体上同样不公正和破坏正当的比例，但究竟损害哪一方却依赖于偶然。在不公正的行为中，遭受不公正的一方属于不及，施行不公正的一方属于过度。

对于公正和不公正以及两者的本性就说这么多，同样，对公正行为和 1134a15
不公正行为也就笼统地这样说说。

是一种中庸，但中庸的方式与其他德性不同”，所以德文 Reclam 版对此有个注释说：“这里的公正不涉及行动主体的品质——这种规定作为得失之间、或者说行不公正和遭受不公正之间的中庸似乎是荒谬的——而是涉及公正的实现，即通过行为所实施并因此所完成的公正的状况（如说这个分配是公正的，这个法院判决是公正的）”。参阅 Reclam 版第五卷注释 29。同时参阅原文 1131b19f.

【230】Taschenbuch 版对这两句的注释是：不单公正的行动，而且相应的意图都属于公正，1105a31/32 对此是合适的，在下文 1134a16—23 至少暗示地说明了这一点。

10. 政治的公正及其类似形式

但也有可能一个人做了不公正的事，却并不就是一个不公正的人，那么我们要问，在具体的不公正类型中人们可能通过什么样的不公正行为变成不公正的人，例如，变成一个窃贼、一个奸夫或一个强盗？还是说区别根本就不在于行为？与一位妇女
发生性关系的男人，他当 1134a20
然知道这个妇女是谁，可

正文　注释

是他可能并非因蓄意而为而是受激情的驱使才和她发生了性关系；由于做了不公正事情的人，却并非一个不公正的人，也就像一个偷了东西的人并不永远就是一个窃贼一样，一个做了通奸之事的人并不总是一个奸夫，等等。【231】

回报与公正的关系问题，我们在前面已经说明了。但不可忽视的是，我们既探讨一般公正，也探讨政治公正【232】。这种公正存在于自由和平等的人们为了实现共同生活的自足【233】而整合起来的地方，尽管它或者是按比例的[不连续的公正]，或者是纯粹数量上的[连续的公正]。凡是在自由、平等的前提不具备的地方【234】，就不存在政治公正，当然，也还会有某种形式的类似于公正的公正。

因为真正的公正只能存在于有法律实存，相互关系以法律来规

【231】这段话一直让人莫名其妙，因为与上下文无直接联系。但仔细体会，这种联系还是有的。亚里士多德提出的是具体的行为和人的品质之间的关系问题。因此，不是说德性伦理只研究美德而不研究行为，而是说，德性伦理更重视从一个人的品质来理解人的行为。一两次偶然的行为说明不了问题，但一个长期养成的行为习性，就反映出一个人的品质了，所以评价一个人是什么样的人，要根据他的品质，而不要根据偶然为之的行动。

【232】对这段话有两种不同的翻译，有的把一般的公正与政治公正等同起来，有的把它们看做是两种。在这里，我认为Reclam 和 Taschenbuch 版的译法都可取，即认为我们探讨的不仅是一般的公正，而且也探讨诸如政治的公正这种具体形式。这样才能与前一句话“回报”与公正处于什么的关系衔接起来。若把政治公正等同于一般的公正，就会导致误解，而且对整个这一节的内容无法理解。而且 Taschenbuch 版对此还专门加了一个注释说：“在一般的公正（在每一种共同的形式中）和城邦中的公正之间的这种区分是重要的。”

【233】参阅《政治学》1252b27—1253a1。“自足”是对完善之城邦的形式规定。

【234】参阅 1134b8 之后几句。

【235】参阅《政治学》卷三 1286a8—25 关于“由最好的一人或由最好的法律统治哪一方较为有利?”的讨论。在这个讨论中，亚里士多德赞同柏拉图的一个观

点：法律是呆板的，但他并不赞同因此就不要法治。他承认，完全按照成文法统治的政体不会是最优良的政体，但在人治、王治和法治之间，他更偏向法治，同时希望以人治和王治中崇尚德性的部分来弥补法律呆板、不通人情、只有通则不能解决具体问题等毛病：“个人虽然不免有感情用事的毛病，然而一旦遭遇所不能解决的特殊实例时，还得让个人较好的理智进行较好的审裁。那么，这就的确应该让最好的人（才德最高的人）为立法施令的统治者了，但在这样的一人为治的城邦中，一切政务还得以整部法律为依归，只在法律所不能包括而失其权威的问题上才让个人运用其理智”。当然，“一人为治”的“君主政体”（王制）也是亚里士多德所不看好的，他比较看好的是贵族政体：“倘使若干好人所共同组织的政府称为贵族政体，而以一人为治的政府称为君主政体，那么，世间这样多同等贤良的好人要是可以找到，我们宁可采取贵族政体而不采取君主政体了”（1286b4—7）。在思考亚里士多德讨论的这个问题时，自然也要注意同柏拉图的比较。柏拉图轻视呆板的法律，而主张由哲学王来治理。但要注意的是：（1）柏拉图的哲学王不是“一人为治”，而是人数众多（参见《理想国》473C、D），因而与亚里士多德所称的古代通行的“王制”根本不同；（2）柏拉图讨论的重点在于哲学“王”的“智慧”，而不在于“王权”。在此语境中，柏拉图才有“尚法不如尚智”，“尚律不如尚学”之类的主张。

整的地方，而在有法律实存之处，就可能有不公正存在；因为法律判决不是别的，无非就是对公正和不公正进行判决。凡是有不公正实存的地方，那里就有不公正的行为，但有不公正行为的地方，并非总是不公正。

不公正的行为在于，在对自己完全有利的事情上给自己分得太多，而在自以为对自己有害的事情上却给自己分得太少。

所以我们不允许人 1134a35
治，而是赞成法
治。【235】因为人会为
了自己的治权而成为僭
主。真正的治理者是正 1134b
义的守护者，而只要他
是正义的守护者也就是
平等的守护者。因为如
果他是公正的，他就不
会得到比他应得的多
（因为他不让自己得到
过多，而只取自己应得
的。他的工作是为了他
人的利益，所以人们也 1134b5
把公正描绘为利他的
善，如我们前面已说过

正文　注释

的那样【236】)。所以，如果必须给予治理者以回报的话，那么这种回报在于荣誉和尊重，如果他不满足于这些，就将变成僭主。

主人[对奴隶]的公正和父亲[对子女]的公正与政治公正不是等同，而是类似。因为对于完全属于自己的东西不存在不公正。家庭财产[奴隶等于财产——译者]和孩子，只要后者还处在一定的年龄，没有独立，就如同我们自己人格的一部分；没有人有意伤害他自己，所以对于自己本身也不会真的有不公正【237】，因而也不存在[如同共同体成员之间的那种]政治的公正或不公正。因为政治的公正，如我们所说，是基于法律而言的，只适用于那些按照事物的本性由法律来治理的人们，也就是说，只适用于治理者和被治理者具有平等关系的人们当中。【238】

所以，夫妻关系比父子关系和主奴关系更能体现一种公正关系。这种公正就是家室的公正，但即使这种公正也与政治公正是不同的。

政治的公正部分是自然的，部分是约定的。自然的公正到处都有同样的效力，不与人们的意见相关；约定的公正，起初其内容是这样约定还是那样约定并不重要，但一旦通过法律确定下来，就有约束力了，如一个囚徒的赎金要一个米纳，祭祀要用一只山羊而不是两只绵羊；其次，约定要具体，例如要为布拉西达思举办一次祭礼；最后，所

【236】在 1130a 3。

【237】这个理由是不充分的，尽管我们不愿伤害自己，但实际上我们经常伤害自己。

【238】对于不同的法律和治理关系的简要描述，请特别参阅亚里士多德《政治学》卷一，章十二。

注释　正文

有约定都要通过公民表决确定下来。

但有些人认为，所有的公正都从这
种方式而来，因为出于自然的东西是不 1134b25
能改变的，到处都有同等效力——例
如，火不论在我们这里还是在波斯人那
里都一样燃烧——，但是人们看到，公
正的东西是从属于运动和变化的。因
此，如果仅仅如同人们所说的这样而不
加以限制，却并不准确。[因为]在诸
神那里根本没有运动变化，在我们这里
则相反，虽然也有某些东西是合乎自然
的，但一切都服从于运动变化的法则。 1134b30
区别只在于，有些变化出于自然，有些
变化不是出于自然。

但哪种公正在可变化的事物中是合
乎自然的，哪种公正不是基于自然而是
基于法律或约定，这本身是显而易见
的，尽管两者在某种程度上都是可变
的。因为这种区别在通常情况下也同样
适用。例如，右手自然地比左手更有力
气，但也可能有人能够同样好地使用两
只手。而基于约定和适用【239】而确定 1134b35
下来的法律规则，其作用类似于尺规。 1135a
而度量油【240】和酒的尺规不是到处都
相同，而是在买进时它变大一点，卖出
时变小一点。与此相似，单纯人为约定
的而非自然给定的公正规则也并非到处
都相同。因为政体是不同的，但无论在 1135a5
什么地方都只有唯一的一种出于自然的
政体形式是最好的。【241】

公正和法律的每一条具体规则与
具体行为的关系都如同普遍与个别的

【239】这里的“适用”（Nutzen）是采纳Miener版的译法，而在Reclam版中，用的是“合目的性”与现今所有中译本的“方便”差别太大，故不采用。而若说法律规定是为了“方便”而制定的，却不符合法律的原则和实际。因此我把一般用作“功用”、“实用”的Nutzen译作“适用”。

【240】Reclam版译为“油”（öl）和酒，Meiner版译为“油和谷物”，Taschenbuch版和中文版都译为“谷物和酒”，特此说明。

【241】关于亚里士多德所认为的最好政体形式，参阅他的《政治学》第3卷7、15。

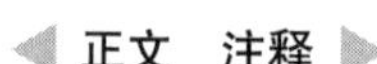

关系。因为行为多种多样，而适用于它们的规则经常只有一条，因为规则要普遍适用。不公正的行为和不公正之间是有区别的，这就如公正的行为和公正之间有区别

1135a10 一样。不公正 [作为规范的概念【242】] 是出于自然或者通过人为安排的秩序存在的，只有当人做了不公正之事，它才是不公正的行为，在不公正之事被做之前，它还不是不公正的行为，而只是不公正。这也适用于公正的行为（人们普遍地宁可称之为 Dikaiopragema, 而把“公正”——Dilaioma——只是用来表达对不公正行为

1135a15 的矫正）。公正有哪些种类，有多少方式，与什么相关，以后【243】还要进行考察。

由于我们对公正和不公正做了这样的理解，那么只有当一个人自愿公正或不公正行事，他才是在行公正或不公正；当他不自愿时，他就不是在行公正或不公正，或只是偶然的行公正或不公正，因为他碰巧做了公正的或不公正的事。

1135a20 所以，一个人的行为是否公正或不公正，取决于他是否自愿。如果不公正是自愿发生的，就该受到谴责，这是一种不公正的行为。如果是不自愿发生的，那么即使存在不公正，也不是不公正的行为。

如同前面已经说过的，我称之为自愿的，是这样一种行动：它在某人的能力范

1135a25 围之内，是知情而做的，即对行动针对谁、用什么工具、出于什么动机并非不知道的情况下做的（例如他要打谁，用什么打，为什么打他）。而且在所有这些方面，知情并非出于偶然，行动亦非出于强迫。

【242】这个概念显然是 Reclam 版德译者附加的，却是符合亚里士多德本义的。他明确地把“不公正”（Unrecht）区分为“人为的行为”（als vollbrachter Tat）和“规范的概念”（Normbegriff），对于理解亚里士多德这里的区分是很有帮助的。由此我们可以看出，亚里士多德在这里不是在所谓的“不公正的行为”和“不公正的事情”之间作区别，这两者应该是无区别的。

【243】在《政治学》中。

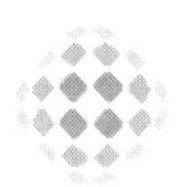

例如，如果某甲用乙的手打了丙，那么乙打丙不是自愿的。因为这个行动不在他的能力范围之内。被打的丙可能是打人者乙的父亲，而乙对此不知情，他只知道被打的是一个人或者一个在场的人，但并不知道被打的就是他的父亲。这种情况对于行为的动机以及一般地对于一个行为的所有其他情况都是适用的。

所以在不知情的情况下，或者尽管不是不知情，但事情却不在他的能力范围之内【244】，或者出于强迫而做的事，都不是自愿的。因为某些自然过程，如衰老和死亡，是在我们知情的情况下发生和遭受的，但这既不能说是自愿的也不能说是不自愿的。

【244】也有另一种译法：他却别无选择。

同样，在不公正和公正的事情上也有偶然情况。如某人出于害怕而不情愿地归还了押金，这不能说是公正的，或不能说他的行为是公正的，这恰恰是意外的偶然。相应地，对于某人被逼迫地、并非不情愿地不归还押金，我们说，他只是偶然的不公正，偶尔做了不公正的事。

我们有时是蓄意做自愿的事，有时并非蓄意地做自愿的事。蓄意的，就是事先有预谋的，非蓄意的，就是事先没有预谋的。在交往中有三种伤害【245】都属于没有预谋的。如果有人对某人做了什么，却对他所做事情的内容、工具和结果都与他原来以为的不一样，[这种伤害就是没有预谋的]；因为他原本设想的可能是，他根本不出手或根本不发生冲撞，或不用随手碰到的那个工具，或者不同这个人打，

【245】即下面说的过失，意外和不幸事故。

或者不是这样的结果。但所出现结果不是他原来设想的。例如他本来只想刺激一下 [别人的] 皮肤，却把他刺伤了，或者被刺伤的那个人不是他意料中的人，或者刺伤的方式和程度都不在他的意图之中，这就是一个意外；如果伤害是意外发生的，这就出现了一种不幸事故。但它不完全是无意的，但却不是出于什么恶意，这就是一种过失。因为出现过失的情况是，事情的始因在于行动者自身，而出现一种不幸的情况则相反，事情的始因在行动者之外。

如果虽然是有意地行动，但并未经过事先的考虑，那么这是一种不公正的行为。例如在盛怒中或在其他必然的或自然的情绪中人所做出的行为。如果这种行为造成了伤害或有错误，就是在行不公正，所做的是不公正的行为，但这个人并不因此就是一个不公正的人或者一个恶人，因为伤害不是出于他的恶意。但如果是出于他的意愿选择做出伤害，此人就是不公正的人和恶人。

因此，不把情绪化行为视为蓄意的是合理的。因为行动的始因并不在于这个因发怒而行动的人，而在于那个激怒他的人。其次，在这种情况下人们也不是为了某事是否实际发生了而争吵，而是为了事情是否公正。因为义愤就是因不公正而引起的。他们在诸如契约这里，确实不会就某事是否已经发生而争吵，其中一个除非是由于健忘而坚持相反的主张，否则他必定是个骗子。一般对于事实的意见是一致的，而争论的焦点在于，所做的究竟公正不公正。但骗子一定知道事情究竟公正不公正，所以，一方认为遭受了事实上的不公正，而另一方却不这么认为。

但如果有人蓄意地伤害一个人，他就是在行不公正。通过这些不公正的行为，这个行不公正者变成一个不公正的人，他自愿地违反比例或公平做事。同样，有意公正行事的人，才是公正的人，只有当他情愿公正时，他才做公正的事。

出于不情愿而做的错事有些可以原谅，有些不可以原谅。不仅不知情、而且由于无知而做的错事是可原谅的；相反不可原谅的行为是：不是出于无知而发生的，而是尽管是在不知情的情况下做的，但既不是由于自然的缘故，也不是由于人之常情而犯错。

正文

11. 人是否自愿遭受不公正

但有人怀疑，我们这样是否恰如其分地说出了遭受不公正和施行不公正行为的特征。首先也许真的存在欧里庇德斯不可理喻的诗句所表达的情况：

“我杀死了我的母亲，简单地说，

是你愿意，她也愿意，但你不愿意，她也不愿意吗？”

因为是否真的有可能，人自愿遭受不公正，还是相反，所有遭受不公者都是不情愿的，如同所有公正行为都是自愿的。进而言之，是否所有遭受不公者无例外地是自愿的还是无例外地是不自愿的，如同所有行不公正是自愿的，还是有时是自愿的，有时是不自愿的？

在受公正对待时可以提出同样的问题。因为所有公正行为都是自愿的，所以人们可以假定，遭受不公和受公正对待就自愿和不自愿而言，都以同样方式与行不公正和行公正完全相反。受公正对待理应总是情愿的，而 [有时] 在受到公正对待时也显得不可理喻，因为有些人根本不情愿受公正对待。因此我们也就可以接着提出这个问题：是否每个遭受了不公的人，都是通过不公正的行动而遭受的，或者是否可以反过来说，在遭受不公的同时就如同是在施加不公？我们偶尔确实可能参与了公正的两种方式（施行和遭受），就像偶尔也参与了不公正的两种方式一样。[但] 做了某件不公正之事确实不能等同于行不公正，遭受了某件不公正之事也不

正文　注释

等同于遭受了不公【246】。做公正之
1136a30 事与受公正对待也是同样的关系。因为如果无人做不公之事，遭受不公就是不可能的，或者如果无人做公正之事，受公正对待也是不可能的。

还有，如果做不公之事完全在于有意加害某人，而"有意"意味着，知道加害于谁，用什么手段加害，如何加害，而且如果某个不能自制者自愿伤害自己本身，那么他是自愿遭受不公的，这样说来，对自己本身施行不公也似乎是可能的，不过这也就
1136b 是需要解决的问题之所在，即：人是否[真的]能够对自己本身施行不公正？

再次，由于不能自制，人可能自愿地让某个他人——此人同样愿意做——来伤害自身，从而有意地遭受不公，似乎是可能的。

或者是否是因为我们的规定不确切，而是在加上了明知加害于谁，加害的手段和方式这些伤害发生所必
1136b5 须的条件后，还要进一步附加：伤害必定是违背被伤害者的意愿的？如果是这样，人即使能够自愿被伤害和经受某件不公之事，但无人能够自愿遭受不公。【247】因为无人有这种[让自己遭受不公的]愿望，不能自制者也没有，相反，不能自制者是在做违背他自己意愿的事。确实，一方面没有人希冀他自己也不认为是正派的东西，另一方面不能自制者也

【246】参考前面所作的区别：一个是具体的事实，一个是规范的概念。只在如此意义上，这里的说法才是可理解的。

【247】Meiner 版在"不公之事"前加了一个"质料的"定语，而在后面的"不公正"之前加了一个"形式的"定语，意思是说，忍受某件"质料性的"不公正是有可能愿意的，但忍受"形式性的"不公正则无人愿意。

注释　正文

【248】德文版的 11 到此结束。

Meiner 版认为这一章紧密联系关于自愿的规定，处理了 6 个难题：（1）出于自愿地遭受不公正是可能的吗？（1136a10ff.）；（2）每个遭受了不公正事情的人，也遭受了不公正吗？就是说，在关于行不公正时所作的区分在这里也通用吗？（1136a23ff.）；（3）是给予太多者还是接受太多者在行不公正；（4）人能对自己行不公正吗？1136b16，参阅 1136a34；（解决 1138a6ff. 这个问题和下两个问题是我们译本 13 讨论的主题）；（5）行不公正和遭受不公正，哪个更恶劣？1138a28ff；（6）在哪种意义上能说是对自己行了公正？

不做他自己相信应该做的
事。但是，一个献出自己财 1136b10
富的人，如同荷马让格劳库斯（Glaukus）给狄俄梅德斯（Diomedes）：

“以黄金甲胄换青铜盔甲，

以百头肥牛只换同等价值的九头。”

不能说是遭受不公，因为“给予”[的始因]在他自身，但遭受不公[的始因]则不在于我们，而在于那个施行不公正的人。

这就说清楚了，遭受不公正是不自愿的。【248】

12. 谁的行为不公正？

还有两个我们前面已经
提到的问题，要做出解答。 1136b15
一个是，是给予太多的人行不公正，还是得到太多的人行不公正；另一个是，人是否也能对自己施行不公正。

就第一个问题而言，如果前面所说的是可能的话，是给予太多的人，而不是得

正文　注释

到太多的人行为不公正，那么那个明知别人比自己分得更多，他也愿意的人，就是对自己做了不公正的事。但是，那些谦让的人似乎恰恰
1136b20 是习惯于这样做的。因为体面的礼让者倾向于比自己应得的少取一点【249】。不过，这是不是说得太简单了？因为他可能在别的好事上得到更多，例如荣誉或者高贵本身。

对这个问题的另一个解决办法就是对行不公正做出更准确的规定。我们所说的那个人，没有什么是违背他的意愿的，所以他 [即使比他应得的少取一点] 也没有遭受
1136b25 不公正，最多只是受到一点损失。

通常这也就清楚了，是给予者而不是那个得到太多的人在行不公正。不是这个在他身上发现有不公正事情的人，而是那个任意地允许这样做的人在行不公正。因为行为的始因在他这里，在这个给予者身上，而不是在接受者身上。

1136b30 其次由于“行”具有多种意义，例如杀人，既可以通过一个无生命的东西来实行，也可以通过一只手【250】和一个受主人指使的奴隶【251】来实行，那么诸如此类的东西都没有行不公正，而只是有不公正的事情（sondern nur, was unrecht ist）。【252】

最后，谁要是在不知情的情况

【249】这是采取 Reclam 版的译法，Taschenbuch 版译成“倾向于放弃”，太过，Meiner 版类似于苗译本（自奉简约），用的是 Selbstverkürzung（自我缩减），意思不太明确，故不采用。

【250】例如自杀者的手。

【251】亚里士多德把奴隶视为有生命的工具。

【252】因为无生命的东西，手和奴隶，都是被动执行的工具，不是行动的主动命令者，行动的“始因”不在它们那里。行不公正之“行”在亚里士多德看来，是主动的，是“始因”之所在，是有意而为的。这句话 Taschenbuch 版和 Meiner 版都是这样译，意思不明确，Reclam 版的译法显然明确得多：“在这种意义上自然并没有发生（有意识的）不公正行为，但按照规范发生了某种不公正的事情”，但显然是加了译者自己的发挥在里面。

◀ 注释　正文 ▶

下作了一个判断，他不是在合法之法的意义上行不公正【253】，而且他的判断即使在某种程度上也有不公正之处，但不是不公正。因为合法之法不同于原初的法、自然法［对这种法人们不能不知道］【254】；但如果他是在完全知情的情况下作了不公正的判决，那么 1137a
他就给予了自己太多的恩惠或者给予别人太多的报复。同样，如果一个人指望得到一份不公正的好处，他出于这种动机做出了不公正的判断，那也就是占有太多。因为尽管出于这种动机而对一块土地进行裁决的人，虽然得到的不是土地，却能得到金钱。【255】

【253】这句话依据 Taschenbuch 版译，Meiner 版和 Reclam 版都是译作："一个法官在不知情的情况下作了一个判决"，Reclam 版还对"不知情"加了一个补充语："对事情的具体细节不知情"，这样说似乎很难理解，一个法官在不知情时为什么能作出判决？法官不知情而做判决，本身就是一件很可怕的事情。Taschenbuch 版没有译作"法官"而译作"谁"，"某个人"就好理解一些。

【254】Reclam 版和 Taschenbuch 版都只有"原初的法"（das primäre Recht）或"第一法"（das erste Recht）之说，意义极不明确，这里采用了 Meiner 版的译法，把"原初的法"进一步明确为"自然法"，即在"自然的公正"意义上的"未成文法"，而不是现代意义上的"自然法"。［　］里的注释是德国著名的亚里士多德阐释者 Eugen Rolfes，即 Meiner 版的译者所加。这里阐释的原因，请参阅 Meiner 版的注释 S.295。同时请参阅 M.Salomon:Der Begriff der Gerechtigkeit bei Aristotles,1937,S.64ff.

【255】德文版的 12 到此结束，如下是德文版的 13。英文版这两章未分。

13. 做公正的人实际上很难

人们以为，行不公 1137a5

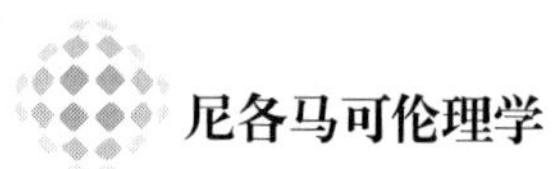

正完全是他们想做就能做的事，所以做个公正的人也是轻而易举的事。但实际上事情并非如此简单。与邻妇同居，殴打伙伴，向人行贿，确实容易，想做就能做，但是，出于某种确定的品质而这样做却并不容易，不是人们想做就能做到的事。

1137a10 同样，人们以为，知道什么是公正的，什么是不公正的，这并非什么特别的智慧，因为法律所颁布的东西并不难理解。但法律规定与"公正的"并不等同，因为它是偶然的；但具体的行为如何必须要这样做，分配如何必须要这样来分，这才涉及真正"公正的"之所是。知道这些比知道治疗方法更难，因为理解蜂
1137a15 蜜、葡萄酒、芦根、熏灸和开刀的作用是不难的，但要知道如何必须使用这些治疗方法，在谁身上使用，何时使用，才能够恢复健康，这恰恰就像当医生一样是困难的。

出于同样的原因人们也以为，公正的人也同样有能力行不公正。因为公正的人不仅同样能够行不公正，而且可能更有能力施行每一种具体的这种不公正行为：他可能同样会跟某个
1137a20 妇女同居，会打人，就像勇敢的人同样会丢盔弃甲，绕到敌人的背后，甚至茫无目标地逃跑。但是，说一个人是怯懦的人和说一个人做不公正的事所意味的并不相同。[要是说一个人是行不公正的人]，就要抛开出于偶然而为的事，而是相反，从出于相应的品质而做这类事，[才可这样说]。这恰恰就像一个医生，
1137a25 治病救人不意味着简单地开不开刀，给不给药，而是在特定的意义上来做这些事。

公正存在于分有了那些单纯自为地看是有价值的善物【256】的存在者当中，而且其中有

【256】这段话照 Reclam 版译，因为这里所说的"善物"明显地是指"外在的善"，但 Taschenbuch 版译作 Schlechthin Guten(绝对的善)，但这显然与后面说诸善拥有太多不可思议相矛盾。

些人可能分有得太多，有些可能分有得太少。
因为在有的存在者那里——例如，我们可以
设想，在诸神那里——拥有太多这样的善物
是不可思议的。而在另一些存在者——不可
救药的坏蛋那里——哪怕分有了最小的善也
一无所用，反而只会损害全部。最后在另一些 1137a30
别的存在者那里，善物都是物尽其用。出于这
个原因，公正是一种本质上属于人类的事务。

14. 公平及其与公正的关系

我们接下来讲公平（Billigkeit, Epikie）
和公平的事，阐明公平和公正以及公平之事
和公正之事的关系【257】。因为通过考察我
们清楚地看到，两者既非完全一样，也非根
本不同；有时我们称赞某个事情和某个人是
公平的，在这样称赞时是用公平代替好，转 1137b
而也把公平用到对其他事情的理解上，称赞
越公平的事情越好。有时，如果我们坚守逻
辑的话，也会遇到隐含的矛盾：公平之事值
得称赞，但应该是次于公正之事的。因为如
果两者是不同的事情，那么或者公正之事并
不确实好，或者公平之事并不公正，但是，如 1137b5
果它们两者都好的话，它们就是同一回事。

【257】罗尔斯有“作为公平的正义”之说，与亚里士多德的公平公正是不一样的。罗尔斯是把作为公平的正义作为社会制度的首善，而亚里士多德主要是从人的德性品质上谈公平和公正，尽管亚里士多德也有制度上的含义，但那只是包含在作为“总德”的公正那里。

大概就是从这个原因中产生出公平概念的一些困难。所有说法都仅只在某种程度上是正确的并免于自相矛盾。因为一方面，同某种程度上的公正相比，公平是更好的

正文　注释

公正；但另一方面却不能在两者是不同种类的东西这种意义上以为公平比公正更好。所以，公平之事和公正之事是同一回事。两者确实都好，不过公平更好。

所以困难就来了，公平的事虽然是某种公正的事，但不是法律意义上的公正，而是作为对法律公正的一种纠正。原因在于，所有法律都是普遍的，但在某些具体事情上，并不能靠一个普遍的法规做出正确的规定。所以，凡是在触及某个一般性法规并不能够完全正确地解决问题之处，法律考虑的是多数情况，并非不清楚这种方式有其缺陷。尽管如此，几乎没有什么理由不说这种做法是对的，因为错误既不在于法律，也不在于立法者，而在于事情的本性。因为人的行为领域中的所有素材从来都是以此方式存在的。

因此只要法律表达的是普遍规定，就会具体地出现某种情况不能被涵括在普遍的规定中，这就是所谓的缺陷，如果这种具体情况未能引起立法者的注意，只表达普遍，这就发生了错误，所以，正确的做法就是纠正这种错误和缺陷，就像立法者如果自己注意到了这种情况也会做的那样。而且，如果他真的意识到了这种缺陷，那么就会在法律中对之做出规定了。所以，公平是一种公正，且比某种程度的公正更好一些，但不是比一般公正更好，而是比那种有缺陷的（因为它不了解差别）公正更好。

进而言之，公平的本性就是这样：它是对法律因其普遍性而总是带有的缺陷的纠正。

这也就是不是所有事情都要靠法律来调节的原因。因为在有些事情上不能靠立法来解决，以至于在这里需要公民表决（Plebiszit）【258】。

【258】“公民表决”不能译成“由判决来决定”，黑格尔就正确地看到，尽管法律是客观的东西，但法律需要由法官来判决，而法官的判决恰恰带有其主观性，从而难以保证法律的公正。

正文

因为在不确定的事情上，甚至也有某种不确定的尺
规，就像勒斯比斯的建筑师用铅绳（Richtschnur 1137b30
aus Blei）作量尺一样，因为铅绳测量石头的形状，
不会保持僵硬。在此意义上，公民表决对于一个特
殊的实际事情的衡量也保持着弹性。

这样我们就说清楚了，什么是公平以及公平为
什么是一种公正并比某种程度上的公正更好。从这
一点我们也看出了，什么样的人是公平的人：公平
的人有公正的意愿，选择做并根据公正来做公正的
事，即便有理，他也不会把他的理推向极致而损害 1137b35
他人，而是在哪怕法律真的支持他的时候，也知道 1138a
得理饶人。这样的人就是公平的，他的品质是公
平。公平是公正的一种类型，而不是与公正不同的
品质。

15. 施行不公正和遭受不公正的关系，能否对自身施行不公正

从上述言论中现在也就清楚了，一个人能否对自己行不公正。

首先，公正在一种意义上就是法律所允许的与 1138a5
每种具体的德性相关的行为。例如，法律不允许人
自杀，而凡是法律不允许的，就是它所禁止的。

其次，如果有人故意违法伤害了某人，因此并
非是对他所遭受到的伤害的报复，他就是行不公
正。说他故意，是因为他知道行动是针对谁以及用
什么工具完成该行为。但如果谁出于怒气而伤害自
己，他是自愿地违背理性做了法律所不允许的事 1138a10
情，所以，他是行不公正。但对谁不公正？难道这

正文　注释

是对城邦不公正，而不是对自身不公正？是的，因为人能自愿地受点苦难，但没有人自愿地遭受不公正[259]。所以城邦也要惩罚他，要让自杀者丢脸，把他当作一个似乎真的有害于城邦的人。

1138a15 如果有人只是在他所做的某件不公正的事情上是个不公正的人，并不表明他完全是个恶人，那么也不能说他对自己施行了不公正。因为这种［就某一特定的方面而言的］不公正与那种［一般法律上的］不公正不是一回事。这种不公正的坏处在某种方式上大概相当胆怯，所以不能说他品质上完全恶劣，因此他也不是在这种意义上对自己行不公正。

如果我们假设一个人能够对自己行不公正，就等于说我们可以在一个人身上同时增添某种东西和减去某种
1138a20 东西，而这是不可能的：公正和不公正总是以多个参与者之间的关系为前提。

其次，行不公正是自愿的，故意的和［比遭受不公正］在先的。因为有谁遭受了不公正而对别人实施同样的报复行为，这似乎不是行不公正。但是，如果是对自己行不公正，那他必定就要同时既施行又遭受某种东西。

再次，人简直不可能自愿地遭受不公正。

此外，无人不是在从事一个具体

【259】对这句话的翻译和阐释原有中文版不太一样。英文的翻译是："since he suffers voluntarily,and no one voluntarily suffers injustice"，德文翻译完全相同："Er leidet ja freiwillig,und niemand leidet freiwillig Unrecht"。所以上半句的surffers和leiden都是作为不及物动词，表示"受……"或"受苦"，后半句是作为及物动词才出现"遭受不公正"。

注释　正文

的不公正行为中，行不公正的。但 1138a25
一个人不可能与自己的妻子通奸，
也不可能到自己的家里实行入室抢
劫或者偷窃自己的财产。

总的说来，人能否对自己行不公正的问题，我们一再地从先前的规定——无人能够自愿地遭受不公正——出发，通过分析各种可能性而得到了解决。

这也就是看清楚了，遭受不公
正和施行不公正，这两者都是恶。
因为这意味着遭受不公正者是所得
少于适度，施行不公正者则多于适 1138a30
度。而适度就好比医术中的健康和
体育锻炼中的好体力。但更加恶劣
的就是行不公正。因为行不公正导
致自身[品质]的恶劣和该受谴责，
而这种[品质的]恶劣或者是完全
彻底的恶劣，或者是接近于它，毕
竟不是所有自愿的事情都是不公正
的；但遭受不公正并不导致自身
[品质]的恶劣和不公正。所以遭 1138a35
受不公正本来是较小的恶，但随之 1138b
偶尔也完全有可能转化成较大的
恶。然而，没有什么科学能够判断
这种偶然情况，相反，从科学上
说，胸膜炎比扭伤更加严重，但偶
尔确实也会出现相反的情况：一个 1138b5
人因扭伤摔倒就可能被敌人俘虏而
丢掉性命，[在此情况下扭伤就比
胸膜炎严重多了]。【260】

但是在比喻的和某种程度的类

【260】Taschenbuch 版对这一段的注释说，这一段之所以令人诧异，是因为它在三种不同的“恶”（或“坏”）之间做出了并不清楚的区分：一是形式上的恶：对在过度和不及之间的中庸的偏离；二是非道德的不幸概念，小的不幸偶尔也比大的不幸更加恶劣；三是伦理上的可耻概念。但仔细阅读这一段，应该说是非常清楚的，它作为这一章主题的总结，认为遭受不公正和施行不公正，这两者都是恶，但施行不公正更加恶劣。所以如果说，有三种“恶”的形式概念的话，都应该围绕这个问题来解答，即为什么施行不公正更加恶劣？因为它是出于品质上的恶劣，这应该就是“伦理上的可耻”概念，它是该受“谴责的”。而遭受不公正由于是被动的，不是出于品质上的问题，它是小的恶，但不排除小恶变成大的不幸的根源。

正文　注释

似性意义上，诚然在个人对他自身这里不存在什么公正，而部分的公正倒是存在于他自身的不同部分之间。可是，并非每一种公正都是这样，而只是能够同主人与奴隶、或家父和子女之间的公正有类似的意义。因为灵魂的有理性和无理性的部分之间的关系就是以这种方式对待的。【261】
1138b10 有鉴于此，人们误以为也存在着个人对自己的不公正，因为人们能够忍受某种对自己欲求的违抗。所以以为如同在主人和下属之间存在着某种公正那样，在灵魂的各部分之间也应该存在某种公正。

关于公正与其他德性我们就以这种方式谈到这里。

【261】在此突然又提到了灵魂两部分与公正的关系，Taschenbuch 版的注释说，亚里士多德在这里显然又想到了柏拉图，因为灵魂三部分之间所实现的和谐正是柏拉图城邦正义的原则，灵魂的三个部分对应于城邦的三个等级。但由于亚里士多德把灵魂区分为有理性的和无理性的两部分，所以这两部分只有如同君臣那样的统治关系，他把这种关系看做如同父亲对子女那样的关系，是在比喻的和类比意义上的"公正"，但不是真正的公正。关于这种治理关系的类型，请参阅亚里士多德《政治学》，卷一，章十二。

第六卷

理智德性论

◀ 正文　注释 ▶

1. 理智德性引论

1138b17 由于我们在前面已经说过，人们应该选择中庸，而不要选择过度和不及，而且由于中庸是由正当的尺度【262】规定的，那么我们现在就想对此进行考察。

1138b20 在所有到此为止已经提起过的品质中，如同在其他领域一样，有一个凡有理性禀赋者都要瞄准的目标点，它的力量有张有弛；有一个度，即中庸，它在过度和不及之间合乎正当的尺度。

1138b25 这种规定虽然大体正确，但尚不明确。因为在另外一些活动上也会有一门科学正确地说，人们必须张弛有度，既不要奢求太多，也不要操心太少，而应该保持适度，合乎正当的尺度。但是，如果我们只是知道这一点，那就还不明白任何具体
1138b30 的东西。例如，如果我们只是简单地听说医学以及熟悉医学的人所规定的东西，那

【262】Reclam 版译作：die richtige Planung（正确的谋划），Taschenbuch 版的译法：die rechte Einsicht“正确的洞见”（明见），Meiner 版是译作 die rechte Vernunft（字面意思是“正当的理性”，但“理性”是对 Logos 的翻译，“逻各斯”有“尺度”、“分寸”的含义），所以我们依据 Meiner 版的译法，译作“正当的尺度”。因为整个第六卷开始考察理智德性和前面五卷考察伦理德性是不一样的，伦理德性基于灵魂的非理性部分和性情相关，因此中庸依靠理性的指导和训练；而理智德性基于灵魂的真正理性部分，它的德性依赖于智慧和灵智对行为的最高原理和最终的实际作出“正确的洞见”和合理的判断。而合理判断体现的是就是“逻各斯”的“正当尺度”，当行为遵循逻各斯的正当尺度时，我们说这是“理智的”，当“理智”受灵魂的灵智（努斯）的指引有“正确的洞见”时，“理智”才是“明智”。

注释　正文

就还是不知道，究竟该用什么营养品来滋补身体。

所以，仅仅知道灵魂的品质，哪怕所称的原理是正确的，也还是不够的，我们还必须准确地规定，正当的尺度是什么，它如何能够变成品格。

2. 灵魂有理性部分的德性

在我们划分灵魂的德性时，已经说过， 1138b35
它一部分是伦理德性，一部分是理智德性。 1139a
那么，在讨论了伦理德性之后，我们就将诠释理智德性。我们首先还是对灵魂本身做些注释。

先前已经说过，灵魂有两个部分，一部
分是禀有理性的，一部分是没有理性的。但 1139a5
现在我们还要进一步对灵魂秉有理性的部分进行划分。我们的前提是，灵魂秉有理性的部分也有两个部分，一个部分，我们是用它来洞见那些其本因不可改变的存在者的；另一个部分则是用它来洞见那些可变的存在者的。因为对于不同种类的事物，也要用灵魂的不
同部分来洞察。这种看法依据的是，灵魂不 1139a10
同部分中的认识能力与不同性质的认识对象之间有某种程度的类似性和亲缘性。而灵魂的这两个部分，一个称为“认知的”（epistêmê），另一个称为“推理的”（logistikon 或 ratiocinierende）。由于权谋和推理【263】是

【263】Taschenbuch 版把“推理”译作 Berechnen（算计），是不可取的。虽然古希腊的 Logos 经过拉丁化变成 Ratio（理性）走的就是算计、数量化推理的路径，直到现代形成算计的工具理性，但在亚里士多德这里，这种理性还没有出现，它还是代表宇宙（世界）秩序和尺度的 Logos（逻各斯）。

一回事，而且没有人去权谋不能变化
的事物。所以推理的部分是秉有理性
的灵魂的一部分。

1139a15 现在要探究的是，这两部分各自
的最佳状态是什么样的，因为最佳状
态就是它们各自的德性。而德性就是
自己固有的最佳品格的实现。【264】

在灵魂中有三种能力操纵行
动和真理性认识：感觉、理智和欲
求【265】。在这三者中，感觉不可能
是行动的始因，这可先在动物身上
明显看出来：它们虽然有感官知觉能
1139a20 力，但不能分享我们的行为能力。其
次，理智思考时所肯定和否定的东
西，就是在欲求中所追求和逃避的东
西。因此【266】，既然伦理德性是意
志抉择的品质，而意志抉择又是经过
权谋的欲求，那么，只要意志是善良
的，那么理性的考虑必须是真实的，
意志欲求必须是正当的，而且由理智
1139a25 思考所肯定的和由欲求所追求的，就
必定是同一个东西。

这就是实践的理性和真理。理论
理性领域内的好与坏，不与行动和制
作相关，是[认识上的]真与假。因
为辨别真假是每一种理性的功能。实
1139a30 践理性则相反，它要达到特殊的真，
即与正当的欲求相一致的真。【267】

把行动的原则作为动因（而不是
作为目的）就是意志，意志抉择的原
则是对目的的欲求和目的的概念。所
以，意志选择既不可能脱离理智和思

【264】关于这里对德性的规定也请参阅1097b30—1098a15，特别要参阅卷二1106a15—24。Taschenbuch版认为在这里亚里士多德奠定了“德性的形式概念”：作为在每个现存领域中的最佳选择；它同作为许多伦理品德的“德性的质料概念”是完全不同的。

【265】对这三个概念的详细讨论，请参阅亚里士多德的《论灵魂》。这是后来康德把人的心灵能力划分为“知、情、意”三部分的原型。

【266】Meiner版的注释说，这个“因此”预先说出了下文的“实践的真（理）”。

【267】这里要注意的是，亚里士多德强调了理论的，即科学认识的真，实践的、行为的（特别是德行意义上的）真和制作的（包括诗艺和工艺意义上的）真，是不同层次上的真。认识上的真，我们一般称之为“真理”，道德实践意义上的“真”，我们一般称作“真诚”、“真实”；诗艺意义上的真我们一般称之为“真实”、“真切”。但是，

考，也不可能脱离伦理品格。因为一个正当的行为品格及其反面，脱离理智的思考【268】和伦理品格是不能实存的。 1139a35

但理智思考完全不是仅仅为了自身而动，而只是为了瞄准一个目的和实践而思考。这种思考也是制 1139b
作性的思考的源头。因为每一个制作者都是为了某个特定的目的而制作他的产品，制作作为活动本身不是目的，而是为了某物并由某物来制作。实践则相反是目的自身。因为正当的行为就是一个目标，是追求之所向。

所以，意志抉择或者是欲求中的理智或者是有理智的欲求，而相 1139b5
应的行为本因是人。

此外，意志选择的对象不可能是过去了的东西，就像没有人决定要去摧毁［已经不存在了的］特洛伊城一样。确实也没有人为已经过去了的东西斟酌或出主意，而是为将来的和可能的东西考虑和出主意。已经过去了的事情不可能将其挽回。所以阿伽通【269】说得对： 1139b10

哪怕神灵也做不到

使已经发生的事不发生

所以求真是理性两个部分的功能。理性每一部分的德性就依据于这种求真的品质，每个人通过这种品质才能最有保障地获得真知灼见。

Meiner 版在这里有个注释，特别申明德语中无法准确翻译实践意义上的，即作为动词的“真”，他说一般德语译作“真知”（Wahrheitserkentnis），“真切”（Treffen der Wahrheit）是不准确的，但又不可能有别的译法。从这个意义上，我们可以理解为什么海德格尔在对亚里士多德进行现象学阐释时，要破除那种认识论上的真理概念，要从“生存论”的角度把实际生命的“本真”的显现、到时与他的 Dasein（此在）联系起来，也许这种方式确实可以弥补德语无法从动词意义上表达“实践的真”的遗憾。关于海德格尔的相关分析，可直接参阅《海德格尔全集》第 28 卷。中文请参阅孙周兴译《形式显现的现象学：海德格尔早期弗莱堡文选》：“对亚里士多德的现象学阐释”篇。

【268】有的版本只译作“思想”（Denken），有的只译作“理智”，我们按照上下文译作“理智的思考”。

【269】阿伽通（Agathon），大约出生在公元前 450 年，苏格拉底时代的悲剧诗人，其作品已经遗失。

正文

3. 灵魂命中真理的五种能力：科学

为了更详尽地讨论理智德性，我们现在从一个新的出发点开始。

灵魂借以采取肯定和否定的方式命中真理的能力，在数目上有 5 种，即技艺、科学、明智、智慧和灵智。单纯的推测和意见不属于这些形式，因为它们会蒙骗我们。

什么是科学，如果我们要准确地表达它，而不是得到一般的似是而非的含义，那我们要从如下分析把它说清楚。我们都认为，人们所知的东西，不能以不同的面目出现，而能够以不同面目出现的东西，只要它不再出现在我们眼前，我们就不知道，究竟还是不是它。所以，科学知识的对象是出于必然性的。因此它是永恒的，因为所有出自必然性的东西都是永恒的。而永恒的东西既不生成也不消逝的。

其次，每门科学都显得是可教的，知识的对象是可学的。但如同我们在《分析篇》也说过的那样，教学要从已知的东西开始，不论你用的是归纳法还是演绎法。归纳也是以普遍的东西为原理，而演绎则相反从普遍的东西出发。因此，作为演绎之前提的普遍原理，不再能够通过某种演绎获得，归纳就在这里出现。

所以，科学是一种求证的品质。至于还想进一步对科学的所有其他品质都做出这种概念的规定，我们在《分析篇》中已经做了。凡是在有某种特定的确信存在的地方，而且人们认识到了普遍原理，这里就有科学了。假如人们对普遍原理的认识不如对结论的了解那么完善，那么他所拥有的知识，如果算是知识的话，只是偶然的。

对科学我们在这里就只讲这么多。

◀ 注释　正文 ▶

4.技　艺

只有在允许改变的事物上， 1140a
才有制作和行为的可能，而这两
者是有区别的。【270】因为制作和
行动是两种不同的活动—对此，
我们从通俗的入门书【271】就可
相信——所以，以行动为指向的
理智品质也就不同于以制作为指
向的理智品质，所以没有哪一个 1140a5
能包含在另一个之中。因为行动
不是制作，制作也不是行动。

例如，建筑是一种技艺，本
质上是一种与理性相联系的制作
的品质，但假如没有哪种技艺不
是一种同理智相联系的制作的品
质的话，也没有哪种制作的东西
不是技艺的话，那么，技艺和同
正当的尺度相联系的制作的品质
就是同一种东西。 1140a10

每种技艺本质上都与形成相关，形成的过程就是在试验与考察，如何能够把某个既可能如此存在，也可能不如此存在的东西（因其实存的根源是在制作者中而不是在被制作的东西中）形成为某个特定的东西。因为技艺这种

【270】亚里士多德在此的论证是采用他一贯的“排除方法”。他的意图是很明确的：既然科学认识不允许其对象（尤其是基本原理）发生改变，而人的基本品质恰恰是在同可变的事物打交道时才体现出来。它涉及这一章所讨论的“技艺”（实际上指的“实践能力”）和下一章所讨论的“明智”（实际上更多地是指“伦理的明察”），所以，“明智”既不可能是科学的认识，也不是单纯的技艺（实践能力），而只能是某种品质。整个这一卷研究的真正目的就是从讨论明智与科学认识和“技艺”的关系中凸显明智这一“理智德性”的特点。

【271】Reclam 版注释说，原来有一本亚里士多德汇编的关于区分定义和概念的入门手册，后来遗失了。

正文 注释

实践能力既不与必然的存在者或生成者打交道，也不与自然形成的东西相关，因为这两种东西实存的根源都在它们自身之中。

既然制作和行动是不同的，那么技艺必定属于制作，而不属于行动。而在某种意义上，技艺和碰运气是一回事。正如阿伽通所说：

“技艺偏爱运气，运气也偏爱技艺”

所以技艺，如上所述，是一种与正确的理智相联系的制作的品质，而违反技艺的东西，笨拙无技，则是同错误的理智相联系的制作的品质，两者的对象都是可变的事物。

5.明　智

什么是明智【272】，我们可以通过观察什么样的人是明智的来把握。明智的人看来善于权谋对他而言是好的和有益的事情，这不是指具体的好或有益，像什么对他的健康或者体力好或有益这样，而是对好生活整体上有益。这可以从这一点得证：我们也称那些懂得处理具体事情的人是明智的，前提是，他们在这些小事上的聪

【272】即希腊文的 Phronêsis，英译者译作 Prudence 较多，德文译者有的译作 Praktische Weisheit（实践智慧），有的译作 Klugheit（聪明），有的译作 die sittliche Einsicht（伦理洞见）。考虑到这一卷讨论的是“智德”，Phronêsis 就必定要与“智慧”相关，译作“聪明”（由于“小聪明”在我们汉语

注释　正文

明才智是鉴于某个高尚的目
的【273】，而这个目的又不属于实 1140a30
践技巧的对象。这样一来，也可以
说一个在总体上能够做出正确权谋
的人是明智的。

但确实没有人去权谋不允许改
变的事情或者他根本不可能对其做
出任何改变的事情。【274】既然科
学是基于严格的演证，而在那些基
本前提都是可变的事物上，就不可
能进行严格的演证（因为在演证时 1140a35
给定的东西完全可能已经变得不一
样了），而且，既然人们也不可能
对以必然性实存的事物进行权谋， 1140b
那么，明智既非科学认识，也非技
艺这种实践能力。不是科学认识，
是因为［明智属于实践理性，而］
行动的领域是变动不居的；不是技
艺，是因为行为和制作是不同种类
的东西，因此只剩下一种可能：它 1140b5
是在涉及对于人或好或坏事情上的
一种与正当的尺度相联系的行动的
品质。制作有一个在它自身之外的
目标，而行为却不是这样，因为好
的行为本身就是一个目标。

出于这个理由我们相信，伯利
克里（Perikles）【275】以及类似的
人是明智的，因为他们具有一种锐
利的眼光，能够明察什么东西对于
他们本身以及对于人类是善的或有
益的，人们把这种眼力视为齐家治 1140b10
国【276】的德性。

中是个贬义词，也与亚里士多德的原义不合）肯定不妥，译作“实践智慧”又嫌累赘，且没有反映出这种“智德”与“努斯”这种“灵智”以其灵魂之眼对“最高原理”的“伦理洞见”这一“明明德”的含义，因此，我认为以“明智”来翻译它能准确地表达 Phronêsis 的原义。

【273】Taschenbuch 版是译作“严肃的目的”，可参考。

【274】参阅第三卷 3 和本卷 1139a13 之后。

【275】伯利克里(Perikles)，雅典著名政治家、思想家。在这里，亚里士多德把政治活动视为一种明智的理智德性，与柏拉图表现出来的对雅典政治家的批判形成鲜明对照。

【276】Taschenbuch 明确地译作：in der Verwaltung eines Hauses oder eines Staate（在治理一个家庭或一个国家当中）体现出来的德性，这与我们儒家讲的“齐家治国”是一致的。

正文　注释

所以，我们也使用Sophrosyne【277】这个词作为一种品质的名称，因为它为我们保存了“明智”【278】。而它所保存的，正是要求要有明智的判断力。不是每一种判断力都能被快乐和痛苦的体验所破坏和搅乱，例如，三角形的内角之和是否等于两个直角这样的判断就不会，相反，对于行动的判断则会。行动之发端在于它目的。但一个被快乐或痛苦搅乱了内心的人，就不再能够明察行为的始因是什么，不再明白因他自身之故所选择的和应该做的是什么。因为这种心境的败坏原则上摧毁了行动的始因。所以，明智必然地是在与人的好坏相关的事情上的一种与正当的尺度相联系的行为品质。

同时要注意到，技艺有完善的阶梯，明智却没有。一个在技艺上故意出错的人技高一筹，在明智上则相反，如同德性一样，一个故意犯错的人更加恶劣。由此可见，明智是一种德性，却不是一种技艺。但由于灵魂之有理性禀赋的方面也有两个部分，而明智只能被划入

【277】司徒博教授比较详细地考察了这个概念的词源，它在希腊文中的本义由词根 soon（健康的、救治的）和 phren（理智）组成，因此，sophrosyne 代表健康的、健全的理智。它的词源是 metro（希腊语表示“尺度”），其来源于古埃及代表公正、秩序和尺度的 Maat。于是在希伯来语中 midah，拉丁语中有 modestia。因此，这就是亚里士多德所谓的“中庸”（mesotes）：度、尺规、保持适度是其基本含义。所谓明智的判断是对“适度”的权衡，也即在具体情境中“对我们何时是适当的，如何做才到位的把捉”，所谓“对我们是得体的”（mestotes pros hemas）、恰当的，就是这个意思。参见［瑞士］司徒博：《环境与发展——一种社会伦理学的考量》，邓安庆译，人民出版社 2009 年版，第 129—134 页。

【278】“明智”在这里是在“伦理明见”（die sittliche Einsicht）的意义上说的。

【279】Meiner 版在此特别申明，它修正了一般译本的这一译法：“但由于灵魂之有理性禀赋的部分也有两个部分，那么明智属于其中一个部分，即‘发表意见’这一部分的德性，因为意见与可变的事物相关，而明智也就是与这样的事物相关。”如果这样译的话，就明显与上文 1139b17:“单纯的推测和意见不属于这些形式（指：灵魂求真的

注释　正文

这一部分［的德性］：其功能是进行推理或发表意见（tou doxastikou）。【279】但它确实也不只是一个合乎理性的品质，这可由此得证：一种单纯合乎理性的品质会被忘记，但明智却不会。 1140b30

6. 灵智（努斯）

由于科学是对普遍的和出于必然的东西进行把握和判断，而所有可证明的和可知的东西都是从第一原理或最高原理推导出来的——因为科学认
识要求有根据——，所以，对可知东西 1140b35
的原理却没有科学，没有技艺或明智。
因为可知的东西是可证明的，而技艺 1141a
和明智所关涉到的对象都是可变的。

即便智慧也可能不与科学的第一原理相关，因为爱智者的特点是在每种情况下为某些东西提供证明。我们通过它们来发现真理而从来不会被错误所蒙蔽的方法有下述四种，一部分是在绝不能发生变化的事物的领域，一部分
是在能够发生改变的事物的领域，即 1141a5
科学、明智、智慧和灵智，而其中的三种灵魂能力，我在这里指的是科学、明智和智慧，都不触及科学的第一原理，那么就只剩下灵智与之相关了。【280】

五种形式（包括明智）——引者），因为它们会蒙骗我们。”所以，这段翻译我们依从 Meiner 版改正。

【280】在这里所列举的灵魂的认识品质不包括 1139b16 所列举的“技艺”这种“制作”能力，请在阅读时注意。

7.智　慧

有人把智慧【281】用来赞美技艺领域中的那些有最完美的技艺能力的大师，如雕刻家菲迪亚斯【282】，雕塑家波利克里托斯【283】。在这种用法上，智慧无非就是指技艺上的完美性。但除此之外我们认为还有一些人是在总体上有智慧，而不是在某一特定领域里，或者某一通常的见识（Hinsicht）上，如荷马在《玛吉提斯》中所说：

诸神既没有赐予他挖掘者或耕地者的智慧

也没有赐予他在通常事物上的智慧。

所以智慧是最完善的科学，而且有智慧的人不应该只知道从原理推导出来的知识，而且也应该鉴于原理本身来认识真理。如此一来，智慧如果是灵智和科学的结合就好了【284】，那它就可树立起这样一种科学：仿佛作为

【281】Reclam 版注释说，智慧（Sophia）合乎传统的用法包含了手艺和艺术（造型艺术和诗歌）中高精的能力和最高的认识。

【282】菲迪亚斯（Pheidias），伯利克里时代雅典著名的雕刻家，其代表作是巴特农神殿的雅典娜巨像。据说巴特农神殿的装饰性雕刻是在他的领导和监督下完成的，被认为是希腊雕刻艺术全盛时代的代表作。

【283】波利克里托斯（Polycleitos），菲迪亚斯同时代人，其代表作《荷矛者》即《执矛者》、《束发的运动员》、《受伤的亚马孙人》等；他还著有论述人体比例的《法则》一书，提出身长与头部的标准比例是 7 ∶ 1。

【284】请注意这句话是用虚拟语气，不然就会与上一章最后一段所说的“即使智慧也可能不与科学的第一原理相关……所以只剩下灵智与之相关了”相矛盾。

注释　正文

【285】请注意这段翻译与别的版本不同，它没有直接说“智慧不仅知道从原理推导出来的知识，而且也知道原理本身”，如果这样翻译的话，就与上一章1141a7讲的“科学、明智和智慧，都不触及科学的第一原理”直接矛盾。所以，它讲的是“有智慧的人应该知道”这些。所谓“应该知道”就是“爱智”，这与亚里士多德把哲学规定为“爱智”是一致的。哲人不是像神那样拥有全知的智慧，而只是对全知之智慧的爱，是对这种智慧的“追求”。这段翻译我们主要依从Meiner版和Taschenbuch版，而Reclam版在这里把“智慧”直接译作“哲学的智慧”有画蛇添足之嫌。所谓这样的科学以“最高贵的存在者”为对象，指的是“神圣事物”（die göttliche Dingen）。

【286】在这里“相同的东西”指的是“不可改变”、“不动的”东西，而下一句的“不同的东西”指的是“可变”、“运动的”东西。

【287】Meiner版和Taschenbuch版把这句话译成“不仅……而且……”，尽管只是“nur”的位置不同，但意思完全相反，故不采用。这里依然采用的是Reclam版的译法。同时请参阅1096a29—34，能对这句话的意思获得准确的把握。

科学的头脑而高于所有其他的科学，以最高贵的存在者为对象。【285】

如果有人认为，政治学或明智术是最高的科学，那就荒谬了，因为人不是宇宙中存在的最高贵的存在者。

况且，“好的”和“健康的”对于人和鱼是不一样的，反之，“白的”或“直的”永远都指称相同的东西，所以大家会说，智慧总是对于相同东西【286】而言的，明智总是对于不同事物而言的。在自己从事的具体事务中能认识到正确的人，我们当然称他是明智的，在诸如此类的事情上人们就信任他。某些动物由于在其活动范围内表现出某种预见能力，也被称之为明智的。

但我们也清楚地看到，智慧和政治学不可能是同一种东西，因为如果我们要把某个人在对自己有益的具体事情上的机灵应变称作智慧的话，那么就会有太多这样的智慧了。因为对于所有有生命的存在者都适用的共同善，不只是有一门科学，而是对于每种有生命的存在者都有一门不同的科学，【287】

因为否则的话对于所有实存者也就只有唯一的一门医学了。

说人在所有有生命的存在者中是最高贵的，这种说法没有一点分量。因为有另外的有生命的存在
1141b 者，就其本性而言远远高于人类甚至接近于神圣。最显而易见的例子就是那些存在者：这个宇宙就是由牠们形成的。

我们从上述所言明确得出的结论是：智慧是科学和以灵智来把握那些就其本性而言最为高贵的存在者。

所以人们也把阿那克萨哥拉、泰勒斯这类思想家视为智慧
1141b5 的代表，而不把他们视为明智的代表。因为人们看到，他们这些人不懂得洞察能给他们自己带来益处的事情，相反，他们只对超乎寻常的东西，令人惊奇的东西，难以理解的东西和神圣

【288】有人把此句译成"他们所追求的不是对人有益的东西"或"他们并不追求对人有益的事务"，是无法理解的。如果这样的话，智慧对人而言还有存在的可能和必要吗？要准确理解这里的意思，我们必须想到，这里所说的智慧的代表是前苏格拉底的自然哲学家。他们探讨的是"自然"、"天体"或者说"宇宙"的本原问题，而不关心人类的事务，因此对于人而言的善，不是他们关心的问题。但绝不能因此说"他们所追求的不是对人有益的东西"。在苏格拉底之后哲学才实现了哲学的"伦理转向"，把智慧的重心从"天体"转向"人生"，因此，这时的智慧才"探索"对人有益的事情。而且亚里士多德关于"对人而言的善"有其特殊所指，即对于整个人生，对于好生活、幸福而言，进而言之对于成就"人之为人"而言，什么是善，这是伦理学之为"人学"，之为"德性论"的特殊意义。从哲学史的这一演进过程，我们就可理解自然哲学家的智慧为什么不表现在人类事务上的缘由了。另外，这句话中的"追求"（suchen），实际上是"探索"、"研究"的意思，在此意义上，说自然哲学家不探索、不研究对人而言的善，是可理解的，但说他们所追求的不是对人而言的善，则无法理解。我们同时要想到，在前面（1140b8）亚里士多德已经把伯利克里这类政治家作为"明智"的代表，而前苏格拉底的泰勒斯、阿那克萨哥拉（他们都是伯利克里的朋友）则是"智慧"的代表。这种比照是很有意思的。亚里士多德为了区分明智和

注释 正文

的东西有意识，而这些东西对生活是无实际用处的，因为他们并不探索对于人而言的善。【288】

8. 再论明智及其种类

反之，明智则涉及人的事务和人能谋变的东西。因为我们首先就把能做正确权
谋称为明智之课题，但无人 1141b10
能对根本不变之物和无法实现之目标进行权谋。这里所谓的终极目标就意味着是通过我们的行动可以达到的善，而善于权谋的人，就是懂得如何通过权谋而命中行为所能达到的最大善的人。

明智也不仅仅考虑普遍
的东西，而且也必定了解具 1141b15
体情境。因为它本质上与行动相关，而行动就涉及具体情境。所以就出现了这种情况：有些人尽管对其能力本身并没有多少知识，但比有知识的人更会实践，在行动中更机灵，尤其是那些具有丰富实践经验的人。举个例

智慧所选择的这些代表人物是有争议的，尤其是与柏拉图对他们的评价很有分歧，请参阅柏拉图《泰阿泰德篇》174a4—8 和《大希庇亚篇》开头部分。

子来说，如果某人知道质感酥松的肉容易消化，有益健康，却不知道，什么肉的肉质酥松，他因此就不能做到恢复健康的目的。而一个知道鸡肉肉质酥松和有益健康的人，则能够达到这一目的。明智是实践的，因此人们必须拥有两者：普遍的知识和具体的经验，如果某人只能有一种，那就宁可偏爱后者。但在世俗的和人类的事务上，诚然也需要有一种更高的科学【289】来指导。

治国术和明智根本就是同一种品质，不过它们的内容和概念并不相同。城邦事务上的明智区别于立法事务上的明智【290】——后者是治国术的主导部分——而第二种，与治国事务上的明智拥有共同的称呼，这被视为在具体事务上的那种明智，其本质是行动和权谋。因为具体的城邦决定是要通过具体的行动来实现的，这是后一步【291】。所以人们只把这些人称作“政治家”，因为只有他们具有一种实践的“天职”，如同工匠那样。【292】

但流行的意见是把与自

【289】Reclam 版在这里加了一个括号 [治国术]。其余版本都是用“能力”而不是“科学”。

【290】只有 Reclam 版明确地把城邦事务上的明智和立法事务上的明智区别开来，而一般的版本在此段都含糊不清，似乎亚里士多德在这里是把这两者作为共同的明智，以区别于非政治性的一般事务上的明智。但仔细体会整个这一段的表述，亚里士多德是强调“立法事务上的明智”是“主导的部分”，以呼应上前面所说的“在世俗的和人类的事务上，诚然也需要有一种更高的科学来指导”，就是说，在“治国术”这一具体的城邦事务上，也需要“最高善”的主导。因此，译文依从 Reclam 版的区分。

【291】参阅 1112b19，在那里亚里士多德把对行动“第一因”(即原则) 的追溯看做是行动的“第一步”，而“第一因”在于行为的“终极目的”。所以“第二步”或“后一步”是考虑如何实现这一目标。

【292】Reclam 版在此作了一个注释，认为在这里政治家与立法者是对立的，前者是作国务决定并实践的人，后者是“主导性的工匠”。

注释　正文

己个人的具体事务相关的明智视为首要形式。这也是"明智"的普通称谓。不过，还有另外一些种类[是与许多人相关的【293】]，一种是理财术或家政学，另一种是立法学，第三种是治国术，这一种又包括权谋的明智和裁决的明智两种。

【293】这一句只有Meiner版有，其余版本没有。但没有这一句，似乎不能很好地把上下文连贯起来，因此我们依照Meiner版加了这一句。

9. 续论：明智不是操心自身功利等问题

懂得什么东西对自己个人有用，这诚然是一种明智，但人们对这种明智的看 1142a
法却很有分歧【294】。因为如果把懂得考虑自己的好处并把自己的事做得最好的人称作是明智的，那么操心公共生活【295】的人们就是一些白忙碌的人，所以欧里庇德斯说：

我有多明智，忙里偷闲，
作为人海中一员，
也能得到相同份额？ 1142a5
既不好高骛远，也不祈求多占——

于是，人们追求自己的个人

【294】一般译本把这句译作："但它显然与其他种类的明智有差别"，但这样译很难与后面的讨论连贯起来。所以我考虑采用Meiner版的这个译法。

【295】Taschenbuch版也把这里"操心公共生活的人"直接译作"政治家"，而Meiner版在这里是把这句话理解为"明智的人是否会为他人操心"的问题，我们同时考虑了这些不同译法的共同的东西。

利益，简直相信这样做是天经地义的。所以，说这样做的人是明智的，正是从这种谬误中得来的意见。

尽管如此，说一个不懂得如何齐家治国的人却懂得处理好他自己的事，这也几乎是不可思议的。【296】除此之外，不清楚的并需要考察的问题恰恰是，人们究竟该如何处理好他自己的事。

此说可从经验得证：一个在青年时期就已经是几何学家、数学家的人，总之在这些事情上可以算得是有智慧的人，却并不因此就是一个明智的人。【297】原因在于，明智与处理具体事务相关，而处理这些事情只有通过经验才变得熟练，而年轻人缺乏这种经验，因为经验需要日积月累才能形成。

不过有人也会提出这个问题，为什么一个青年人就已经能够成为一个数学家，却不能成为有智慧的或通晓自然智慧的人？之所以如此，原因就在于，数学问题是从抽象中产生的，而自然智慧的原理却是从经验中来。青年人对于这些从经验得知的对象不可能有确实的

【296】Reclam 版的这一翻译远比其他版本高明！它简直消除了其他版本对于上述论证的稀里糊涂的表达，同时，从这个思路出发，我们也能清楚地看到，亚里士多德所倡导的“明智”之德不仅不是小市民的“精明”、“圆滑”，而且就是要从这种谬见中解脱出来！

【297】这个例子并不能很好地证明上面所说的，一个明智的人为什么要会齐家治国才懂得什么是对他自己最好的东西。本来他的意思是明显的，就是在齐家治国中，人才懂得如何处理与他人的关系，才会懂得从整体上去考虑对自己的好和最好。但这个例子并没有说明这一点。

注释　正文

洞见，而只是在嘴上说说，而在数学上，本质性的东西反而是不能不熟悉的。【298】

其次，[哪怕是在自己的事情上明智，也要求要关注整体，否则]【299】在作权谋时就可能或者在普遍的东西上出错，或者在具体的事情上出错。例如，人们可能会犯这种错误：或者认为所有的重水都有害健康，或者不知道这杯水就是重水。

而明智不是科学知识，这是清楚的。因为确如我们所说，明智涉及的是最终的具体事情，这就是行动的对象。所以它同灵智是对立的。因为灵智涉及的是对不可进一步定义的那些最高原理的领悟【300】，而明智相反，涉及的是最终的具体事情，是不能靠科学知识而只有靠直觉才可把握的东西。诚然，这不是对一个个的感官对象的个别直觉，而是整体的直觉，如同在数学中对最终的东西原来就是三角形这样的直觉。在这里人们止住了，不再继续。一个个的感官知觉相比于明智而言具有更多的感性能力。但在明智这里所指的则是另一种知觉能力。

【298】数学知识虽然是抽象的，但同时具有直观的自明性，所以无须对具体事务的经验就可弄明白。政治的和自然哲学的智慧却需要经验。数学家也不知宇宙内何物为善，何物为恶。对此请参阅亚里士多德《形而上学》卷三，996a35。

【299】这句关键的话，只有Meiner版才有。因此我们给它加个括号。

【300】Taschenbuch版和Meiner版都译作“灵智涉及的是那些不可进一步定义的概念”，可参考。

10. 从属于明智的德性：甲、善谋

思索和权谋是有区别的；因为权谋是思索的一种方式。但现在我们也必须弄清楚，什么是善于权谋（Wohlberatenheit），它究竟是一种科学认识或一种意见或一种当机立断（ein richtiges Treffen）还是通常的某种别的东西？

显然它不是科学认识，因为人们并不探索人们已知的东
1142b 西，【301】善谋属于一种出谋划策，而出谋划策，就要思索和做决定。它也不是当机立断，因为当机立断不假思索，迅速完成，而作权谋则要耗费许多时间。一句耳熟能详的话说，权谋过的事要毫不迟疑地去做，而权谋就得
1142b5 慢慢来。善于权谋与灵光一现（Geistesgegenwart）也不同。不过灵光一现与当机立断属于一类。最后，善于权谋也不会与意见同类。

【301】因为亚里士多德已经说过，科学认识要以已知为出发点。

既然坏的权谋导致错误，好的权谋导致正确，那么善于权谋显然就是某种正确。但既非科学

注释 正文

知识正确，也非意见正确。因为在科学上不存在 1142b10
正确【302】，因为它也不存在错误。但意见的正确性同时就是真理。此外，一切都取决于，一种意见是从哪里来的。另一方面善于权谋不是没有根据的。因此它属于反复考虑（nachdenken）。确实，反复考虑就意味着还没有定论，而意见则相反，不多思索却已有了定论。一个在权谋的
人，他也可能做得好，也可能做得坏，但他在琢 1142b15
磨，在想计谋。所以善于权谋毋宁说就是计谋或者谋划的正确性。

所以我们必须首先搞清楚，什么是“计谋”，它与什么相关。

正确这个词在这里有许多含义，显然在这里不可能意指其中的每一种正确性。因为首先，不能自制者或恶劣的人经过他的计谋达到了一个他
自己预定的目的，这样他的计谋是正确的，不过 1142b20
他做的却是一件大坏事。在这里，正确的计谋应该是某种善的东西。因为只有以某种善为目标的这种计谋的正确性，才叫做善于权谋。

其次，也有这种可能：有人通过错误的推理而达到了计谋的正确性，这样他以这种方式偶尔命中了他应该做的事，但不是通过正当的手段，而是通过错误的手段。进而言之，如果有人偶尔做了他应该做的事，但不是通过应当使用的手段
去做，这也不能称作是善于权谋。 1142b25

再次，也有这种可能：有人权谋了很久才达到目标，而有些人很快就达到了。所以，不能说很快达到了目的就是善于权谋，毋宁说，善于权谋的正确性是在有成效的意义上而言的，同时包含了对正确的目标，正确的方式、适当的时机这些考虑。

最后，有些人可能是在总体上善于权谋，有

【302】Reclam 版在注释中加了这么一句：“而只存在真理”。因此这句话的意思就是，科学知识无所谓对错，而只涉及真假。对错是规范性概念，真假是事实性描述。但 Meiner 版显然对这句话作了一些改变，它译作：“毕竟一种特殊的正确性还够不上知识，因为知识也不承受错误，但在意见上正确同时就是真理”。

正文　注释

些人是在涉及一个特定目标的事情上善于权谋。因此对于前者而言，善于权谋指的是为生活的总体目的而命中正确的东西，而对于后者善于权谋是指为一个具体事务命中了正确的东西。

所以，如果善于权谋是明智之人的一个特征，那么我们可以说：善于权谋就是与什么有助于达到某一目的相关的正确性，而明智就是对［如何］有助于达到某一目的具有正确的意见。【303】

【303】对这句话的理解历来存在许多意见纷争，确实这是一句极易引起误解的话。英译本对此理解上的分歧，请参阅廖译本对此句的注释（第 182 页，注释②）。而所有译本的不同翻译无疑就反映了对这句话理解上的极大不同。但所有译本的不同，主要反映在有人认为明智的人善于谋划的，在于目的的正确性；而有人认为明智的人的特点，就是对于达到一个目的的手段有正确的考虑。德译本尽管没有如此明显地一个译作“目的”，一个译作“手段”，但分歧发生在这一“目的”究竟是涉及上一段所说的生活的总体目的，还是属于具体事物的特定目的上。如果说“明智”是对生活总目的的权谋，明显地与第三卷相矛盾（参阅其第 5 章：权衡不涉及目标，而涉及达到目标的途径），而如果说明智是对达到这一目的的“手段”的考虑，则明显地与本章的论旨对立。可以说，把“明智”单纯地与对“手段”的考虑相关，是不符合亚里士多德之本意的，他在本章已经对此进行了批评。当然也不是单纯地对生活总体目的的权谋，因为好生活这一总体目的，或最终目的，在亚里士多德看来，是从人发自本性地追求善推论出来的，就像医生不权衡是否要救人，而是考虑如何救人的问题一样。因此，权谋的工作都是围绕“如何”达到某种特定的目标，因而同时也包括“途径”和“适当的时机”这些考虑（在前面亚里士多德刚刚讲了：“善于权谋的正确性是在有成效的意义上而言的，同时包含了对正确的目标，正确的方式、适当的时机这些考虑”1142b26—27）。鉴于这一考虑，我们这里的翻译主要依据的是 Meiner 版，但非常小心地加了［如何］二字。它既表明“明智”是对某一与目标相关之事的权谋，但不直接是对“总目的”的权谋（因为“明智涉及的是最终的具体事情，这就是行动的对象”1142a24），以此避免与第三卷的矛盾；但同时也不表明这是单纯对“手段”的考虑，以避免明显地与本章的论旨相悖。

注释 正文

11. 乙：善解与丙：体谅

善解和不善解，我们也拿它来说善解
和不善解的人。善解既不完全等同于有知 1143a
识或意见（因为这样的话，每个人就都是
善解的），也不是有具体的专门知识，如
医学是关于健康的知识，几何学是关于空
间的知识。由于可理解的对象既非永恒之
物和不动者，也非哪个已成之物，而是那 1143a5
些可疑、可谋划之物。因此，它与明智有
共同的对象，但并非同一种东西；因为明
智有指令作用—其目标在于规定什么可
行，什么不可行【304】——而善解的能力 1143a10
却只做判断；因为理解力和善解力是同一
个东西，善解就是能够明辨善断。

有善解力既不是拥有了明智，也不是
达到了明智，而是如同我们在学习时所指
的理解力：能对已掌握的知识做出恰当的
运用；同样，能运用已经形成的意见，对 1143a15
明智所指令的种种要求，以及别人的相反
意见做出确切的判断，这就是善解。因为
“好的理解”和“正确的理解”是一回事。
有理解力这个名称（我们是通过这个名称
而是善解之人），是从学习上的理解力而
来的，因为我们经常是把学习的特征表示
为理解。【305】

所谓“善解”【306】，我们用它来谈

【304】许多译本译作“什么应该做，什么不该做”，这样似乎太康德化了。Reclam 版译作：“was zu tun und was zu lassen sei”（什么可做，什么可放弃）可能更合本意，故从之。

【305】Reclam 版注释说，我们说“我理解”，古希腊人在此就说“我学习”。由于学习时的理解力是对已有知识和意见的运用能力，所以，“学习中的理解力”实际上就“实践应用中的理解力”。伽达默尔的“解释学”正是从亚里士多德的实践智慧出发来谈“理解”问题，因此他把他的解释学定位为实践定向的解释学。

【306】Meiner 版用了三个词（Gnome, Diskretion oder Unterscheidung）来表达。

正文 注释

论善解的人，说人有善解力，就是说他对举止如何得体[307]有正确的判断。有此为证：我们说举止得体的人有个长处，就是他特别体谅人（syngnome），举止得体对我们而言无非就是在某些情境下能体谅（Nachsicht）他人[308]。而体谅在此正是对“得体”的一种正确判断。而判断的正确就是指它切中真实。[309]

【307】“举止得体”这一译法是依据Taschenbuch和Reclam版来的，是对Takt或Taktvolle Güte和Anständigen（礼节、礼貌的意思，其本义是节拍、节奏）的汉译。苗和廖译本分别译作“平等”和“公道”，Meiner译本也使用了Billige（公平或公道）这个词，说善解之人是对公平公道有正确的判断。但一是因为亚里士多德在第五卷对此有明确的讨论，这里使用的这个词的词义明显地不是从法的公平公道而言的，二是因为德语中的billig是个多义词，与公道接近的意思还有适当、适宜、适合等等，因此，我们只能选取它与Taktvolle Güte和Anständigen共通的意思，所以译作“举止得体”。善解指的就是对如何做才举止得体、“到位”和得当的判断。

【308】Reclam版的译法是：对他人有同情性的理解，可参考。这里的Nachsicht的原义就是“顾及”别人的意思。

【309】英文版把这一段放在了下一章的开端，因此，译法上与谈“善解”的这一章有较大的隔膜。德文版虽然都是把它作为本章的结尾，但Meiner版和Taschenbuch版在翻译的选词上，同样没有按照上文的“善解”来谈，显得最后这一段与上文接不上气，只有Reclam版在选词上具有连续性，因为这几章都是接着讲明智之德。不管明智、机智还是这里的善解，其核心概念是围绕“智”（Verstand）的衍生意义来谈的，因此我们更多地依从Reclam版来译。

12. 体谅、善解、明智和灵智的关系

所有这些

注释 正文

举止之智在智性方式上都指向共同的东西：我们说的是体谅、善解、明智和机智，当我们不假思索地把这些品质用到同一个人身上时，就会说，他举止得体、明理机灵，是明智和善解之人。因为所有这些能力都同行为的最终实际即具体情境相关。善解者，明断者和体谅者都能善断必须靠明智来解决的事务，因为举止得体是所有待人之善的共同品质。

所有可思议的行动都发生在具体情境和最终实际中。明智之人必须了解具体情境，善解和明断则要表现在行动的最终实际中。灵智最终从两个方面【310】来切中行为的最终实际。因为领悟行为的最高原理如同把握行为的最终实际一样，两者都是努斯这个灵智能力范围内的事，而不是逻各斯这个推理能力的事。灵智一方面把握的是在科学证明框架内的不变的和最高的“原理”【311】；另一方面把握的是在行动的领域内自身展开的、行动的最终实际，可变的东西和小前提。因为这个最终的具体实际是把握目标的出发点：我们是从具体的东西出发达到普遍的东西。所以人们必须有对这个具体东西的知觉，而这种“知觉”就是“理智的直觉”（努斯）。

出于这个原因，这些理智品质也似乎也是自然的禀赋，尽管没

【310】这是对首先在6和1142a25—30给出的规定的进一步展开。努斯有“智”的方面，这是对最初的和最高的行动原则的洞明，也有“觉”（直觉的把握）的方面，是对行动的具体情境的直觉。前者“智”把捉的是不变的和原则性的东西，后者“觉”把捉的是不变之原则适用的“时机”，以前一“不变者”应后一“万变者”。这乃“灵智”，“努斯”，“直觉之智”的“两方面”：科学证明中的最高原理和行动中的具体实际。

【311】Reclam版用的是Grenzmarken，剑桥版用的是terms都是界限、终端的意思，Taschenbuch和Meiner版用的是“概念”，意思应当是“概念性”、前提性的“设定”，所以指的是行动发端的“最高原则”。

正文 注释

有人发乎自然地有智慧，但可以承认，
人自然地能够具有判断力、理解力和
灵智这些禀赋。这可以此为证：我们
认为，判断力、理解力和机智这些品
质是作为自然禀赋具有的，它们随着
年龄的增长而发展，在一定的年龄上
就具有了灵智和判断力，这就好像这
些品质是自然就有的一样（所以，灵
1143b10 智既是始点也是终点。因为它的推论
从行动的最终实际和具体的东西出发，
并要契合于这些具体情况）。

因此，对于那些有经验的人、老年人和明智的人作出的论断和意见，即便未经证明，也应当得到尊重，且不亚于对推论性见解的尊重。因为这些人有一双被经验磨砺的眼，它对事情看得准确。

1143b15 关于明智和智慧的性质，它们各
自的对象是什么，属于灵魂哪一部分
的德性，我们就谈这么多。

13. 对智慧和明智无用论的反驳 / 德性与明智的关系

但有人现在可能要问，它们两
者[312]对什么有用的问题。因为“智
慧”并不考虑人凭借什么而变得幸福，
1143b20 因为它不探究变易之物[313]。明智虽
然与此相关，但我们为何需要明智呢？

【312】一般版本都译作“它们”，不明确是指整个理智德性还是其中的一些理智德性，根据上下文的语境，我们

注释 正文

它所涉及的是对人们而言的公
正，善良(高贵）和有益的东西，
而这正是有德性的人必定通过他
的行为去实现的。但如果我们仅
仅具有关于这些的知识，知道了
德性是实现的行为品质【314】，
而恰恰实现之能力没有得到提
高，那么我们的德性品质决不会
有什么积极的改变。就也适用于 1143b25
健康和体力，因为这里所涉及的
事情不仅意味着单纯的行为，而
且意味着体质的改变。我们确实
不是因为有了关于医学和体育锻
炼的知识，就更积极地去做有益
健康和健壮的事情。

其次有人会说，既然明智不
是为了使人更好地了解德性，而
是为了使人变成有德性的人，那
么，它对于一个已有德性的人来
说，就是没有用的。对于尚无德 1143b30
性的人同样也没有用，因为一个
人是自己有德性，还是听从另一
个有德之人的教导，这简直没什
么不一样。后一种情况会使我们
满足于在涉及健康问题时也说过
的情况。我们大家都想健康，但
并不因此要学习所有的医学。

此外，本身比智慧低的明智
反而比它更加重要和关键，这似 1143b35
乎是难以理解的。这是由于制作
的德性【315】在具体事物中起着
主导作用和具体的指导。【316】

依从 Taschenbuch 版，把“它们”限定在“它们两者”，即“智慧”和“明智”。

【313】变易之物：Werden，这里也可理解为“生成”，即幸福的生成。

【314】Meiner 版用了 Fertigkeit 来表达，Taschenbuch 版用了 Verhaltensweisen，这都有行为举止，实现，完成了意思。因此这句话译作：“德性是实现的行为品质”，比单纯地译作“德性是品质”更准确。

【315】Meiner 版用的是“制作的德性”，Taschenbuch 版用的是“制作的知识”，Reclam 版用的是“制作某种东西的能力(Fähigkeit)。

【316】参阅 1141b28/29 及其注释：“政治家是主导性的工匠”，以及 1143a8：明智有指令作用。

正文

到此我们只是提出了这些困难，现在我们就来说一说。

首先我们说，这两种德性即便不带来什么结果，本身就必然值得欲求。这是由于它们每一个都是一个特殊的灵魂部分的德性。

其次，它们实际上也会产生某种结果，但不是像医学带来健康那样，而是如健康本身产生健康那样。同样，智慧带来幸福。因为作为整个德性的一部分，仅仅拥有智慧并通过智慧的活动就使人幸福。

再次，行动通过明智和伦理德性实现完善。因为德性使人确立正确的目标，明智使人选择通向目标的正确道路。灵魂的第四部分，即植物性的部分，则没有这样的德性，因为它没有什么能影响到人是行动还是不行动。

但是对于有人提出的异议，说没有人因为明智而采取了更高尚和更公正的行动，我们还要做出进一步的回答，我们先从以下的考察开始。

正如我们所说，有人尽管在特定的情况下行为是公正的，但并不因此而被称作公正的人，例如，那些不情愿做公正之事的人，或出于无知或别的一些原因、但不是由于考虑到事情本身而做了公正之事的人就是这样，尽管他们做了他们该做的事，而且也是有德之人必做的事。而另一方面显然可能有这样的人：由于他有某种特定的品质，所以他在每一个具体的情况下都出于品质而这样做，他就是一个公正的人。因为他是出于自愿的选择而且是因为事情本身之故而决定这样做的。而意志选择因有德性而正确，但所有那些出于本性而必定达到德性所选中的目标的行为，却不是基于德

注释　正文

性[317]，而是基于另一种能力。对此我们还要作出更加详细和明晰的说明。

有一种能力，人们称之为机灵[318]，它是懂得如何去
做并达到预定目标的能力。如 1144a25
果目标是善的，它就是值得称赞的，如果目标是卑下的，它就是狡猾。所以我们说，明智像狡猾一样是机灵的。而明智不是机灵这种能力本身，但它并非没有这种能力就不存在。如果离开了灵魂之眼，明智就
不能提升为品质德性，[319] 1144a30
对此我们刚刚说过，而且这是不难看出的。因为以行动为目标的实践推论，确实有一个行为的原则作为出发点，是这样的："因为这是最好的，这个最好的是终极目标，——至于它是什么是无关紧要的；作为例子，这个首要的最好的东西是——所以……" 这就清楚了：只有灵魂之眼才能明察这个作为原则的动因是不是最高
的善。因为德性的卑劣会使理 1144a35
智在原则上做出错误判断，导致行为原则的失误，所以，如果人没有高贵的灵魂之眼，就不可能是明智的。

因此我们必须再回来考察 1144b
德性[320]。因为它与机灵的

【317】这句话中的两个"德性"指的是"伦理德性"，它为行为选取正确的目标或目的；而后一句话中的"另一种能力"指的是"理智德性"，特别是"明智"，它为达到正确的目标而选择和切中正确的道路。

【318】这里译作"机灵"的是：Gewandtheit,Reclam 版加了一个定语："intellektuelle Gewandtheit"，这表明，亚里士多德是把"明智"放在"灵智"和"机灵"之间，具有两方面的"优势"。

【319】不能成为"实践的推理"。

【320】这个德性是指伦理德性还是理智德性，值得探究。Reclam 版直接译作"品德"（Trefflichkeit des Charakter），但 Taschenbuch 和 Meiner 版只是一般地译作 Tugend（德性）。但从 1144b31/32："不是明智的人，也就没有伦理德性"来看，这里指的是"伦理德性"。

关系类似于明智与机灵的关系，当然不是完全一样，但却是类似的。自然的德性与真正意义上的德性也是这种关系。因为每个人所拥有的具体品性在某种程度上是自然赋予的，每个人似乎与生俱来地具备了公正、节制、勇敢这些品性，同时具有其他一些的品性。尽管如此，我们与众不同地追求真正的德性并且认为，这些东西是以不同的方式存在的。因为儿童和动物也有自然的品性，但由于在他们身上没有理智的指引，它们也容易闯祸。不管怎么说许多事情都是清晰可见的：就像身强力壮却无视力的人，在运动时就会摔得很重，因为他缺乏视力的指引。自然品性和德性的关系也就是这样。如果自然品性加上明智，那么就会有卓越的行为。这样一来，原来只是类似于德性的品性，就将变成真正的德性。

所以，如同在发表意见的灵魂部分有两种德性——机灵和明智——一样，在灵魂的［欲望【321】］和性情【322】部分，也有两种德性：自然的德性和真正的德性；这些真正的德性如果缺乏明智是不可能存在的。

所以有些人也说，所有德性都是明智的形式，苏格拉底在这

【321】只有 Meiner 版加上了这个“欲望”（appetitiven）部分，一般版本只有后面的“伦理”部分。

【322】这里字面上是“伦理的”（ethischen）部分，实际上应该理解为“性情的”更准确。

注释　正文

个观点上的看法有些是对的，有
些则错了。他把所有德性都看做 1144b20
是明智，是不对的；反之，他认
为没有明智，德性就不存在，则
是对的。以此为证：即使在今
天，人们在试图给德性下定义
时，没有人在说明了它是品质之
后不补充说明，这种品质的正确
指向之所在，即指向正确的明
见。在这里“正确的”就是合乎
明智。因此，似乎所有人都隐约
感觉到，德性是这样一种合乎明 1144b25
智的品质。但还必须更进一小
步：德性不仅仅是一种合乎明智
的品质，而且是与明智一同存在
的品质。而明智就是在这些事务
中明智。苏格拉底因此认为，德
性是理性的特殊表现【323】（因
为这些表现总而言之就是知识），
而我们则说，德性是与明智一同
存在的。这就说清楚了，不明 1144b30
智，人不可能在真正的意义上是
有德性的，不明智，也就不可能
有伦理德性。

以此观念也就有理由反驳以
下看法：有人也许想要证明，德
性相互之间是可分离的，因为同
一个人不可能天生具备所有的德
性，他可能已经获得了某些德
性，而另一些德性却尚不具备。 1144b35

在自然的德性方面，这种情
况是可能的，至于另外的德性， 1145a

【323】Taschenbuch 版译作“德性是概念”。关于苏格拉底的德性即知识的讨论，请参阅柏拉图《毕塔戈拉斯篇》361b1—7。

正文

即某人基于它就叫做完全有德性的人，这种德性则不是这样。因为一个人只要具有了一种明智德性，同时就将具有所有的德性。

哪怕明智并不导致行动这种假设是真的话，人们显然还是需要它的，因为它是灵魂能力的一种完善，同时因为没有明智就不可能作出正确的意志选择，就不可能有德性。德性使我们确定目的，而明智使我们选择达到目的的正确的方式。

尽管如此，明智并不高于智慧和灵魂的更高能力，就如医学并不高于健康一样。医学并不操纵健康，但它观察健康，恢复健康。因此它不是给健康下命令，而是因健康之故而下命令。假如有人愿意说，治国术并不是比诸神更高的主宰，因为它只是把城邦中的一切管理得井然有序，这或许最终是同样的道理。

第七卷

自制和快乐

正文

1. 伦理上必须避免的三种品质及其对立面

接下来要采取一个新的出发点，我们要说，在伦理方面有三种
东西是必须避免的，这就是邪恶、不自制和兽性。前两者的反面是
显而易见的，一个我们称之为德性，另一个称之为自制。兽性的反
1145a20 面，一个最合适的说法，或许能够叫做超人的德性，某种程度上是
英雄的或神圣者的德性。就像荷马笔下的普里阿姆说极为杰出的赫
克托尔那样：

“他哪像是个凡夫之子，
不，简直就是神的后裔”。

所以，如果像他们所说的那样，人因为有了超人的德性，就变得像神
1145a25 一样，因而与兽性对立的品质显然就像是这一种似的。事实上，就像
畜生既不知道邪恶也不知道德性一样，神也超越于恶与德之外，但神
的完善性比德性更值得崇敬。而兽性的邪恶是另一种意义上的邪恶。

由于具有神性的人是罕见的（这是斯巴达人所用的一个术语，
当他们极为仰慕某人时，就说“他是一个像神似的人”），具有兽性
1145a30 的人也非常稀少。只有在蛮荒之地（en tois barbarous）才出现这种
畜类本性，偶尔也有某些人是由于疾病或残疾而变成兽性的。不过
我们也把这个称呼用来责骂那些过分邪恶的人。

1145a35 但对兽性我们还是应该稍后再说，而对邪恶我们先前已经说过
1145b 了。现在我们想要探讨不自制、软弱与柔弱以及自制与忍耐。因为
这两组品质既非与德性和邪恶同一，也非与它们不同种。

和我们其他的讨论一样，我们首先要摆出现象并指出疑难所在，
1145b5 然后来证明，鉴于从前的情绪所承认的意见是什么，如果不能证明
全部的话，至少要证明大部分和最重要的东西。因为如果疑难是可
以解决的，所承认的意见是站得住脚的，那么证明诚然就是做得充
分合理的。

正文

2. 关于自制的流行意见

自制与忍耐看来都显得是得当的和值得称赞的事情，而不能自
制与软弱则相反地显得是不好的和值得谴责的事情。其次，自制的 1145b10
人是那种能坚持自己的理性判断的人，不能自制的人则放弃自己的
理性判断。再次，不自制的人明知他所做的是错的，但受激情左右
还是去做，而自制的人知道他的欲望是恶的，就出于理性而不受欲
望的摆布。

也有人说，节制的人是自制和坚强的。但有些人反过来说只有
坚强的人才是节制的，有的人则不这样认为。同样，有些人不加区 1145b15
别地把放纵者看做是不能自制者，把不自制者看做是放纵者，而另
一些人则在他们两者之间进行区别。有时人们说，聪明人不可能不
自制，有时又说，有这样的人，他们既聪明又机灵，但不自制。

最后，人们也把不自制与怒气、荣誉和收获联系起来说。 1145b20

这就是一些流行的看法。

3. 流行意见的主要疑难

但人们也能发现困难之所在：一个人有正确的判断，怎么可能
不能自制呢？所以有些人说，如果他对事情有真实的知识，不能自
制就是不可能的。正如苏格拉底所认为的，如果某人内在地具有真
实的知识，却又被外物所操纵，像奴隶般地被牵来拉去，这简直是
荒唐的。苏格拉底主要就是同这个不自制的观念进行斗争并坚持说， 1145b25

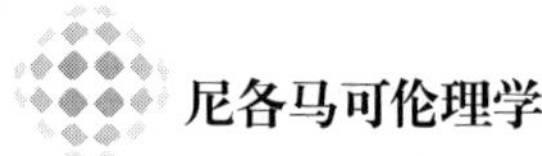

根本不存在不能自制这种情况。因为如果某人
知道什么是最好的，却故意反其道而行之，那
么他的行为就不是基于对这个是最好的判断，
而是出于无知。这种主张明显地与经验事实背
道而驰。在这种心理事实上，如果行为确实是
出于无知而发生的，我们就要弄清楚，这种无
1145b30 知是如何形成的。因为很明显，一个不能自制
者在他陷入这种状态之前，并不知道自己要这
样做。

另外有些人只是在某一方面接受苏格拉底
的意见，在另一方面并不接受。因为他们确实
承认，没有什么比知识更强有力的东西，但说
没有人的行动故意违背在其意见看来是更善的
东西，他们却不承认。所以他们断言，不能自
制者不是当其有知识时、而是当其有意见时被
1145b35 欲望所操纵。

但不能自制如果只与意见相关，不与知识
相关，同时又没有一种强有力的信念，而仅只
有一些脆弱的、疑惑的意见做支撑来与欲望进
1146a 行抵抗，那我们应该对那些在强烈的欲望中不
能对这样的意见保持忠诚的人给予体谅。但我
们绝不体谅所有邪恶的东西和任何通常当谴责
的东西。

所以，说在这里只有明智能做抵抗，因为
1146a5 它是最强有力的。这可是同样荒唐的。因为这
就好像是说，一个明智的人同时却又不能自
制，可是，没有人真的认为明智的人会自愿地
做邪恶之事。此外前面已经指出了，明智之人
是有行动能力的（因为明智与具体事务有关），
同时具有其他［伦理【324】］德性。

1146a10 其次，如果控制者意味着具有强烈的和恶
劣的欲望，那么既非温文尔雅者能够控制，也

【324】Meiner版把“其他德性”进一步阐释为“伦理德性”。

注释　正文

非控制者能够温文尔雅。因为温文尔雅者既没有强烈的欲望，也没有邪恶的欲望，但却是温和适度的。因为如果他的欲望是高尚的，那么阻止他遵从这些欲望的品质就是低劣的，所以也不是所有的自制都是好的。但如果那些欲望既脆弱又不坏，那么抵抗它们就没什么了不起。

再次，如果自制使得某人固执于他的任何意见，那就不好，因为这样他也固执于虚假的意见。反过来说，如果不能自制使人放弃任何意见，那么也将有某种好的不自制。比如在索福克洛斯的《菲洛克忒忒斯》中，涅俄普托墨斯【325】由于说谎令其痛苦，而放弃了奥德赛说服他坚持的一个虚假意见，这就是值得赞扬的。

第四，智者派的诡辩也包含一个疑难。因为他们想要用他们的推论造成悖论的结果，以此来表现他们的聪明。如果他们成功了，推论到底就会导致一个死结。思想是相互联系的，一方面理智不想停留于这种结果，因为这个结果与理智是对立的；但另一方面理智却无法推进，因为它解不开那个死结。所以，可以被证明的结论就是：无理智加上不能自制就是德性。因为，某人去做与他的信念相反的事，就是出于不自制；但他的信念告诉他是善的东西恰恰是恶的，是不可做的，所以，最终他所做的，是好事，而不是坏事。

还有，出于信念而行动并追求和选择快乐的人，当然比不是由于信念而是由于不能自制而这样做的人要好一些。因为这样的人终归是有救的，能让自己被说服。但不能自制的人就如俗话所说："如果被水噎着，还有什么可喝

【325】涅俄普托勒墨斯（Neoptolemos），阿喀琉斯之子。阿喀琉斯死后，为了夺取特洛伊城，奥德赛让他冒充阿喀琉斯去欺骗生病的菲洛克忒忒斯。但由于谎言令他痛苦，他的同情唤醒了他真实的爱心，使他放弃了阴谋的欺骗计划。参阅《奥德赛》诗文 54—122；895—916。

正文　注释

的东西?”因为他要是仅只相信他所做的事，那他就不会让自己被说服，也不会停止他的愚蠢行为，现如今，尽管他相信正确的东西，但做的是错事。

最后，如果自制力和不能自制是对于所有事情而言的，那么有谁是完全不能自制的人呢？可是，我们却说某些人是完全不能自制的。

这就是对于自制与不能自制的相关意见所显现出来的疑难。其中有些[疑难]是要解决的，有些[正确的][326]是要保留的。因为解决疑难同时就是寻找[正确][327]。

【326】这两个[ ]是依据Reclam版所加。

【327】Reclam版是：寻求[真理]；Taschenbuch版是：寻求[正确]；Meiner版只有：探索。

4. 自制和不能自制的区别

首先我们要考察的是，不能自制者的行为是不是有知识的，如果是，是在何种意义上有知识的；其次自制和不能自制与什么相关。我指的是：是否与每一种快乐和痛苦相关还是只与特定的具体苦乐相关。此外，自制是否与忍耐就是同一回事，通常，什么东西与这个问题有关联。

这一讨论的第一出发点是这个问题：自制者与不能自制者的区别是在于其对象还是在于其品质，这就是说，是否不能自制者只是因为他在某个特定的对象上才不能自制，还是相反，是因为他有特定的品质才表现出不自制，或者最终是同时出于这两个原因。下一个问题

是要回答：自制与不能自制是否同所有事物相关。

因为完全不能自制者也不是在所有事物上，相反也只是在放纵
所涉及的事物上 [不能自制]，而且也不是指这个人完全沉溺于这个 1146b20
事物（因为否则的话，不自制就与放纵是一回事了），而是以特定的
方式与这个事物相关。放纵者是故意地和出于对欲望的自愿选择而
这样做的，因为他在这样做时有此看法：人必定总是及时行乐的；而
不能自制者没有这种看法，尽管如此却还是沉溺于快乐。

5. 不能自制与知识

如果有人说，这种看法不是知识，而是真实的意见，不能自制 1146b25
者的行为违背的不是知识，而是意见，那么这种区别对于我们的讨
论是无关紧要的。因为有些人只有一些意见，但对此坚信不疑，而
且相信这就是对于事物的确切知识。所以，如果有人说，具有意见
的人 [之所以不能自制]，只是因为他的信念是脆弱的，更容易违背
他的看法而行动，那么在此情况下，[我们说]，在知识和意见之间
是不会有什么区别的。因为有些人如此坚定不移地相信他的意见， 1146b30
就如另一些人同样相信他的知识一样。赫拉克利特就证明了这一点。

反之，由于知识有双重意义，有知识但不运用它的人和有知识
且运用它的人，都同样可以被视为有知识的人，但一个人做了他不
该做的事，是否是在他有知识，却没有觉悟到他对此有知识的情况
下做的，还是在他有知识而且也觉悟到他对此有知识的情况下做的，
必须区别对待。后一种情况看来是糟糕的，前一种情况，如果他对 1146b35
他的所知毫无觉悟，则是另一回事。

其次，由于前提有两种形式，但知道两个前提，并不足以阻止 1147a
一个人去做违背其知识的事，因为人可以只运用普遍的大前提，而
不运用具体的小前提；毕竟行为是与具体的事情相关。而且普遍的
大前提的运用也还是有差别的：它既可以只就人而言，也可以只就 1147a5

事而言。例如，“干燥的食物对所有人都有益”，就是就第一种情况而言的；而就第二种情况要说的是：“这是一个人”或者“这种食品是干燥的”。但对这种特定的食品具有这种特定的性质，有人可能并不知道，或者知道了而没有实际运用。【328】按照这种分类，[具有知识]是有巨大差别的，使得一个有知识的人在一种意义上显得并无不妥，在另一种意义上则令人诧异。

此外，人也可能以与上述两种都不同的方式具有知识。在有知识却不运用的时候，行为是有区别的，这就造成了人们在某种方式上既有知识，也没有知识，诸如在睡着、发疯和醉酒时就是这样。确切地说，由激情主宰时也是处在这种状态。因为发怒、情欲和诸如此类的情绪都可以明显地使身体变形，有时甚至使人疯狂。所以，我们可以毫不怀疑地断言，不自制者就是在类似这种状态下有知识的。在此状态下他们能够说说听起来像是有知识的语句，但不能证明他事实上真有知识。因为哪怕是那些受激情宰制的人，也能够进行科学演算并吟咏恩培多克勒诗句。一个初学者也可以把各种名言警句收集起来，却一点也不懂它们说的是什么意思。因为知识需要消化吸收，这需要时间。所以，应当把不能自制者所说的话当做演员所背的台词来对待。

此外，[不能自制的]原因也可以通过考察自然的心理倾向来弄清楚。规定行为的意见一方面是普遍的前提，另一方面与本身属于具体事情的感觉相关。如果从两种意见中推出一个，那么，这个推论在这里单纯地就只涉及得到灵魂肯定的知识，相反，如果是在实践中，它同时就转化为行动，诸如：所有甜的东西都应该是值得品尝的，这个东西是甜的，那么如果人能够品尝并

【328】这就是亚里士多德所说的实践的三段论或实践推论。

注释　正文

没有被阻止的话，也就必定会同时转化为品尝的 1147a30
行动。如果有一个普遍的意见禁止我们去品尝，
之外又有另一个意见说，所有甜品都是美味可口
的，这个食品是甜的（这个意见有一种现实的驱
动力），除此之外，如果人恰恰也有此欲望，那
么，即便第一种意见阻止，欲望也会驱使人们去
品尝（因为它能使灵魂的每个具体部分都运动起 1147a35
来）。所以，进而言之，在某种方式上，人也可 1147b
能因过分理智和过于有［自己的］意见而不自制，
一种尽管不是本身、却是附带着有过失的理智与
真正的明识对立的意见（因为真正与之对立的不
是意见，而是欲望）。出于这个原因，动物也不
是不自制，因为它们没有对普遍东西的意见，而
只有对于具体东西的表象和记忆。 1147b5

关于不能自制者如何克服这种无知，再次回到有知识这个问题，其道理正如在醉酒的人和睡着的人那里所说的一样：在这种心灵状态下什么东西都面目全非，这简直没什么可奇怪的【329】。对此，人们必须去听听自然知识的课。

【329】这句话德文版本都翻译得不一样，现根据 Taschenbuch 版和剑桥版的意思翻译。

但由于在实践推论中的第二个前提是对于某
个感性东西的意见，并对行动有规定作用，所 1147b10
以，受激情宰制的人或者根本不具有知识，或者
假如他有，也不是拥有真知，而是如同一个醉汉
重复恩培多克勒的词句那样。且由于规定行动的
最终概念不是普遍的，不是在与科学知识相同意
义上的普遍前提，这样看来，似乎苏格拉底是有
道理的。因为当我们受激情牵扯时，所具有的知 1147b15
识就既不是在真正科学知识的意义上出现，也不
是被情感扭曲的知识，而只是感觉知识【330】。

【330】相当于我们中国哲学中所说的“见闻之知”。

关于一个不能自制的人是有知还是无知，以及在何种意义上可认为是有知，这个问题就谈这么多。

6. 类似意义上的不能自制以及兽性和病态的不能自制

接下来要讨论的是，一个人是完全不能自制，还是所有人都是部分地不能自制，如果是完全不能自制，那么是相对于什么才可这样说。

自制和忍耐，不自制和软弱，都同苦乐相关，这显而易见。而在产生快乐的事物中，有些是必要的，另一些本身就是可欲的，但可能会过度。必要的快乐与身体相关，也即与食和性之类的东西相关，照我们先前所说，也即涉及放纵或节制的那些身体活动。并非必要但本身可欲的东西，我指的是如胜利、荣誉、财富和其他诸如此类的本身善且令人愉悦的东西。对于那些内心具有明见却行动出轨的人，我们不称他们为完全不能自制，而是做了限定，说他们在财富、收益、荣誉与怒气上不能自制，可不是完全不能自制，而是作为另一种不能自制，只是由于类似才都称为不自制，就好像在奥林匹克运动会中取得胜利的安斯罗珀斯那个人，被叫做“人”；【331】在他这里普遍的概念确实与个体的概念只有少量的区别，但反正还是有些不同的。一个证据是：真正的不自制不仅作为一种缺点，而且也作为一种恶来谴责，却不管它究竟是完全不能自制还是部分地不能自制，但对于这里所说的不能自制的特殊类型，却根本不适用。

【331】安斯罗珀斯（Anthropos），一个拳击冠军（公元前56年奥林匹克运动会拳击冠军）的名字等于“人”，作为例子并不很贴切。因为一个“有更切近的规定的不能自制者”不同时就是“完全不能自制者”，而安斯罗珀斯既是“人”（等于一般有理性禀赋的生命存在者），同时也是“奥林匹克冠军”（等于附加了人的特殊定义）。

◀ 注释　正文 ▶

但人陷于身体享乐中——我们在这里谈论 1148a5
的是节制和放纵——是不自制的，而人不加选择地追求过度的舒适，避免过度的痛苦，尽管是在饥、渴、热、冷和所有与味觉和触觉相关的事物上，如果这是违背人的意愿选择和理性
去做的，就叫做不自制。尽管这样说未加限 1148a10
定，比如限定在怒气上说不自制，而是一般地说不自制。这样说的一个证据是，我们也在这些事物上说人软弱，但从不在前面所说的那些事物上【332】说人软弱。所以我们也把不自制的人和不节制的人相提并论，把自制者和节制者相提并论，但不把他们同另外一些类型相提
并论，因为只有他们才必定同已说过的同样形 1148a15
式的快乐和痛苦相关，只是，虽然他们与同样的事情相关，但不以同样的方式来对待，而是有的经过选择，有的不加选择，有的是故意做的，有的却不是故意做的。所以我们更愿把无欲者或寡欲者却还追求过度的快乐、逃避小的痛苦这样的人，而不是那些出于强烈欲望而行
动的人称之为放纵的。因为，如果当他增加了 1148a20
青春般的强烈欲望和对缺乏生活必需品的强烈痛苦，那他会干出什么事来呢？

但由于有些欲望和愉悦就其种类而言就是高尚的、美好的和值得欲求的（因为有一些愉悦的东西自然地就是值得欲求的，有一些正相
反，另一些则处于中间，如前面加以区别的： 1148a25
财富、收益、胜利和荣誉；在所有这类事物和居间事物上，并不因为人们接受、欲求和喜爱它们就受谴责，而是因为欲求的方式，即过度才受谴责），有些人确实违背他们的理智明见而去追求出于自然地美好和高尚的东西，并被
这些东西所宰制，如太在意荣誉或对父母与 1148a30

【332】“这些事物”指的是：饥、渴等食色性的享受；而“前面所称的那些事物”是指：取胜、财富、荣誉、怒气等。

正文　注释

子女太溺爱（因为看着荣
誉，护老爱幼这是好事，这
样做的人本该是受赞扬的，
但也可能做得太过分，像
尼俄伯【333】那样甚至去和
诸神作对，或是如萨图罗
斯【334】那样由于对父亲的
厚爱太过分了，以至于得到
1148b 了“爱父者”的绰号，因为
他对父亲过分厚爱显得是幼
稚愚蠢的）。所以，在这些
事物中没有恶，正如上述提
到的理由，这些事物中的每
一个就其自身而言并自然地
就是值得欲求的；仅仅由于
过度才出现不好情况，因而
是要避免的。

1148b5 同样道理，在这些事物
上也不存在不自制。因为不
自制不只是要避免的，而且
是要谴责的。不过，由于情
感上的类似性，我们还是把
不自制这个概念用于每一个
上述事情中，就好像我们说
一个人是坏医生或坏演员，
而不因此就把他们看做是一
个完全的坏人一样。我们在
这里说他们坏，只是基于某
1148b10 种类似性而言的，不是因为
有个人真的坏，所以显然，
我们必须明确指出，真正的
不能自制和自制，只是在与

【333】尼俄伯（Niobe）是希腊神话中的底比斯王后，她有显赫的出身，有令她特别骄傲的12个孩子（六男六女），全都是既强壮又俊俏的王子公主，全世界都对他们赞不绝口。因此，尼俄伯对孩子们溺爱有加。悲剧发生在尼俄伯由此产生的过分骄傲上，她竟然因此去嘲笑只有两个儿女的阿波罗和阿耳特弥斯（Artmis）的母亲雷托（Leto），并阻止人们对这位女神的崇拜。因此她的6个儿子全都被阿波罗射杀致死，6个女儿被阿耳特弥斯杀死，尼俄伯悲痛欲绝的愤怒将她变成了一块永恒不动的石头。

【334】Meiner版和Reclam版都注释说，不清楚亚里士多德在这里影射的是谁，猜测萨图罗斯（Satyros）是亚里士多德看到的一个喜剧中的人物。但Taschenbuch版对此有一个明确的注释，说根据古代评论传统（CAG20,426,23—29H）说法，萨图罗斯在引诱一个年轻姑娘时得到了他父亲的帮助，他对父亲非常爱戴，以至于在他父亲死时，他也自杀了。因此亚里士多德在这里说他“厚爱过度”，是幼稚愚蠢的。

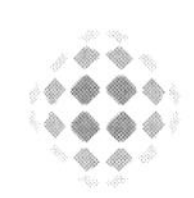

节制和放纵相关的事物上才能说，但在发怒时的
不能自制我们只是在类似意义上说的；而且我们
也要加上限定：发怒时的不能自制类似于追求荣
誉与利益时的不能自制。【335】

但有些东西发自本性地令人愉悦，尽管由一 1148b15
部分是完全令人愉悦，有一部分则取决于动物或
人类的特殊种属；但另外一些东西不是发自本性
地令人快乐，而是因缺陷、习惯或低劣的天赋
而给人带来愉悦，人们也能在日常生活的具体情
境中观察到与之相应的心理品质。我认为这就
是兽性，就像剖杀孕妇、吞食婴儿的妇女，或 1148b20
者如同黑海沿岸的某些蛮族，据说他们嗜吃生肉
或人肉，并在节日宴会上易子而食，如同法拉利
斯【336】所讲的那些故事。这些都是兽性的表现。
偶尔也有另外一些快乐来自病态或疯狂，如有人 1148b25
杀母献祭并吃掉她，有的奴隶吃掉同伴的肝脏；
病态或者自本性而生，或者因习惯而成，如拔头
发，啃指甲，甚至吃煤炭，食泥土，此外还有鸡
奸等等；这种行为有的出自本性倾向，有的来自
风俗习惯，使得有些人还是小孩就已经被玷污。 1148b30

出于本性而在这些事情上有过的品质，当然
无人称其不能自制，正如不能责怪妇人在交合时
不主动一样；对于因风俗习惯而出现的病态，也
要同样对待。就这种病态本身而言，正如兽性一 1149a
样，处在邪恶范围之外。如果有兽性的人，不管
是他制伏了兽性还是他被兽性所制伏，这都不是
完全不能自制，而只是类似于不能自制，就像愤
怒的人只有当他恰好在怒气冲天的时候方可称为
不能自制，而不可称其为完全不能自制一样。因 1149a5
为每一种过度行为，无论愚蠢过度、胆怯过度、
放纵过度还是凶恶过度，都部分地是兽性，部分
地是病态。一个天生对一切都害怕，连老鼠发出

【335】英文版在这里分章，但德文版没有分。

【336】法拉利斯（Phalaris）公元前大约570年西西里岛阿格里跟图（Agrigentum）的僭主，据说他在一座金属公牛上烤人肉吃。

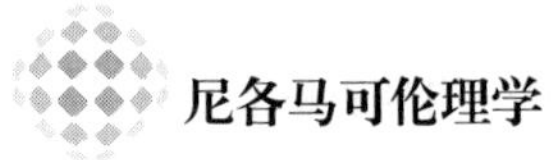

的嘶嘶声也害怕的人，具有的是兽性的胆怯；有人怕猫那是基于病态；那些天生弱智的蠢
1149a10 人，没有理智，如同那些远古的野蛮人一样过着单纯的感性生活，这些人是兽性的，但有些人由于身体出现紊乱，如得癫痫症或发疯，这是病态的。

可能有这种情况，某人虽然偶尔具有某一种或另一种诸如此类的品质，但能够控制住自己，就像法拉利斯，尽管偶尔有想吃小孩的恶欲或者违背自然的性欲，但他能够控制住自己
1149a15 [不那么做]。但也有可能不仅有这些邪恶或病态的欲望，而且被其操控。这就如同邪恶一样，一般的人性邪恶被称之为完全的邪恶，另一些不是完全的邪恶，而要通过附加兽性的或病态的加以区分。同样明显地也有某种兽性的和病态的不能自制，可是，只有那种与一般正常人的本性【337】的放纵相对应的不能自制，
1149a20 才适合于称作是完全的不能自制。

【337】Reclam 版译作“正常的人性放纵”，而 Taschenbuch 译作“一般的人性放纵”，这两个定语都很重要，因此我们把它相加，译作“一般正常人性的放纵”，随便缺一都不能完全符合亚里士多德这里的定义。

7. 愤怒的不能自制与欲望的不能自制

我们已经看到，不能自制和自制只与放纵和节制所涉及的事物相关。在其他情况下是另一种不能自制，即不是完全的不能自制，而只是在隐喻意义上的不能自制，这是清楚的。但愤怒时的不能自制与欲望中的不能自制相比，为什么不那么令人憎恶，现在我们就来指明其
1149a25 原因。

注释　正文

由于愤怒似乎还是听从理性的，只是它听错了。它像个急性子的仆人，还没有等主人吩咐完毕，就急匆匆地往外跑，结果把吩咐他的事做错了。这也像看门狗，只听到敲门声就汪汪叫，也不先看清楚，究竟来的是不是朋友。愤怒也是这样，
由于本性热烈而急躁，还没有听清吩咐了什么，就 1149a30
立刻冲上去复仇。当理智或表象显示出受到某种侮辱或蔑视时，它就立即怒发冲冠，如同当它作了决定，就立刻要爆发同侮辱者的战斗一样。而欲望则
几乎用不着理智和感觉告诉它，什么是快适的，就 1149a35
冲上去享受。

这样说来，愤怒在某种程度上至少还是遵从理 1149b
智的，而欲望则一点都不。所以它才更可耻。因为在愤怒时失控的人还在某种程度上屈从于理智，而另一种失控的人却只屈从于欲望，不屈从于理智。

其次，尽管遵从自然的冲动更能得到谅解，就
像遵从对所有人都共有的感性欲望，仅就这些欲望 1149b5
对所有人都是共同的而言，更容易得到谅解一样。但愤怒和发怒比那些过度追求的、并非必要的欲望更加自然，这就像那个打了自己父亲的人为自己作的辩解那样：“他也打过他的父亲，他的父亲也打
了他的父亲，而这个父亲曾指着他的儿子说：这个 1149b10
家伙，只要等他长大成人了，就将打我，因为这是我们家的传统”；另一个人，在被他儿子往门外拉的时候对他儿子说，他不该把他拉到门的外边去，因为他也曾把他的父亲往外拉，但仅拉到门口为止。

再次，算计别人的人更加不公正。但发怒者并
不算计别人，而是坦白直率的。然而欲望是要工于 1149b15
心计的，就像人们说阿芙洛狄特【338】那样：

“她是塞浦路斯诡计多端的女儿”

荷马也说她的绣花腰带如此精巧绝伦，“哪怕最理智的人，也会被引诱到它里面去”。所以，如若这

【338】阿芙洛狄特（Aphrodite）希腊神话中最美的女神，也是爱神；罗马神话称其为“维纳斯”（Venus）。

正文

种［欲望的］不能自制比愤怒时的不能自制更不公正，更可恨的
话，那么它也就是完全的不能自制，在某种程度上它就是一种恶。
1149b20 最后，无人在痛苦时做厚颜无耻的事，但人在发怒时则越愤
怒越痛苦；可是，厚颜无耻的人总是带着快乐的。如果我们的公
正之心被激发出满腔愤慨，也因此而损害了事情的公正性，那么
这也是出自欲望的不能自制。因为是欲望诱发了可耻之事和真正
不公之事的发生，这是愤怒的人所不为的。

这样我们就看清了，欲望的不能自制比愤怒的不能自制更可
1149b25 耻，有自制力和无自制力都同身体的欲望和快乐相关。现在我们
要确定它们的区别。

正如开头所说，欲望一部分是人性的和自然的，不管就种类
和大小而言都如此，另一部分是兽性的，还有另一部分是因［身
体的］缺陷和病态形成的。

1149b30 这三类中只有第一类同节制和放纵相关。所以我们也不说畜
生是节制的或放纵的，除非是在隐喻的意义上，说某一种类的动
物比其他种类在更野性，更淫乱，更贪吃而完全讨人喜爱。因为
它们确实没有选择和思考的能力，而是出于自然地落到什么地步
1149b35 就是什么样，大概像疯人差不多。

1150a 畜生的兽性虽不那么邪恶，但更可怕。因为在它们身上高贵
的东西，如同在正常人身上那样，没有堕落，而是根本不具有。
1150a5 人们本当可以去比较有灵之物和无灵之物并问何者是恶的。不是
作为行为之原则的恶，至少是无恶意的，而原则是灵魂。这就类似
于人们把不公正同不公正的人相比较一样。两者中的每一个都在
某种程度上是恶的。邪恶的人确实会比一个畜生多作恶上千倍。

8. 不节制和不能自制

由触觉和味觉引起、且本身与放纵和节制相关的快乐和痛

苦，欲求和逃避之类型，如前所说，人们可以这样来看待：人所
服从的，是大多数人通常主宰得了的东西，或者人能主宰得了
的，是大多数人所服从的东西。在这里，在与快乐相关的事情
上，人们谈论不能自制或能自制，在与痛苦相关的事情上，人们
谈论软弱或坚强。尽管多数人的品质更宁愿倾向于恶的方面，但 1150a15
居于中间。

既然有一些快乐感是必要的，另一些是不必要的，且只是在
某种程度内是可欲的，反而就不存在过度或不及，那么欲望和痛
苦也就与此相同。有人追求过度的快乐，或者以过度的方式并出
于自由决定去追求，尽管是为快乐本身之故而非为别的缘故，这 1150a20
也是放纵的，这种人必然是不知悔改和不可救药的；因为不知悔
改的人就是不可救药的。不及的人与之相反，中间是节制的人。
不是由于软弱，而是出于选择而逃避身体上的痛苦的人，同样可
被视为是放纵的。在那些不加选择而行动的人当中，有些是受快 1150a25
乐的引诱，有些是想逃避因欲望而造成的痛苦，所以这两种人之
间是有区别的。

每个人都认为，没有欲望或者只有微小的欲望却做了有害事
情的人，比受强烈的欲望驱使而做有害事情的人更恶劣；没有怒 1150a30
气去打人的人，比在愤怒时去打人的人更恶劣。因为假如他也在
激情之中，那又会做出什么样的事来呢？所以说，不节制的人比
不能自制的人更加恶劣。

在这两类低劣品质中，一种更多地是软弱，一种相反更多地
是不节制。与不节制者相对的是自制的人，与软弱者相对的是坚
强的人。坚强的人处在抵制中，而自制意味着主宰，但抵制和主
宰之不同，正如不屈服于敌人与战胜了敌人之不同。在此意义 1150a35
上，自制比坚强更可欲。

在大多数人抵制着而且也能够抵制的事务上表现出柔弱无力 1150b
的人，是软弱的和娇惯的，因为娇惯就是软弱的一种。这是一个
长袍拖地也懒得提起，并不惜佯装生病，以免举手之劳的人，他
并不觉得无病装病也是痛苦的。

在能自制和不能自制的问题上也是如此。因为如果某人受 1150b5
制于强烈的和过度的快乐与痛苦之情感，这并不令人奇怪，而

且，如果他还在进行抵制，像特奥德克特[339]笔下的菲洛克忒忒斯在被毒蛇咬伤时那样，或者像卡尔基诺斯[340]的《阿洛帕》中的凯尔克翁所做的那样，或者像色诺芬特斯[341]那样，想在众人哄笑时忍住不笑，然后才突然笑出声来，这就会得到谅解；相反令人奇怪并不可原谅的是，有人在大多数人能够抵制的事情上竟然被屈服，不能进行抵制，而这并非天生如此，也非因病如此，像西徐亚人的国王天生就是软弱无能，或者如女性天生就弱于男性那样。

放肆取乐看来也是不节制，但实际上是软弱的。因为逗乐就是一种放松，是休闲的一种形式，放肆取乐就松懈过度了。

不能自制一方面是性情急躁，一方面是本性懦弱。本性懦弱的人虽然考虑问题，但由于被情感所役，不能保持思考做出的决定；性情急躁的人对什么都不思考，完全被情感牵着鼻子走。有些人由于正像那些为了不怕被别人挠痒，就事先给自己挠痒的人所做的那样，他们预先去感觉和观察，预先告诫自己，要保持理智清醒，不被情感宰制，不管这样到底是快乐还是痛苦。

性情急躁的不能自制者大多本性火辣和冲动，一个因性急而等不及理智，一个因热烈而等不及理智，因为他们都习惯于被表象牵着鼻子走。

【339】特奥德克特（Theodectes）是亚里士多德的学生，修辞学家和悲剧作家。菲洛克忒忒斯（Philoktetes）在被毒蛇咬伤之后依然把毒蛇抓在手上不放，过了一段时间之后才大喊："给我打掉它"！

【340】卡尔基诺斯（Karkinos），比亚里士多德时代更古老的悲剧作家，在所提到的《阿洛帕》（Alope）剧中，凯尔克翁（Kerkyon）是阿洛帕的父亲，他先是勇敢地忍受和承当因女儿不体面的事所造成的痛苦，后来因绝望而自杀。

【341】色诺芬特斯（Xenophantes），亚历山大大帝的宫廷音乐家。

◀ 注释　正文 ▶

9. 进一步比较不能自制和不节制或放纵

【342】1150a21。

【343】1146a31—b2。

如前所说，【342】放纵者不知悔改，因为他坚持他的选择。但是，不能自制者总是懊悔。所以，这与我们先前【343】所列举的 1150b30
那些疑难并不是同一种关系，而是一个是有救的，另一个是无救的。邪恶等同于水肿和肺结核，不能自制等同于癫痫病。前者是慢
性的，后者是间歇的。总的说来，不能自制 1150b35
和邪恶是属于不同种类的东西。邪恶不从自身得知，不能自制则从自身得知。

在不能自制者中间，那些急躁性格的人 1151a
比那些有理性而不遵守理性决定的人要好些，因为这种人只要受一点诱惑就会屈服，而且，并非如前者那样不是不假思索的。这种不能自制者就像易醉的人，只要一点点酒，甚至少于多数人正常的酒量，很快就醉了。

显然，不能自制不是邪恶，但也许是在 1151a5
某种程度上的恶。因为它不是故意的，而恶则是故意的。但行为是同样的。这就像德谟多克斯说米利都人：

“米利都人并不笨，

但行动却如同笨蛋。”

所以，不能自制的人并非不公正，但做不公
正的事。 1151a10

不能自制者是这种类型的人：他在违背

正文

正当的理性追求过度的肉体享乐时，并不确信这样做有多么好，而放纵者则相反，实际上确信这样做是好的。之所以如此，是因为追求感官享乐已经根植于其本性中了。所以，前一种人容易被说服而改正态度，后一种人则不容易。因为德性和邪恶都有其自在的东西，如同德性在我们内心保存行为的基本原则一样，邪恶则要摧毁它。而在行动中，目的就是原则，就像数学中的第一假设或最高公理。但既不是在数学中，也不是在行动中，一个理由就可教导我们基本原则，而是德性，自然的或由习惯养成的德性，教导我们对行动原则进行正确的思考。有这种品质的人就是节制的，相反没有这种品质的人就是放纵的。

有种人也是由于受感情的支配而违背正当的尺度，感情的支配尽管使他未能遵从正当的尺度去行动，却还没有支配到使他确信人应该义无反顾地去追求感性快乐的程度。这种人就是不能自制者，这种人好于不节制者或放纵者，而且总体上不坏。因为在他身上还保存着最好的东西，行动的原则。另一种人是他的反面：坚守正当的尺度，不让自己被情感支配而失去理性。

这就说清楚了，自制是一种好品质，不自制是一种坏品质。

10. 自制与固执

那么，一个自制的人是坚持他的每一种确信或决定，还是只坚持一种正确的？同样，一个不自制的人，是他的随便哪一种确信和决定都放弃，还是只放

注释　正文

弃一种正确的确信和决定？前面【344】我们
已经列举过这些疑难。或者是不是这样：他
不管坚持哪一种决定都只是出于偶然，而
对于实质上确切的确信和正确的决定偶尔
也坚持，但更准确地说，不坚持？因为如 1151a35
果某人选择或追求某物是因别的缘故，那 1151b
么他的选择和追求实质上就是第二位的事，
而第一位的事只是偶在的。但在我们的表
达方式中，“实质上”（an sich）就意味着“完
全”（schlechthin）。【345】所以，在某种意
义上，自制者坚持、不自制者放弃的是每
一种意见，但实质上他们完全只是坚持或
放弃真实的意见。

这样一些坚持自己意见的人，我们称 1151b5
之为“固执”；因为他们很难相信什么，也
很难改变他的真实意见。这些固执的人类
似于自制的人，就如同挥霍类似于慷慨，
鲁莽类似于勇敢一样。但他们之间有许多
不同。自制的人不让情感和欲望改变其意
见，然而在情感和欲望的影响下其实是容
易被说服的。固执的人相反是不让自己被 1151b10
[事实论证的]【346】根据的所改变，诚然
也会受欲望影响，而且常常被快乐所牵制。
固执的人有固执己见，无知和粗俗三种。
固执己见的人被苦乐感左右，如果他们没
有让自己被改变，对此胜利就感到快乐，
如果他们的意见不能通过，如在公民大会 1151b15
上被否决了，就感到痛苦。所以，他们与
其说等同于自制者，不如说更等同于不能
自制者。另一些固执的人，不是由于无自
制力而放弃他们的意见，如索福克勒斯《菲
洛克忒忒斯》剧中的涅俄普托勒墨斯【347】，

【344】1146a16—31。

【345】Reclam 版在这里加了一个括号：[无所补充]。

【346】这个括号是 Reclam 版加的。

【347】参阅 1146a20 的注释。

他虽然也是因快乐而放弃了以前的决定，但那是因高尚的快乐而放弃。因为他发现，讲真话让他快乐。但奥德赛曾说服他说谎。所以，不是每个出于快乐而行动的人，而只是出于卑劣的快乐而行动的人，才是放纵的、邪恶的和不自制的。

11. 自制和节制的区别；不能自制与明智不相容，但并非与机灵不相容

也有这样一些人，他们对肉体快乐的喜悦少于对正常快乐的喜悦，这些人也不坚持他们的信念。自制的人处在这些人和不能自制者中间。不能自制者是因为过度而不坚持自己的信念，前一种人是由于不及而不坚持自己的信念。自制者坚持自己的信念，不为过度和不及所动。由于自制是一种好品行，其他两种相反的品行则不好，事实上也是如此。但由于其中的一种很少见，于是人们就以为自制只和不自制相反，就像与放纵相反的平行只有节制一种一样。

此外，由于许多词都是基于类似性而使用的，我们说一个节制者的自制力就是在这种类似性上说的。因为自制的人如同节制的人一样，都有能力不让自己受肉体快乐的引诱而违背明见。但一个有恶劣的欲望，另一个却没有。一个从不觉得违背他的明见是有快感的，另一个则有，尽管并不屈服于它。

不能自制的人与放纵的人也有类似性，尽管他们也是不同的，但两者都追求肉体快乐。不过，一个认为，这种追求是应该的，另一个则认为不应该。

此外，一个明智的人不可能同时是不能自制的

注释　正文

人。因为我们指出过，【348】明智同时意味着德性，其次，不是说一个人光有知识就明智，而是说，一个人也要有能力做出得体的行为才明智，不能自制者 1152a10
恰恰不能做到这一点。机灵的人反而也可能是很不自制的。正因为这个原因，有人才觉得，有些明智的人也是有可能不能自制的。因为机灵以我们首次【349】讨论所表达的方式就与明智不同：两者虽在机智上接近，但在智的灵明上有别。【350】

不能自制者也不 1152a15
像一个有知识的明白人，而像一个睡着的人或醉汉，尽管他是自愿的（因为在某种意义上他明白他在做什么以及为什么这样做），但他在不能自制上不完全是个坏人，因为他的意愿是善的。所以他只是半个坏人。他也不是不公正的，因为他不是搞阴谋诡计；这种人一方面不能坚持自己深思熟虑

【348】参阅 1144a11—b32。

【349】1144a23—b4; 参阅 1145b19。

【350】这句话很重要，涉及对明智和机智差异的界定。但各个版本译法不同：剑桥版译作：they are close in respect of reason,but differ in respect of rational choice. 这个译法有两个问题：一是 reason 没有把“明智”和“机灵”共同涉及的 nous（努斯）这种“直觉之智”的 Intellligenz 表达出来；二是句尾的 rational choice（理性选择）太泛，没有表达这里所想表达的精确区别。同样德文版对这个词也译得五花八门：Meiner 版把它译作：Vorsatz（故意），Taschenbuch 版都把它译作 Willen（意志或意愿），Reclam 版译作 die frei Entscheidung（自由决定）。参考 1144a23—b4 的论述，机灵（Gewandtheit 或 Geschicklichkeit）属于“明智”的行动能力，但它本身不考虑“目的”，因为“目的”是已经由预先规定好的，它只是懂得如何达到目的的行动能力，所以，如果“目的”是善的，机灵就值得称赞，如果目的是卑劣的，它就是狡猾。因此，它缺乏的恰恰是“明智”所具有的“灵魂之眼”，它需要有更高的智识来指导。它和明智的区别正在这里，明智也是正当行动的能力，但它懂得举止“得体”之“体统”、“礼节”如何在当下做得“到位”，即有灵魂之眼来“明理”，以辨别目的之善，但机灵不管这一点。因此我们认为两者的主要区别就在于“智的灵明”上，故有此译。

过的东西，另一方面，冲动型的不能自制者则根本不作考虑。所以，不能自制者类似于一个城邦，这个城邦对所有必要的事务做出了决定，制定了最优良的法律，但没有人应用它们，就像阿那克桑德里德斯所嘲讽的：

城邦倒宁愿
什么都不诉诸法律
恶人相反倒运用法律，不过他们用的是恶法。

自制和不能自制是对大多数人之品质的一种超出；因为与大多数人所能掌控的东西相比，自制者坚持过多，不能自制者坚持过少。

冲动型的不能自制者比另一种、对所做事情权谋计议却不能坚持的不能自制者更轻易医治，同样，养成坏习惯的不能自制者比另一种、出于本性的不能自制者更易于医治。因为习惯可变，本性难移。也正因为本性难移，习惯也难以改变，因为它类似于本性。也如同埃内努斯所说：

朋友，请信我言，
习惯养成于长久练习，
终将固化于人心，
陶冶为人的第二天性。

如此，什么是自制和不能自制，什么是坚强和软弱，以及这些品性相互之间有着怎样的关系，就得到了规定。

12. 关于快乐的三种流行意见

考察快乐和痛苦，也是政治哲学的课题。因为它如同建筑师那样为城邦生活确立目的，我们每个具体的人都是鉴于这个目的才能言说善或恶。此外，这也是我们必然要探究的对象。因为我们认为，伦理德性和邪恶都同苦乐有关，而且大多人都说，幸福是与快乐相连的，这也就是人们把喜悦的人称为幸福的人的原因。

注释　正文

有些人的看法是，没有哪种快乐是一种善，无论是就其自身而言，还是就其偶性而言都如此（因为快乐和善不是同一种东西）。另一些人说，有一些快乐是善的，但多数快乐是恶的；第三种意见是，即使所有快乐都是善的，也还不能说快乐是最善。

说快乐根本不是善的人给出的理由是，每种快乐都伴随着一种可感觉得到的在自然状态上的变化，可是，所有变化都不与目标属于同一种类，就像房屋的建筑，不同房屋属于同一种类一样。此外，有节制的人逃避快乐，而明智的人追求无痛苦，但不是追求快乐。再次，享受快乐妨碍清晰的思想，而且是享受越强烈的快乐，也就强烈地阻碍思想，如在性快乐上就是如此，没有人在享受性快乐时还能有某种思想能力。除此之外，也不存在制造快乐的技艺，可是每种善都是技艺的杰作。【351】最后，儿童和动物也追求快乐。

关于［第二种意见：］不是所有快乐都是善的，被列举的理由是，有些快乐是羞耻的和卑贱的，有些是有害的，因为这些带来快乐的东西，结果会致病。【352】

［第三种意见］说快乐不是最善，最终列举的理由是：它不是一种目的，而是一种变化。

通常存在的一些看法，大概就是这些。

【351】根据 Meiner 版译，Reclam 版大意相同。但 Taschenbuch 把“技艺”译作“科学”（或“知识”）：“不存在关于快乐的科学（知识），但每种善都是科学（知识）的作品”。

【352】Taschenbuch 版译作“味感甜蜜的东西，有害健康”。

13. 对快乐不是善的意见的反驳

下面的考察将表明，上述理由既不能证明快

1152b25 乐不是善，也不能证明快乐不是最善。

首先，善有两种意义（本然的善[353]
和相对的善）。因此，本性与品质，及其与
之相应的变化和再造，也都有这样的双重意
义。那些被认为是坏的东西，有些是本然的
坏，另一些是相对于某人的坏，但相对于另
1152b30 一个人则相对不坏，而且对于此人甚至还是
可欲的；有的也不简单地就是对于这个具体
某人是可欲的，而只是偶尔地或短时间是可
欲的，并非总是可欲的；最终，另外一些总
体上是不快乐的，但看起来像是快乐的，因
为如果它本来就与痛苦紧密相关的话，就是
如此，例如给病人提供的治疗过程。

其次，如果说善一方面体现为活动，另
一方面体现为品质的话，那么使我们回复到
合乎自然之品质的那些变化，是附带着快乐
1152b35 的。这种情况下的活动就是作为对某种品质
和本性的再造之欲望而发生的。与此同时也
存在着没有痛苦或欲望的快乐，诸如思辨活
1153a 动的快乐，在这种活动中本性一无所缺。这
从这一点可证：自足的本性和再造的本性不
对同一个令人快乐的东西感到喜悦：再造的
本性对所有令人快乐的东西感到喜悦，而自
足的本性反而只对部分令人快乐的东西感到
喜悦。因为有人吃辛辣苦涩食品也感到是享
1153a5 受，但没有人发自本性地或完全地对之喜
悦，所以这也不是什么快乐感。因为令人愉
悦的事物不同，那么因之而产生的快乐感也
就不一样。

再次，有人认为有比快乐更好的东西，
就像某些人认为目的比生成过程更好一样，
但这没有必然性。因为并不是对所有人而言

【353】这是对希腊语 haplŏs 或 kath' haoto 的翻译，德语有的译作 schlechthin（我们在前面也译作“完全”，“全然”），有的译作 an sich（德国哲学中一般译作“自在”，我们在上文也译作“本来”，“就其自身而言”，但在这里，亚里士多德非常明显地要与“相对的”善区分，所以我们译作“本然的”善，其意思不是相对于某人某物而言，是就其自身本来就是善的。

正文

快乐都是变化，或伴随着变化的过程，而是说，有些变化
过程本身令人快乐，有些则是目标令人快乐。它不因一 1153a10
种品质在我们之内生成而生成，而是我们出于一种品质行
动而生成。此外，不是所有快乐都有一个外在于它们本身
的目标，而是只有那种将本性陶养至完善的快乐才有。因
此，如果有人说，快乐是一种可感觉的生成活动，也是不
确切的，毋宁说，它是合乎自然的品质的生成活动，凡是
在说“可感觉”之处，必定说的是“无阻碍”。它似乎是 1153a15
一种生成活动，因为它在真正意义上是善的，因为人们认
为，活动就是生成活动，但它们有些不同。

说快乐是恶，因为有些令人快乐的东西有害健康，其
意思无非就是有人想说的，某些有害健康的东西是恶的，
因为它削弱了快乐的能力。确实从这方面说两者都是恶， 1153a20
但决不是由于他们快乐才是恶。因为思想有时也有害健
康。

此外，思想和通常的某种品质都不被从它自身产生的快乐所阻碍，而只是被外在的快乐所阻碍，而有探索和学习的快乐恰恰是促进探索和学习的。

但说快乐不是某种技艺活动，这是理所当然的。因为 1153a25
有技艺的活动不是对于别的东西而言，而只是对于能力而
言。反正化妆的技艺和烹饪的技艺都是与快乐相关的。

最后，对于其他的一些责难，说节制的人逃避快乐，
明智的人只追求无痛苦的生活，以及儿童和动物都追求快
乐，所有这些都可以同样的方式来回答。由于我们已经说
过，快乐何以本来是善的，但不是说每一个具体的快乐是 1153a30
善的，所以，动物和儿童所追求的恰恰不是那个本然的
善，而明智者所追求的无痛苦却正是在此方面，因为他们
有此明鉴：快乐感都是与欲望和痛苦相关联的，而肉体的
快乐（这正是与欲望和痛苦相连的）及其过度，使放纵的
人变得放纵。节制的人要逃避的就是这种快乐，但节制的
人也是有自己的快乐。 1153a35

14. 反题：快乐是善且极有可能是最善

1153b 痛苦是一种恶，应该避免，对此主导
的意见是一致的。它部分地本来就是一种
恶，部分地只是在某种方式上作为障碍才
是恶。与应该避免的相反的东西，就其已
经避免了，就其与某种恶相反而言，就是
一种善。所以，快乐必然地是某种善的东
西。斯彪西普试图反驳这一结论所采取的
1153b5 方式，是不正确的。他说，较大的东西既
与较小的东西相对，也与相等的东西相
对。这种反驳是无效的，因为他并不能因
此就说，快乐全然就是一种恶。这完全不
妨碍说，有某种特定的快乐是最善，以及
某些快乐是可耻的；因此也能够说，有某
种特定的知识是最善，尽管某些知识［和
能力］【354】也是恶的。也许这甚至是必
1153b10 然的，因为，对于每种品质都有不受阻碍
的活动，幸福又在于所有这些不受阻碍的
活动或者其中唯一不受阻碍的活动［之实
现］，而这种活动恰好在所有不受阻碍的
活动当中是最可欲的。但这就是快乐。进
而言之，这就将有某种特定的快乐是最
善，哪怕多数快乐真的如有些人所意愿的
那样，是可耻的而且完全可耻也罢。

这就是所有人都相信，幸福的生活就
1153b15 是快乐的生活，幸福与快乐密不可分的原

【354】只有 Meiner 版加了"和能力"，因此我们加上［ ］。

注释　正文

因。这是有道理的。因为如果活动受阻的
话，就没有哪个活动是完善的【355】，而
幸福属于完善的活动。所以，幸福的人需
要身体好以及外在的善缘和好运，以免幸
福的完善活动受到阻碍。

但是，那些断言一个人只要有德性，
无论他是贫困潦倒还是陷入巨大不幸中，
都是幸福的人，不论他有意无意，等于什
么也没说。但是也由于幸福需要有好运 1153b20
气，另一些人就以为，幸运和幸福是同一
个东西，但事情并非如此。因为幸运本身
如果过度的话，也是障碍，如是，再称其
为幸运，也许根本就不对，因为它的定性
与幸福不相关了。

既然动物和人都同样追求快乐，这就 1153b25
表明了快乐在某种意义上就是最善：

众口相传的话，决非完全一无是处

但因为本性不同，品质不同，没有什么对
于所有人都无区别地是最好的，或者被认
为是最好的，所以，尽管所有人都追求快 1153b30
乐，但并非所有人都追求同样的快乐。他
们也许根本不追求他们误以为自己渴望的
快乐，诚然他们也错把这些东西作为追求
的目标，不过实际上大家追求的总是同一
种快乐。因为所有东西就本性而言都有某
种神性。但肉体的快乐假借了快乐之名，
因为它使最多的人陷入其中，所有人都分
享得到的快乐。也由于它是唯一众所周知
的快乐，所以人们误以为它是唯一实存的 1153b35
快乐。

其次，如果快乐及其相应的活动真的 1154a
不是善，那么幸福的人显然就根本不可能

【355】完善的，就是实现了的，完成了的意思。活动受阻了，就无法完成。

◀ 正文 ▶

快乐地生活。如果快乐不是善，幸福的人还需要快乐做
什么呢，人不也能够痛苦地生活吗？因为既然快乐不是
1154a5 善，那么痛苦也就非恶非善，人们为什么要逃避它呢？
如果德性活动不更快乐，那么一个有德之人的生活就不
更快乐。

至于说到肉体快乐，人们必须考察这些断言：有些
1154a10 快乐很值得欲求，因为这是高尚而美好的快乐，相反，
肉体快乐不可欲，因为这是放纵的快乐。如果与恶对立
的就是善，为什么与快乐感对立的痛苦感也是恶？或
者，如果非恶即善，那么必要的快乐感也是在此意义上
是善的？或者在一定程度上是善的？由于在某些行为品
质和行动中是有可能不存在善的过度的，那也就不存在
快乐的过度。而在某些品质和行动上是可能存在过度
1154a15 的，由于在快乐上也可能存在过度。但在肉体的快乐中
的确存在过度，而恶之所以是恶，就因为它追求过度快
乐，不追求必不可少的快乐。因为所有人都对美酒佳肴
和性感到愉悦和享受，但不是所有人都以必不可少的方
式享受。与此相反就与痛苦结缘了。放纵者不是逃避
1154a20 其过度，而是完全逃避所有的度。因为痛苦并不与过
度构成对立面，除非对于追求过度的人。

15. 说明肉体快乐显得可欲的原因，神享天福在于其本性单纯

但由于人们不仅必须说明真，而且也必须说明假
的原因（这样才能增强这种说明的可信度；因为只要人
们看出了之所以能把某个并不真的东西作为真的东西
来显示的原因，就将越来越坚定地放弃这种［所谓的］
1154a25 真了），所以我们必须说明，肉体快乐之所以显得特别

值得欲求的原因。

首先，它排遣痛苦。由于过度痛苦，人们就追求过度快乐，一般是把追求肉体快乐用作治疗。但由于这种治疗有其强烈的作用，所以人们追求肉体快乐，是因为它表现出对其反面 [即痛苦] 的消除。

也就是出于这两个原因，有一些哲学家，如同我们所说，认为快乐决非什么好东西，有一些快乐，行为以之为目标是源于劣根性，如动物的本性天生就卑劣，或者因习惯养成，如在坏人那里；另一些快乐是药品，所以表现为坏的，它的前提是缺乏 [健康]，以及拥有健康比变得健康更好。还有一些快乐感只是伴随在这种变得完善的过程中，所以只是作为偶性的好。

其次，由于肉体快感是强烈的，只有那些不能享受别的快感的人才追求这种强烈的快感。这些人为地激起他们的饥渴。如果这些饥渴是无害的，倒也无可厚非，相反，如果它们是有害的，那就恶劣。这些人没有任何别的能让他们感到快乐的东西，中和状态对许多人而言发自本性地就是痛苦的。因为生命肌体总是处在紧张状态，正如自然哲学家的理论也已证明的那样，看和听都是痛苦的，但他们说，我们已经习惯了。正如人在青春期由于发育成熟而处在一种类似于陶醉的状态。青春是令人愉悦的。

不过冲动的本性一直需要治疗。他们的身体由于性格原因时常会受到刺激，欲望总是强烈的。不但与之相反的快乐，而且每一偶发的快乐，只要是强烈的，都能排遣这种痛苦。所以冲动的人会变得既放纵又坏。

在不附带痛苦的快乐那里，不存在过度。这是对本性上令人愉悦东西的快乐，而不是对单纯偶性上令人愉悦东西的快乐。偶性上的快乐我把它称为有治疗作用的快乐，由于治疗的结果就是在有机体上留下健康，产生这一效果的过程才使得治疗手段是令人愉悦的。本性上的令人快乐，就是有快乐本性的人的行为产生的。

正文

但并非总是同一种东西令我们快乐，因为我们的本性不是单纯的，而是还包含某些其他成分，这是构成有生命存在者可朽的原因。所以，其中一个部分所做的事，对于另一个部分是违背本性的，但如果两者的活动
1154b25 是平衡的，那么行动就既不痛苦，也不愉悦。可是，如果本性是单纯的，那么同一行动就将永远是最快乐的。这就是神一直享有一种唯一的和单纯的快乐的原因。因为这不仅在变故状态中有其现实性，而且在不动状态中也有其现实性，而快乐更多地是在宁静状态而不是在变故状态。不过诗人说："不停的变故是最甜蜜的享受"，这是由于我们的本性附着了某种邪恶。因为，如果轻易变故的人是邪恶的话，那么需要变故的本性也是邪恶的，因为它既不单纯也不完善。

以上所说的就是关于自制和不自制，快乐和痛苦，我们说明了它们各自是什么，以及在什么意义上其中一些是善，另一些是恶。剩下我们要讨论的是友谊。

第八卷

友 爱 论

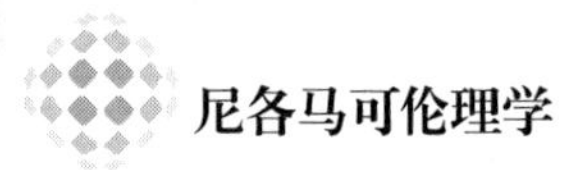

1. 友爱对于个人和城邦的重要性及其伦理等级

此后轮到讨论友爱了，因为它是一种德性，或者说与德性紧密相连。

其次，它对生活是最必需的东西。因为没有人想过没有朋友的生活，即便他有所有其他的善缘。富人、当权者、有势者看起来都特别需要朋友。因为如果有可能做善事，人们首先以及最受称赞的方式就是把好东西与朋友分享，否则这些财富又有何用？而且，如果没有朋友，财富又如何能够得到保护和保存？是呀，财富越多就越不安全。而陷入贫穷和窘迫之时，除了朋友，谁还能伸出援助之手呢？青年人需要朋友的帮助在成长中少犯错误，老年人需要朋友合心合意的关照以及帮他做些力所不及的事，壮年人在所有重要事情上都需要朋友的支持。

“两人前行要结伴……”【356】这是荷马说的。因为两人的知与行比一个人更强。

是呀，大自然本身在造化者和造化物之间，看起来也明显地是相互关联，同属共契的，这种情感不仅在人类当中、而且在鸟类和大多数其他动物当中都存在；她把这种本能赋予了同根同源

【356】荷马《伊利亚特》10，224。这句话可能本来就是不完整的句子，所以有的译本译为“两人结伴时”，有的译为“两人前行”；这对于不熟悉荷马这句格言的中国读者而言，都不能明白其意思究竟是什么。所以，我把不同版本的这两个“短句”合起来译成“两人前行要结伴”，也许与荷马的原文不完全相合，但能更准确地表达亚里士多德在这里想要表达的意思。

注释 正文

的存在者，特别赋予了人。所以我们称赞仁爱者，称赞友爱。在陌生人中，我们也能看到，如同对待亲戚和邻人那样的友善。这种经验也告诉我们，友爱是把城邦联系起来的纽带，立法者心仪友谊更胜过公正。因为城邦的 1155a25
和睦显然与友谊近似，城邦治理者心中想望的主要目标就是城邦和睦团结，而分裂[357]则是他们处心积虑予以消除的敌人。

在朋友中也不需要公正。但在行事公正的人当中需要友谊作为公正的某种补充，而最高的公道也是在朋友中才可遇。

所以，友谊不仅是必需的，而且是美好的，也是高贵的。我们称赞友谊， 1155a30
高扬其意义。我们认为有许多朋友的人是完美的，有些人[358]相信，善人一定是朋友。

【357】这不可译为“纷争”，因为无论什么体制的城邦，纷争是必不可少的，纷争不仅不是“敌人”，很多时候是必需的，而只有“分裂”才是治国者不可容忍、必须根除的“死敌”。

【358】像前面许多地方一样，这里的有些人也是暗指柏拉图学园中的人，因为柏拉图在《吕西斯篇》（Lysis）214d5 说：“只有善者是善者的朋友，恶人决不与善者交朋友”。所以，真正的友谊是善人的友谊，这也是亚里士多德思想的核心。

2. 对友谊的不同意见 / 三种可爱的因缘

但是，对于友谊存在不少意见分歧。一些人说，友谊只对同一类人存在，跟自己同类的人才谈得上友谊[359]，所以俗语说，“同类跟同类交友”，“寒鸦临寒鸦而栖”，诸如此类的 1155a35
说法还有很多。

【359】这也是柏拉图《吕西斯篇》讨论的话题，参见 214a—c。

1155b 相反，另一些人说，同行是冤家，正如陶匠跟陶匠是对头一样。有些人在深入研究这些问题，试图更多地从自然哲学中取得更高的答案。欧里庇德斯这样说：干旱的土地喜爱下雨，挂着重雨的高空
1155b5 渴望坠落大地。赫拉克利特说，“对立的东西契合一致，最美的和谐来自对立”，“万物因争斗而成”。另一些则表达出相反的看法，恩培多克勒坚持同类渴望同类。

我们不谈事物的这些物理方面，它与我们目前
1155b10 的研究隔膜。相反，我们要讨论的是属于人的领域并与品格和性情相关的方面。例如，是不是在所有人当中都能产生友谊，或者说，是不是在恶人之间不可能有朋友，还有，友谊只有一种还是有多种类型。有些人认为友谊只有一种，是因为他们认为友
1155b15 情可以有深浅的差异，这种理由是不充足的，因为不同种类的友谊，也可以有深浅程度上的不同。对这一点前面已经说过了。【360】

如果我们事先就已经知道了什么东西是可爱的，也许就可搞清楚这个问题。因为显然不是所有东西都可爱，而是只有值得爱的东西才可爱。值得爱的东西有三种：善、令人快乐的东西和有用的东
1155b20 西【361】。但人们也可以把有用的东西归入能给我们带来善和快乐的东西，所以作为目的只有善和令人快乐的东西是值得爱的。但人究竟是爱善本身还是爱对于他是善的东西呢？因为两者有时显得是冲突的。这个问题同样也适合于在令人快乐的东西上发问。显然，每个人似乎都爱对于他是善的东西，所以以至于值得爱的似乎就绝对是善，而且对个别
1155b25 人和对他都是善。可是，个别的人并不爱对他是善的东西，而是爱对他显现为善的东西，但这并没有什么区别，因为我们说的正是，值得爱的东西就是显现为善的东西。

【360】所有注释家都注意到，前面并没有说，是谁搞错了？

【361】类似的说法在1099a24—28,1104b31。

注释　正文

【362】对这句话译者的理解是友、爱有别，对无生命的东西可以有爱，但没有友谊，后者是相互的，需要回报。尽管爱一般也是相互的，需要回报，但那是指同类之间。因此亚里士多德在这里说的是对无生命的东西你可以产生爱（如人爱收藏石头，爱山水等），这就不存在友谊。但即使在人类之间，有时也存在单方面没有回报、也不指望有回报的爱，这是一种"仁爱"。所以，不能无条件地把友、爱合在一起用，而要区别对待。有时是友谊、有时是仁爱。

【363】注意这里的"善意"（Wohlwollen）也就是一般说的"仁爱之心"，就是单纯意愿他人好。不把"善意"和"仁爱之心"等同起来就与这里讲的三种可爱的对象对应不起来。把"善意"（Wohlwollen）译作"仁爱"我们起码在休谟的书中见到过（参见休谟著、曾晓平译、陈修斋校：《道德原理研究》，商务印书馆2004年版，第二章：论仁爱（über das Wohlwollen），但同时也请注意亚里士多德对二者关系的明确表达："善意与友爱类似，却还不是友爱"（1166b30—31）。但无论如何，善意、仁爱、友爱、友谊这四个概念具有密切关系，这是我们在阅读亚里士多德时要充分注意的。

所以，这三类事物是产生
爱的因缘。但我们在爱无生命
的东西时，不谈友谊。【362】
因为这里既没有爱的回报，也
没有对他人的善意。确实，谁
要是指望葡萄酒有善意，是可
笑的，因为这里要说"善意" 1155b30
的话，对葡萄酒而言最高的意
愿就是有人好好保存它，以便
为其自身拥有它。但对朋友，
人们必须因其本身而愿望他
好。如果某人以此方式愿望朋
友好，哪怕人们感受到的是与
别人不同的，我们也称他是有
善意的【363】。但凡存在互有
善意的地方，那么我们就说这
里有友谊。或者我们还必须补
充一句：不可向对方一直隐藏
善意？因为许多人对他们从未
谋面的、却认为他们是善良和 1155b35
有用的人抱有善意，而后者对 1156a
前者也可能抱有同样的善意。
所以，他们相互之间看起来是
相互有善意的，但是，如果一
个人对另一个人一直隐瞒这种
善意，那我们如何能称他们是
朋友呢？所以，要成为朋友，
就必须不仅要出于上面所说的
可爱因缘互有善意，都愿望对
方好，且双方都要让对方感受 1156a5
得到这种善意。

正文　注释

3. 三种友爱

由于三种因缘不同，结果友爱[364]也就不同。因此说，有三种友谊，对应于值得爱者的三种性质。这样，在每一个值得爱的人心中都有一种毫不掩饰的爱的回报。于是，相互友爱的人们出于互爱之故，都愿意对方好，因此才成为朋友。

因有用之故而爱，这不是因另一个人本身的品质而爱，而是因能从对方得到某种好处而爱；基于快乐因缘的友爱也是如此。因为不是因为他本身的品质而爱他，而是因为他在社会中精明能干而给自己带来快乐。

所以，凡是因有用之故而形成的友爱，人们爱的是自己，因为他们是为自身欲求某种好处，而在因快乐之故而生的友爱这里也是如此，因为他们为自己追求快乐。这样看来，在这两种情况下，都不是因友本身可爱而生友爱，而是因对方有用或能带来快乐而生友爱。这些友爱因此就是偶然的。因为他不是因为他本来所是而被友爱，而是由于他能带来某种好处或快乐而被友爱。

所以这种友爱，一旦朋友有所变故，就容易消逝。因为伙伴中的一方不

【364】“友爱”一般的表达是“友谊”和“爱”。我们在这里也把因可爱的任何一种因缘产生的友谊而称做“友爱”。因此尽管字面上它只是“友谊”，我们还是可以译做“友爱”。

注释　正文

再能带来快乐或不再有用了，对他的友
爱就终止了。而有用是不能持久的，它
有时这样，有时又是另一样。一旦这种
因缘变了，友爱就会随之烟消云散，因
为他们一心所考虑的那个东西不再存在。

经验告诉我们，基于有用的友爱尤 1156a25
其存在于老年人当中，因为这个年纪的
人不再追求快乐，而追求实用。而在中
年人和青年人中只有那些以他们的利益
为重的人才是这样。但这些人也根本不
适合于过共同生活，因为在共同生活中
他们相互之间有时不会愉快。既然他们
的整个吸引力只在于期望对方会带来好
处，所以，一旦不能从友谊中给他们带
来什么利益，他们就根本不再往来了。 1156a30
此外人们把主—客之间的友爱（Gastfre-
undschaft）也归于这一类。【365】

【365】这种说法不妥，很多像中国这样好客的民族肯定不会同意。因为对待客人的友谊往往是真诚和纯粹的，不带任何功利色彩，当然客人能带来快乐是主要的（所谓“有朋自远方来，不亦乐乎”）。

青年人的友爱反而是以快乐为目标
的，因为他们受情绪控制，生活注重快
乐，而且注重当下。但是，到了这个年
纪，也有别的东西能带来快乐，所以，
青年人的友爱来得快，去得也快。因为 1156a35
友爱也随带来快乐的东西而改变。况 1156b
且，青年人的快乐也是迅速变换的。其
次，青年人也强烈地渴望爱，这种爱主
要受激情驱使，受快感左右。所以他们
爱得快，结束得也快，如此改变不出当
天的也不罕见。但只要这种爱还在坚
持，他们就喜欢整天待在一起，快乐地 1156b5
共同生活。这样一来友爱也就与他们共
在。【366】

【366】这句话有的版本译作“这样他们也就能实现友爱的意义”，可参考。

4. 完善的友爱

但完善的友爱是因同一类人之间的友善和
相似的德性品质而生的友爱。因为在这种友爱
上，他们以同样的方式愿望对方好，不是出于
别的因缘，而是因为他们都友善，本身都有高
贵品质。而这种因朋友本身之故而愿望他好的
1156b10 友爱，就是完善意义上的友爱，因为他们对对
方友爱，不是出于偶然因缘，而是出于每个人
都爱对方的品质。所以在这些人之间存在的友
爱，只要他们的德性品质还在，就一直存在，
而德性就是持久的品质。

其次，在这种友善关系中的每个人原本就
是友善并对朋友友善的。因为德性高贵者都是
原本友善，同时又相互有益的【367】。而且他
1156b15 们在同样的方式上令人快乐，因为德性既原本
就令人愉悦，又能让对方感到欢喜。每个人既
对他的也对与他相似的行为方式感到愉悦：有
德之人既有相同的也有相似的行为方式。【368】

这种友爱是持久的，有其善的因缘，在朋
友当中必须有的东西都汇集在这种友爱中了。
1156b20 因为每种友爱都基于某一善或某一快乐，善和
快乐中的每一个或者是就本身而言的，或者单
纯地是对朋友而言的，此外还基于某种程度的
品质类似性。但在完善的友爱中包含了我们所
说的所有善缘：本身的善或快乐和对朋友的友
善和快乐。因为在它当中通常的一切都统一——

【367】这里的“有益”当然与前面说的“有用”是同一个词：nützlich，但“有用”在我们的语境中过于功利化了，所以在完善的友爱的意义上，还是用“有益”这个词来表达可能更加切合亚里士多德这里的语义。

【368】Reclam版的翻译做了一点引申，它把“相同的行为方式”译作：“每个人都有源自其固有品质的行为方式”；把“相似的行为方式”译作：源自快乐的行为方式。供参考。

致了，既是完全的善，也完全令人快乐。而这也就是友爱的最高形式了，爱和友谊在这些人当中获得了最友善的和最高贵的形式。

可是，这种友爱自然是很稀罕的，因为很少有这么高贵品质的人。此外，这也需要时间来培养这种性情并养成对共同生活的习惯。因为俗话说，从前没有一起吃过盐巴的人，是不会相知相识的，所以，除非一个人向另一个人证明了自己值得爱，确立了信任之后，人们才能相互承认并接受对方为朋友。但那些迅速表明了友爱的外在形式的人们，虽然是想交朋友，但还不是朋友。因为他们也不能同时是可爱的，也不能同时认识到对方的可爱。成为朋友的意愿能很快完成，但友爱不能很快结成。

5. 三种友爱之比较

所以这种友爱鉴于持久性和其他条件都是完善的，而且在这种友爱中，每一方所付出的和从朋友那里得到的回报，都是相同的和类似的，朋友就该如此。

因快乐之故而生的友爱同这种完善的友爱有类似性，因为有德性的人互为快乐之源。同样，因有用之故而生的友爱也与完善的友爱类似，因为有德之人的友谊也相互有益。但即使是在这些倾向于得到快乐和好处的人们这里，也只有当他们每个人能从对方那里得到相同的回报，例如快乐，不仅如此，而且也要从同样令他们快乐的事物上，例如，在同样品格和同样幽默的人们的交往中，相互感受得到回报，友爱关系才是最持久的。这种关系与爱和被爱的关系不一样。在这里两人不对同样的东西感到愉悦，而是一个人对受到了爱的关注，另一个人对示爱的成就感到愉悦。但是，不少人一旦青春的花容消逝，爱的终点也就来临了。因为一人不再从关注中得到快乐，另一人不再得到习惯了的关注。但是，如果两人在品质上取得一致，并且每个人在交往中能得到另一人心心相印的信任，这种友爱也会继续。但是，如果人们在他们的关系中不是以快乐交换快乐，而是以好处交换好处，他们就不是真朋友，友爱关系也不会持久。毋宁说，因有用之故结交的朋友，一旦对方不再有用了，他们的关系就终止了。因为这种友爱不是涉及对方的人品，而是涉及能得到的好处。

因快乐和有用之故而生的友爱也能存在于品质低劣者之间、品质高贵者与品质低劣者之间和品质既不高贵也不低劣者同任何品质的每个人之间，但因朋友自身之故而生的友爱明显地只存在于德性高贵者之间。因为品质低劣者只能从他们所能获得的好处中相互喜爱。

也只有品质高贵者的友爱能抵御挑拨离间。因为这样的人不会轻易相信别人对经受了自己长时间考验的朋友的流言蜚语。在这种友爱中信任是主要的，在他们当中适用的话是："我信任他"，"他绝不会对我做什么不够道义的事"，他们当中有保持真正的友爱所要求的一切。相比之下，在别的友爱形式中则不免受到此类中伤。

既然人们也称那些因有用而走到一起的人为朋友，这也像城邦的做法，城邦与城邦之间诚然就是因利益而结盟的；也称那些因快乐而相互倾心的人为朋友，就像儿童所为，如果我们一定要说这些关系也是友爱的话，那我们反而就必须说有多种友爱，尽管最高的和真正意义上的是品德高贵者当中的友爱，另一些都是与前一种类似的友爱。因为人们只要友善或者似乎友善，就可考虑交朋友。令人快乐者也确实对于爱快乐的人而言是好人。但是，缘于有用和缘于快乐的友爱并不总是相容，不是同一种友爱，因为只是偶然合到一起的东西，不会经常连在一起。

6. 友爱之被视为品质和活动

由于友爱分为这几种类型，所以品质低劣的人也就因快乐和有用变成朋友，由于他们追求的这些东西相同，但品质高贵者则因自身品质之故而成朋友，因为他们恰恰是因为品质高贵而互生友爱。所以他们是真正的朋友，而前两种相反是偶然的朋友，因为他们只是与后者类似。

我们回顾一下德性，有些人是因品质而高贵，有些人是因活动而高贵，所以，在友爱这里也是如此。如果朋友共同生活在一起，那他们相互愉悦，互相做有意义的事；但如果他们睡着了，或天各一方，虽然他们不能实现友爱活动，可相应的品质还在。因为空间上的分离虽然不摧毁友爱，但阻隔了友爱活动的实现。如果长久的分离，友爱也会被淡忘。所以俗话说：

“缺乏交流的友爱，常常已枯萎”

老年人和性情古怪者也很难成为朋友。因为在他们那里很少能让人舒心，没有人能够长期忍受跟一个愁眉苦脸的或不能令人舒心的人在一起。因为大多数人本性上就是避免痛苦而追求快乐。那些相互之间客客气气却不能共同生活的人，宁可说具有善意的品质而不是友爱的品质。因为没有什么比共同生活更合适地表达友爱的特征了。需要帮助的人看重的是朋友有用，享福的人看重的是跟朋友在一起，因为他最不适应的是孤独。但整天在一起消磨时光只在这些人当中才是可能的：他们相互愉悦，能对同样的事情感到愉快。从小一起长大的人之间的友爱就是这样。

7. 作为品质的友爱与单纯的情爱之区别

我们已经多次说过，真正的友爱是德性高贵者之间的友爱。因为只有真正的善和令人快乐的东西才可视为可爱可欲的，仅对个别人可爱可欲的东西永远都只对于那个人才是这样的东西，但高贵对于德性高贵者而言出于双方的缘故都同时是可爱可欲的。

但情爱看起来是一种感性情感，而友爱是一种德性品质。因为爱也可以给予无生命的东西，互爱则要求自愿的选择，自愿的选择则以某种品质为前提。人们也愿望他所爱的人好，这是一种因其意愿的好，不是出于感性情感，而是出于德性品质。爱朋友的人，同时也爱对于朋友本身是好的东西。因为当一个德性高贵者变成朋友时，对于他的朋友而言他就是
1157b35 高贵的东西。所以，他们每个人都爱着对他本身而言是高贵的东西，并给予对方以同样的回
1158a 报，希望对方好，给予他以快乐。这就叫做："友爱即平等"【369】。这在高贵者的友爱中自然表现得最明显。

在性情古怪者和老年人那里不容易有友爱，因为他们脾气不好，又不喜欢社交。因为脾气好并喜欢社交几乎可以说完全是友爱的特
1158a5 征和原因。所以青年人很快就会成为朋友，老年人则不行。因为人们不和自己不喜欢的人交朋友。性情古怪者也是这样。但这样的人相互之间诚然也会有善意：他们也愿望别人好，在别人窘迫之时也会伸出援助之手。但严格地
1158a10 说，他们不是朋友，因为他们不会共同生活，相互不喜欢，这却是友爱最主要的特征。

在完善的友爱意义上，一个人不可能跟许多人交朋友，正如一个人不能同时跟许多人恋爱一样。因为这种爱情是一种过渡，而就爱的本性而言，应该是倾心于一个人的。许多人同时对一个人喜爱得不得了，这也不容易发生。而且，许多人都德性高贵，这也不容易碰到。
1158a15 再者，必须在长期交往中了解到别人的品性，这也是很难的。但是，在涉及有用和快乐的地方，人们确实会喜欢许多人，因为有用的和令人愉悦的人很多，而且他们能够给予的好处，人们只需花费很少的时间就能获得。

在这两类友爱中，基于快乐的更接近于真

【369】据拉尔修的《明哲言行录》记载，这句话出自毕达哥拉斯。在柏拉图的《法律篇》中就作为“古人的格言”而引用。

注释　正文

正的友爱本身，因为两人起的是相同的作
用，相互地给予或者在同一事情上感到快 1158a20
乐。年轻人的友爱就是这样的。因为他们在
快乐上总是表现得慷慨，而在基于利用的友
爱中则陷入斤斤计较。那些享福的人们也不
需要朋友有用，而是需要朋友给他们带来快
乐。他们希望别人围在他们周围，跟他一起
生活。一时的不快可以不计较，但持续的痛
苦无人能忍受，哪怕是至善的观念也是这 1158a25
样，如果给他带来痛苦的话，他也决不会忍
受。所以，享福的人是寻找令他们愉悦的朋
友。也许他们也应该看到，他们所寻找的这
些朋友也应当是好人才行，是的，不仅在他
们看来是好人，而且也要求对他们好，令他
们愉悦才行。如果这样，他们的友谊就具有
了友谊所当有的一切品质。

那些有权有势者显然需要两类朋友：一
类是对他们有用的，另一类是令他们快乐
的。但这两类人并不经常地统一在一个人格
中。因为他们寻找的，不是令人愉悦、同时 1158a30
又有德性的朋友，也不是对于高贵而完美的
目的而有用的朋友。相反，他们要求的是一
个方面，寻找机智灵活的人让他们快乐，寻
找聪明能干的人执行他们的命令。但这些本
事很少有人能一身兼有。但德性高贵者，我
们前面已经说过，【370】既是令人愉悦的同
时又是有益的。但德性高贵者不同有权有势
者交朋友，除非后者在德性上也超过了他还 1158a35
差不多。因为假如不是这种情况，在这个被
[有权有势者] 拔高的关系中就不成比例，
因此也没有平等。但这个既有优越地位又有
高尚德性的权势者是很少见的。

【370】1156b12—17; 1157a1—3. 参阅 Rclam 版的注释：VIII25。

正文

8. 有差等的友爱

上述友爱都是建立在平等基础上的。在这些友爱中，双方所提供的和期望得到的东西是同样的，或者以不同的东西来交换，例如以快乐交换好处。这些友爱是比较低等的，也很少能持久，对此我们已经说过了。由于它们 [与真正的友爱] 显得既相似又不相似，[所以] 在同一点上就显得既是友爱又不是友爱。鉴于同基于德性的友爱相似，它们显得是友爱，因为一方提供快乐，另一方表现有用，而这两者在基于德性的友爱本身中也兼而有之；但后者既不被挑拨离间，又能持久维持，前者则相反地快速变换，在某些别的方面偏离真正的友爱，所以又由于它们同真正的友爱不相似而显得不是友爱。

不过，还有另外一类友爱是存在于有差等关系中的，如父子之间的友爱，以及一般地存在于老年人同年轻人、男人和女人、君王和臣民之间。这些友爱之间也是有区别的，父母同子女之间与君臣之间的友爱就不是同一种，而父亲对儿子的友爱也不等于儿子对父亲的友爱，丈夫对妻子的友爱也不等同于妻子对丈夫的友爱。因为在这些人当中，每一个都有某种不同的德性和自身固有的活动，每个人都有不同的爱的动机，因此爱和友谊每一次都是不同的。每一方为另一方所付出和得到的是不同的东西，所以人们也不可要求相同。不过，如果子女对父母做了他们作为被养育者应当做的，而父母对子女做了他们作为养育者应当做的，友爱在这种情况下就是持久的和公道的。在所有这些基于差等的友爱中，爱必须是合乎比例的。德性更佳者、更有用者以及通常说的地位尊优者，他们被爱多于爱。因为如果双方按照其受尊重的程度（Würden）被爱，就产生了某种程度上的平等，确实这种平等可视为所有友谊的基本特征。

◀ 注释　正文 ▶

9. 有差等友爱中的平等以及差距多大才可保全友爱

但是，在公正上的平等和在友爱上
的平等不是同一回事。公正上的平等首 1158b30
先依据的是人的配得【371】，其次是数
量上的平等。相反，在友爱中数量的平
等居首位，配不配得居其次。如果两个
人在品质好坏、财富或其他方面有很大
差距，可以清楚地看到，他们就不再是
朋友或者也不会期望继续做朋友。这一 1158b35
点最明显地表现在诸神身上，它们在所
有善目上都远远地高过我们，[所以他
们不会成为我们的朋友]。在君王身上 1159a
也能看出这一点，在他治下的臣民百姓
不会寻求同他做朋友，就像品质低劣的
人们不会期望与最优秀的、最有智慧的
[圣贤] 做朋友一样。

差距究竟多大还能保全双方友情的
空间，对此做出一个精确的规定当然是
不可能的。可以断言的是，[差距大的
双方] 如果依然继续做朋友，有一方也
会失去许多东西。但差距如果大到像人 1159a5
和神的距离，那么就不可能继续做朋友
了。这也就不禁让人提出这个问题：朋
友是否真的指望朋友们会得到至大无比
的善，例如变成诸神。【372】真要是这
样的话，他们就不再继续是朋友了，那

【371】这里所说的“配得”就是上文所说的“按照受尊重的程度”，德性更佳者等等受到更多的友爱，就是亚里士多德所谓的在友爱的事情上的“比例的平等”。同时请参照第五卷中关于“几何比例的平等”（等于“比例的平等）和“算术比例的平等”（等于“数量的平等”）。

【372】Meiner 版对后一句的译法不同，是这样的：“例如，被放置在诸神当中的幸福和尊荣”。但由于大多数版本都是“成为诸神”，所以这里选择从众。

正文　注释

么[善]也就不再是对于他们而言的
善，即朋友所是的善了。【373】[对这
个问题的解决办法是]【374】，如果朋
1159a10 友就是因朋友自身之故而愿望朋友好
这个规定是对的话，那么这个规定的
前提是，被爱的朋友在所有情况下都
要保持是他所是的那种人，那么朋友
是愿望他得到作为人而言的最大善；
但也许不是所有人都有此意愿，因为
每个人首先是愿望自身好。

通常人们出于虚荣心明显地是愿
意被人爱多于去爱，所以大多数人喜
1159a15 欢被人奉承。因为奉承者是一位屈尊
于你【375】的朋友，或者他表现出屈
尊于你的样子，好像他真的比你爱他
更爱你似的。而被爱的感觉类似于被
授予荣誉的感觉。而被授予荣誉确实
是大多数人所追求的。可是，荣誉似
乎是人们附带欲求的而非本来欲求的
东西。【376】通常人们喜欢从地位高
1159a20 的人手上接受荣誉，那是由于抱着这
种希望：他将凭着这个荣誉从后者那
里得到他所需要的东西，所以他乐于
把此荣誉看做是往后获得恩惠的一
种预兆[或保障]。而那些希望被德
高望重者和有判断力的人授予荣誉的
人，则是期望因此而加强他们自身对
自己的看法。他们喜欢这荣誉，是因
为授予荣誉的人是德高望重者和有判
1159a25 断力的人，他们信任后者做出的判
断。而那些喜欢去爱的人则相反，他
们是因爱之故而喜欢爱，于是人们看

【373】请注意这句话，不同的版本译法都不同。我选择的是Meiner版。

【374】这句话其他版本中没有，所以可以肯定是Meiner版译者加的，但加了这一句，论证的结构就清楚些，因此我们加上[]加以保留。

【375】这里译作“屈尊于你”似乎比译作“地位比你低”更符合“奉承者”的形象，因为直白地说，“奉承者是一位地位比你低的人”似乎不尽意，当然有地位比你低的人奉承你，但亚里士多德这里说的是奉承者是故意表现得如此，而不是真的地位比你低。

【376】这句话所讲应该和第一卷1095b25讲的是同一个意思：荣誉问题的关键与其说是追求荣誉的人，不如说是授予荣誉的人。就是说，被授予荣誉不取决于自身，而取决于他人，所以它不是追求的目标本身，而只能附带地被欲求。

到，爱比接受荣誉更好，友爱本身就值得欲求。

但友爱更多地在于去爱而非被爱。这可由母爱来证明，母亲总是以去爱为喜悦。有些母亲让
自己的孩子由别人去哺育，即使有意识地给孩子 1159a30
们送去她们的爱，但无法要求爱的回报。因为她们不能共同生活在一起。相反，只要她们能看到孩子们过得好，就已经心满意足了。尽管孩子们可能出于无知，根本不把她们当做母亲看，她们还是爱孩子们的。

10. 具体的友爱之有持久性的基础

但由于友爱更多地在于去爱，而且那些爱朋
友的人们受到称赞，所以爱也表现为朋友的德 1159a35
性。那些按照配得和比例去爱的人，是持久的朋
友，他们的友爱同样也是持久的。所以友爱最有 1159b
可能使有差等的人成为朋友，因为这样就能在他们当中建立平等。平等和一致对成为朋友至关重要，特别是在德性上的一致。由于德性本来就是持久的[品质]，有德性的朋友就能保持长久的
友爱，相互间不需要提供坏的帮助，甚至他们 1159b5
会，如果一般地可以这样说的话，杜绝这种事情发生。不过，有德性者的本性是，既不允许自己犯错误，也不允许他的朋友犯错误。【377】品质恶劣者则没有持久性，因为他们从来就没有与自己本身保持一致，不过他们在短时间内会成为朋
友，因为一个人能喜欢上另一个人的坏。那些相 1159b10
互有用或者快乐的朋友要稍微长久些，因为他们

【377】这句话如果被翻译成："好人既不会自己犯错误，也不会允许朋友去犯错误"，就太有悖常理了。

能相互提供快乐或好处。

相互对立关系或本性的人之间的友爱，如富人和穷人，无知的人和有学识的人之间的友爱，
1159b15 似乎特别地以基于有用的友爱最为常见。因为每个人所欲求的，都是他所缺乏的，因此他给予对方的就是作为互换。所以也可以把爱者和被爱者，俊美的人和丑陋的人之间的友爱归于这一类。所以爱者有时也会显得搞笑，因为他们竟然想要像他们去爱别人那样地被别人所爱。人们也许是可以有如此奢望的，只要双方都同样值得爱。但如果事情原本不是这么回事，那么这种奢
1159b20 望就是可笑的了。而相反者也许也不是因相反者本身去追求它，而是出于偶然地去追求它，真正的要求也许是求中庸，因为中庸就好。例如，如果说太干的东西不好的话，那么它要是变湿了也不好，而要获得一个中间状态，即不干不湿才好。对于热的东西和其他诸如此类的东西可以类推。不过，我们不想继续谈下去了，因为它不属于现在所讨论的话题。

11. 友爱和公正作为城邦共同体的维系力量

1159b25 正如我们一开始【378】就已说的，友爱如同公正，涉及的是同样的对象，在同样的范围内。因为在每一种共同体中似乎都存在某种公正，同样也存在友爱。至少可以把同船的旅伴，同伍的士兵，以及其他诸如此类的处在某种共同体中的
1159b30 成员，称做朋友。共同体的范围有多大，就在多

【378】参见1155a22—28。

注释 正文

大范围内有某种友爱，因为在这个范围内也有某种公正。所以下面这个俗语确实说得对："朋友好，共同好"。【379】因为友爱在共同体中。在兄弟和如同兄弟的人当中，一切都是共同的，在其他人当中只在有限的事情上是共同的，[一般地总是]有些人多些，有些人少些，就像友情，跟有些人亲密些，跟有些人疏远些。公正也是这样，并非到处都是一样的。父母对子女的公正就不同于兄弟之间的公正，联系紧密的伙伴之间的公正不同于公民之间的公正，而且与此类似，每种不同的友爱都有其特殊的公正。所以，在每一种这样的关系中的不公正也是不同的。对跟我们越亲近的朋友，越不跟他讲公正；偷同伙的钱比偷一个公民的钱更可恶；不帮自己的兄弟比不帮一个陌生人更可气；打自己的父亲比打任何别人更加伤天害理。这种方式上的公正自然地同友爱是水涨船高的关系，两者涉及的是同样的人，在同样的事情范围之内。

但所有共同体都类似于城邦【380】共同体的部分。因为人们结合到共同体中都是为了特定的利益，【381】为了满足自己的生活需要。城邦共同体原初之建立和此后之维系，显然也是为了利益，因为[普遍]利益是立法者的目标，【382】人们把促进共同福利的东西称做公正。而其他共同体【383】则以追求特殊的或局部的利益为目标。例如，水手们结合在一起航海是为了从中获利

【379】英文剑桥版译作 What friends have they have in common，这与德文版的译法是一致的：Freundesgut, gemeinsam Gut，所以我们译作"朋友好，共同好"。Reclam 版注译，此语出自毕达哥拉斯派成员。

【380】城邦共同体也即"国家"共同体，政治共同体，但不是类似于现在"联合国"或"欧盟"那样的国家与国家之间的共同体，而是公民在一邦国之内的共同体。

【381】柏拉图和亚里士多德都认为城邦形成于需要，因为单个人缺乏自足性。以后黑格尔在《法哲学》中把"市民社会"看做是"需要的体系"，只有在社会中单个人的利益和需要才能得到满足。

【382】参阅 1129b14—15。

【383】这是指作为城邦共同体之部分的共同体。

或赚钱或其他此类目的；武装分子结伙打仗也是为了获利，无论他们是通过掠劫或是攻城，取胜的目的就是利益；一个种族或氏族的成员们结合在一起也是同样的目的。

有些共同体似乎是为了娱乐而存在的，例如为了社交而举办的联谊宴会就是如此；有些是为了祭祀，例如宗教教区举办的共同祭祀活动。所有这些共同体明显地从属于总的城邦共同体。城邦共同体的目标不是眼前的利益，而是掌管全部的生活（但其他联盟的目的总体上从属于城邦的目的，这也适用于上面所说的社交团体）【384】。举办献祭典礼，自然是祭祀神灵的节日，同时也是为了朋友相聚，让自己得到愉悦的放松。古代的祭祀和庆典作为一种新收节【385】在粮食收成之后举办，因为到那时人们才有最多的闲暇。

这样我们就看到，所有共同体都是城邦共同体的部分，友爱也就随着这些作为部分的共同体的不同而相应地不同。

【384】原文这里有破损。多数注释家认为括号中的插入语为后人所加。

【385】新收节（Erstlingsfeier）即每年在粮食收割之后举行的庆祝活动，第一次品尝新产的粮食。

12. 六种城邦政体形式和家庭共同体中与之对应的友爱关系

有三种政体，因此也就有同样数目的变体，也可以说是它们的蜕变形式。这三种政体首先是君主制，其次是贵族制，第三种则基于财产，似乎应当称为财权

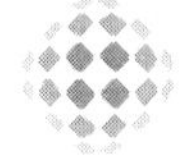

制，但大多数人习惯于称为共和制。在此三者中，君主制最佳，而财权制最劣。

君主制的变体是僭主制。虽然二者都由一位君主统治，但有着很大的不同：僭主只为自己谋取利益，而君王则为他的臣民谋福。因为只有一个完全自足且财富在所有别人之上的人，才配得上君主之名。也正因其别无所求，他就不会为自己谋利，反而为他的臣民造福。如若不然，他就只是一位通过抽签选出的君王了。僭主制与君主制对立，因为僭主追求他自己的利益。在僭主制上人们更清楚地看出了，它是最坏的变体，因为最坏的东西就是最好东西对立面。由君主制到僭主制是一种蜕变，因为僭主制是独裁专制的蜕化形式，一个坏君王变成了僭主。

寡头制是贵族制的变体【386】。这种蜕变导源于当权者的恶：他们违背各得其所的原则来分配城邦的财产，将其中的全部或大部分都归于自己，并使职权长期把持在同一些人手里，把财富看做最高的幸福。在这样的一种制度中，治理的权力掌握在少数人和坏人手中，而非那些最优秀的和最有才干的人手中。

民主制最终由财权制蜕变而来，且两者有着共同之处。因为财权制就其本质而言也是由多数人来治理，所有满足其财产条件的人都被视为平等的。民主制在所有变体中是坏处最少的一个，因为它对财权制的政体形式只做了最小的改变，转变最容易完成。

在家庭生活中我们也可以发现与政体

【386】读者在这里应着重参阅亚里士多德《政治学》第四卷第8章，搞清亚里士多德所述的各种政治体制的特点和优劣。关于寡头制和贵族制，他是这样说的：“贵族政体的主要特征是以德性为受任公职（名位）的依据，而寡头制的特征是以财富、平民政体的特征是以自由人身份”（1294a10—13）。但也有“混合的”贵族政体，参阅《政治学》第四卷第7章。

的相似之处，仿佛就是它们的实例。父子关系具有君主制的形式，因为父亲为儿子操心是他的职责，所以荷马也称宙斯为“父亲”。君主制就其本质而言就是家长式的治理。然而在波斯人那里相反，家长式的统治等同于僭主专制，在家长制下，父亲像对待奴隶一样地对待他的儿子，他们的关系与僭主制下的主奴关系是同样的，因为在这种关系上，主人的利益决定一切。但这种关系在这里显得是正确的，而波斯人的习俗是错误的，因为对不同的伙伴关系必须用不同的形式来治理。

夫妻关系显得是贵族制式的，因为丈夫是按照各适其才的方式来治理，适合于男人做的事由男人去做，而适合于女人做的则应该留给女人去做。但若丈夫想要在所有事务上发号施令，他就把自然的夫妇关系颠倒成为寡头制，因为他违背了各适其才的方式，他不借助于他的 [自然的] 优先地位来治理。有时候，这也就出现妻子当政，如果她继承了丰富财产的话。但这种当政不符合德性原则，而是取决于财富和权力，就像在寡头制中一样。

财权制等同于兄弟间的相互关系，因为他们相互平等，除了年龄上有差别。但如果他们的年龄相差过大，那在他们之间也不再有兄弟般的友爱了。

民主制首先出现在一个没有一家之主的家庭中——因为在这样的家庭中大家都平等——抑或出现在一个当家人软弱无力、每个人想做什么就能做什么的家庭中。

13. 进一步比较家庭共同体中的友爱和政体形式中的友爱

在每种政体中存在着与之相对应的友爱，正如存在与之对应的公正一样。在君王对他的臣民关系中，友爱表现为皇恩浩荡。因为他为臣民们做好事——只要他是一个好君王，他就要

正文

操心臣民们的福祉，善待他们——像牧羊人关心他的羊那样关
心他们，所以荷马称赞阿伽门农为“众人的牧人”。 1161a15

父亲对子女的友爱也是这种类型，只是父爱比君王的友爱
更伟大。因为它是子女存在的原因，这可视为最高的善举。抚
养和教育也全靠父爱。此外，我们同样承认祖先的这种恩德。
父一子，祖一孙，君一臣这是基于自然的关系。这种友爱的基 1161a20
础是一方的优越性，这也是为何父母受到尊敬的原因。所以在
这些关系中公正对双方也不是同样的，而是根据等级和尊卑而
定，因为君主制中的友爱关系也是如此。

夫妻之间的友爱与贵族制中的友爱是相同的。它的基础是
个人的德性，德性更佳一方得到的善也更多，不过每个人各得 1161a25
其所。这种关系中的公正也是如此。

兄弟间的友爱与伙伴的友爱相似，因为他们互相平等，且
年龄相近，因此这意味着他们大多在心智与品质上也是一致
的。因此，这种友爱类似于财权制中的友爱。在财权制下，全
体公民力求同样的权利和价值，因此他们轮流执政、平分权
力，他们的友爱也正是在同样的基础上与平等相应而形成的。 1161a30

但在这些政体的变体或蜕变形式中，很少有公正或正义，
所以也很少有友爱。在最坏的政体：僭主制中，友爱自然就最
少，或根本不存在友爱。因为统治者与被统治者之间没有任何
共同点，因为在这里没有了公正，也就没有了友爱，而只有一
种如同工匠同工具、灵魂同肉体、主人同奴隶的关系：后者虽 1161a35
然得到了使用者某种程度的关注，但对于这些无生命物既不存 1161b
在什么友爱也不存在公正关系。对于牛马和奴隶亦是如此，因
为主奴之间根本无共同点可言。奴隶是有生命的工具，工具是
无生命的奴隶。因此，只要身为奴隶，便不可能有友爱，但诚 1161b5
然在此限度内他还是人。因为每个人，人们可以说，与每个能
够参与到共同的法则与契约关系中的人处在某种公正关系中。
因此，只要奴隶是人，在此限度内就有某种可能的友爱纽带。
所以，即使在僭主制中，友爱与公正也是存在的，只是很少能
找到。而在民主制中友爱与公正最多，因为平等的公民之间拥 1161b10
有许多共同之处。

14. 对不同形式的血亲友爱和夫妻友爱的进一步规定

那么，每种友爱，如上所述，都基于共同
体。然而，在这里还是让我们把血亲之爱和伙
伴[387]的友爱做个区别，就是说，把这些从小
一起长大的人们当中的友爱，作为特殊类型。因
为同邦公民、同族人和同行等等之间的友爱与之
1161b15 相反，反映了某种 [外在的] 共同体的关系，因
为这种友爱似乎是基于契约的。主客之间的友爱
也可归于这一类。

血亲中的友爱虽有多种，但似乎都由父子间
的友爱派生而来。因为父母爱他们的子女，是把
子女看做自身的骨肉，而子女爱他们的父母，是
1161b20 感谢父母生养了他们。但父母比他们的孩子更能
了解孩子是由己所出。此外，创造者更亲近被创
造者，被创造者对于它的原创者则不那么亲近。
因为生育者更愿把由己所出的东西看做是自身的
骨肉，正如每个人都把他的牙齿、头发等等看做
是属于他自身一样。但对于被创造者而言，则不
把或不大把创造者看做是属于自身的。再者，在
1161b25 时间长度上也有区别，因为父母从子女刚出生时
就爱他们，而孩子只有经过了一段时间并且懂事
了之后才会去爱他们的父母。由此[388]便可以
明白，父母之爱为何更伟大。

从这里我们看到，父母爱子如爱己——因为
1161b30 由己所出者就是与己分离的另一个自己——而子
女爱父母，则是因为他们是由父母所生。兄弟姊

【387】伙伴：Hetairia（ἑταιρία）在古希腊主要是指某种政治关系，或政治同盟。

【388】注意上面讲了三条理由。

注释　正文

妹之间的互爱，是因为他们都是由同一父母所
生。这种共同的生命来源造就了他们的共同之
处，所以常言道，“血脉相通，骨肉相连”，即是
如此。因此，兄弟姊妹从某种意义上可以说是相
互分离了的同一个存在。此外，兄弟之情也会因
一起长大成人和年龄相近而愈加牢固，因为年纪
相仿即朋友，【389】性情相投即伙伴。所以兄弟 1161b35
的友爱与伙伴的友爱相似。

【389】这句古谚也出自柏拉图，在《菲德罗篇》(Phaidros) 240c1—3引用了它。

叔伯兄弟以及其他亲属的感情也都由兄弟感 1162a
情派生而来，因为他们同根同源。这种关系的亲
疏远近与他们同共同祖先的远近相应。

子女对父母的爱类似于人对神的爱，是对高 1162a5
尚与优越者的爱。因为父母给予子女的最大恩
德，就是赋予了子女以生命，为哺育和教养他们
操心操劳。和非亲非故的友爱相比，亲子之爱得
到的快乐与益处更大，因为他们有更加亲密的关
系，有更多共同的生活基础。

在兄弟的友爱中能发现所有伙伴友爱的特 1162a10
性，特别是如果兄弟们都同样优秀出色，那么兄
弟的友爱更胜于伙伴的友爱。因为兄弟们相亲相
近，从一出生起就相互喜爱；作为同一父母的孩
子，从小一起由父母抚养、教育长大，性情品质
和思维方式也就更为相似。此外兄弟之情在长年 1162a15
累月中经受时间的考验，因而最为经久坚固。在
其他亲属间的友爱中，其亲密程度同样也与其关
系的远近有关。

夫妻之间似乎出自自然地存在友爱。因为人
的本性与其说倾向于过城邦共同体的生活，不如
说更倾向于过夫妻生活，因为家庭先于城邦且更
为必要，繁衍后代也是动物们所共有的特性。但 1162a20
在其他动物那里［共同生活］仅限于共同群居，
交配也只限于为了繁衍后代。而人则不然，家庭

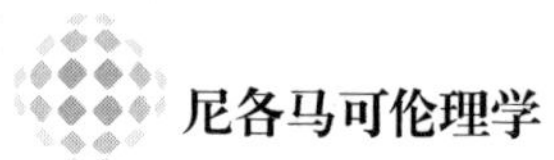

的共同生活不单是为了生儿育女，还为了满足日常生活的需要。从一开始起，男女两性的职责和活动就有了分工，男女有别。他们互相帮助，将自己的特别才干投入到共为一体的建家立业中。因此，婚姻关系中的这种友爱也是可以既有益又愉悦
1162a25 的。但这种愉悦性也是基于他们的德性的。如果夫妇俩都德性高贵，夫妇又各有其独特的德性，那么这就是他们相互吸引并感到快乐的源泉。孩子似乎构成了婚姻共同体的一条纽带，所以没有孩子的婚姻容易解体。因为孩子是双方共同的财富，
1162a30 共同的东西把人结合在一起。但是，夫妻之间，以及一般地说，朋友之间的共同生活形式，如何是应当的这个问题，无非就是要问，公正是如何实现的问题。因为显然，在朋友之间，陌生人之间或伙伴和同学之间，公正都是不同的。

15. 平等友爱中的抱怨和如何回报的分歧

1162a35 由于开始已经说过，有三种友爱，在每一种当中朋友或者是平等的，或者是有差等的【390】——因为不仅两个同样的好
1162b 人可能会成为朋友，一个较好的人和一个较坏的人也可能成为朋友。[这两种可能性也]同样存在于以快乐和有用为目的的友爱中，因为在提供的好处上或者双方是

【390】原意是“一方是优越的”，借用墨子“无差等的爱”和“有差等的爱”之概念，译成“有差等的”友爱更可与我国传统德性论相比较了。

◀ 注释　正文 ▶

相等的，也可能是有差等的——所以，平
等的人必须按照平等来友爱，在所有事情
上做到相互平等；而有差等的人则按比例
使过度的东西从另一方面来补偿。

但抱怨和指责或者唯一地或者主要存 1162b5
在于基于有用的友爱中，这是易于理解
的。那些因德性之故而结成友谊的人，由
于都意愿对方好——这是德性和友爱的本
质特征——都努力做到这一点，所以在他
们之间根本就不可能有抱怨和指责。没有
人去抱怨和指责爱他的人，指望他好的 1162b10
人。如果他品质高贵的话，他会以同等的善
举来回报。而付出比所得多的人，却不会
责怪朋友，这时他自己也得到了他所欲的
东西，因为他们每一个都愿望对方好。【391】

【391】Reclam 版对此有个注释，说这段话的意思是，有德性的人在做善事中实现他的道德价值，他因此达到（得到）了他所追求的善。这是一个非常精彩的阐释。

在为了快乐之故而结下友爱的朋友这
里也不会出现许多抱怨，因为当他们以快
乐来相互回报时，两位朋友同时得到了他 1162b15
们所欲的东西。假如某人想要抱怨另一方
没有给他们的交往带来快乐，那么这也是
可笑的，因为他想放弃与他的交往，完全
是听其自便的。

相反在相互利用的朋友中自然就常常
出现抱怨和责备，因为他们走到一起就是
为了获利，那么他们总是欲求得多，以为
自己比应得的少，而且，一旦他们没有得
到比他们以为是公正的方式所期望的那么
多时，就相互责怪和埋怨。施惠者是不可能 1162b20
达到受惠者想要多少就给多少的地步的。

正如有两种法——不成文法和成文
法——一样，我们也可以设想有两种基于
利益的友爱：一种是习俗性（ethischer

Natur）的，一种是合法性（legaler Natur）的。大多数情况下抱怨之所以会发生，是因为付出和回报不是双方在相同的友爱类型上做出的。合法性友爱基于明确的约定条件，一部分是完全普通的做法，付出和回报是一手出一手进式地完成的，一部分是比较高雅的形式，回报应该是在之后履行的。可是这样，付出和回报就要有约定条件，从而责任明确，避免争吵。而只有当允许延期付出时，才能看出友谊来。所以有些地方【392】在延期付出事情上也不存在什么法律程序，因为人们认为，既然是基于诚信（Treu und Glauben）而结交，那么自己必须甘于诚信。

习俗性的友爱相反不是基于明确的约定条件，而是每一次付出都像是送出一个礼物，或者像通常那样被视为作为朋友的一个证明，但同时却期望得到同样多的或更多的回报。因为实际上他在这样做时不是在送礼，而只是在放贷。而且，当回报不是以如同付出同样的方式做出的时候，抱怨就来了。之所以如此，是因为所有人或大多数人尽管都愿意德性高尚完美，但是却都偏爱利益。做善事不图回报，这是高尚完美的，但为了贪图回报而做善事则是功利的。

所以只要有能力，就应该对所接受的东西给予相应的回报；虽然这是自愿的，但无人能够推想，一个连此意愿也违背的人能够是朋友。如果认了这样的人做朋友，那么宁可承认从一开始就做错了：即从一个不可视为朋友的人那里接受了不

【392】Reclam 版注释说，这是由柏拉图的建议而广为人知的。参阅《法律篇》849e8—850a1。如果说这种做法曾在什么地方流行过的话，那么无论如何不是在当时的雅典。参阅下文 1164b12—16。

注释　正文

该接受的恩惠，就是说，此人不是 [真正的] 朋友，他的行为不是出于友情而是出于别的原因，总之，他是附加了他的明确条件而做善事的，如果人们要得到平衡，只有在他约定的条件下接受他的恩惠才有可能。所以，我们不妨直截了当地说，只要有能力，就要对接受的给予回报；如果不能做到礼尚往来，那么自己就不要要求另一方了。但在接受恩惠时，我们从一开始就要注意看，这是谁给的，在什么条件下给的，要根据人和条件来考虑是接受还是拒绝。

在这里，礼物是应当按照它对于接受者的用处，还是按照它对于给予者所具有的价值来进行衡量并做出回报，存在着分歧。因为接受者会小看这个东西，以为他得到的只是一个对于给予者无关紧要的东西，是从别人那里也能得到的；但给予者则相反，以为这是尽其所能给人的最好东西，是别人不可能给的。而且给这个东西是危险的，他自己也是处在危险的窘境中给的。如果友爱涉及的是利益，难道不该以礼物对于接受者的用处作为衡量尺度吗？他确实是需要者，【393】而另一方帮助他满足需要也是以为他将得到同等的回报。所以这种帮助的大小如同接受者用处的大小，因此他也要给给予者同样多的回报，或者还要更多一些，因为这样在德性上更完美。

在基于德性的友爱中不存在抱怨，给予者的意图适合于作为尺度，因为在德性和礼节上意图如何起决定作用。

【393】这与我们的日常经验不相符，因为除非是一方主动索要，一般朋友，哪怕是功利性的朋友主动送来的礼物，对于接受者来说，并不一定是他需要的，或者说，一般是他并不需要的。

16. 有差等的友爱如何避免反目

在有差等的友爱中也会导致反目。因为每一
1163a25 方都要求得到更多一些。一旦有一方得到了更
多，友爱就解体了。因为一方面 [德性] 更佳者
认为他理所应当地得到更多一些，因为一般地都
是德高望重者得到更多；而另一方面更有用的人
说，他应当得到更多一些，因为没用的人就不应
当拿同样多的一份，如果因为友谊的因缘，不能
按双方的成就所值得到他所应得的，那么这似乎
1163a30 是城邦才该做的公益活动，而不再是什么友谊关
系。因为这样的人把友谊关系看做如同合伙经
商，投入多的人得到的就多。需要救济者和地位
低下者的看法则相反，他们认为，一个好朋友就
在于当朋友有需要时伸出援助之手，因为，他们
1163a35 这样说，如果我们在窘迫时，那些德高望重的和
有权势的人一毛不拔，那做他们的朋友还有什么
用？

1163b 在这里，双方提出的要求看起来都有道理，
每一方都有理由说，因为是朋友关系，他比对方
都应当得到更多一些。但这个“更多”指的不可
能是同一个对象。德高位尊者应得更多的荣誉，
有需要者应得更多的利益。因为对德性和善举的
酬报就是荣誉，而对有需要者带来帮助的，就是
1163b5 利益。从城邦生活中也能得出这种结论。对共同
体毫无贡献的人，享受不到荣誉，因为共同体所
能提供的，就是把共同的善分配给那些为共同体

注释 正文

做出了贡献的人，【394】而这种共同的善就是荣誉。因为一个人从共同体中既要得到利益，同时又要得到荣誉，这是不行的，正如没有谁满足于在所有事情上都只得最少的一份一样。所以在钱财上得到最少的人，将用荣誉来弥补其损失，而那些喜欢收礼的人【395】得到钱财。正如我们所说，这样各取所值既［使有差等的朋友］重建了平衡，又保全了友谊。因此，有差等的朋友关系应当被规整到这种交往方式上来。从友谊中获取利益的人，或者通过利益而成就德性和才干的人，必须尽其所能地给对方回报以更多的荣誉。因为友谊只要求尽其所能，而不是取其应得。后者也根本不可能在所有关系上做得到，例如，在荣誉上，我们就根本无法让诸神或父母得到他们所配得的尊荣，因为没有人能够回报得了这种大恩大德。所以，只要是尽力而为地回报他的亏欠，这个人就被认为是高尚的。

因此，儿子永远不可不认他的父亲，但父亲却可以宣布不认他的儿子。因为欠债必还，但儿子用其所做的一切都无法回报得了他从父母那里接受的恩惠，所以他永远是个欠债者。但是债权人相反，他可以自由决定是否免

【394】参阅 1130b30—32。

【395】台湾版和商务版在这里或译做“贪污腐败的公务人员”或译做“受贿的人”，似有不妥。把这种违法乱纪活动作为友爱中的“各取所值”，说它既重建了平衡，又保全了友谊，会将亚里士多德的友爱观贬得一文不值。因此我按 Meiner 版把这里译做“喜欢收礼的人”（wer gerne Geschenke nimmt）。

除欠债者的债务，因此，父亲可以自由决定要不
要认这个儿子。同时在这里我们要看到，如果不
是儿子太邪恶，也许没有哪个父亲不认儿子。因
1163b25 为除了这种自然的父爱之外，人之为人的本性也
使得任何一个做父亲的人不会反感帮助自己的亲
骨肉。相反，如果儿子太卑劣无耻的话，倒是可
能逃避对父亲的帮助，或不特别尽心地帮助父
亲。因为大多数人都想得到好处，但对于他们看
不到好处的善事却不愿去做。

关于这个话题就说这么多。

第九卷

友爱续论

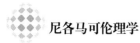

正文

1. 因缘不同的友爱如何回报

在所有不同类型的友爱中，如上所述，合乎比例地建立了平等
并得以保存了友谊。这也就如同在公民交往中鞋匠得到与他做的鞋
1163b35 所等值的回报，织布匠和其他匠人也是如此。所以人们在这里创造
1164a 了作为共同尺度的货币。一切都以它为基准，以它来衡量。相反在
爱情关系中，有时爱者抱怨他爱得太多，没有得到相对应的爱的回
1164a5 报，也许是他本来就没什么值得人爱之处，而有些被爱者却抱怨，
对方先前给他承诺的一切，现在无一兑现。凡是出现此类情况的地
方，都是因为一方因快乐而爱对方，另一方是因功利而爱对方，双
方都没有达到其意图。如果友爱建立在这样的基础上，那么只要他
1164a10 们不能如愿以偿（因此之故他们爱的是自己），友爱就会解体。因为
他们爱的都不是对方本身，而是从对方身上能得到的东西，不能持
久的东西。所以他们的友爱也是不能持久的。与之相反，建立在品
格之上的友爱和因友谊本身而建立的友爱，则如我们所说，具有持
久性。

同时，如果朋友得到的并不是他所追求的东西，也会发生意见
1164a15 分歧。因为如果不能如愿以偿，就相当于什么也没得到。这就如同
一个琴师的雇佣者，他许诺，琴弹奏得越好，得到的报酬也就会越
高。可是第二天，当琴师要求其兑现许诺时，他却回答说，他已经
以快乐来支付报酬了。如果两人的意愿都是快乐的话，这样也还算
说得过去。但如果一个人追求的是娱乐，另一个人追求的报酬，前
1164a20 者如愿以偿，而后者却得不到报酬，这样就无法达成一致。因为每
个人意图得到的，正是他恰好必需的东西，为了这个东西他才付出
他所拥有的东西。

但报酬应该由谁来决定呢，是由首先付出者还是由首先接受者？首先付出者似乎是听凭另一个人来决定报酬的。据说毕达哥拉斯也

注释　正文

是这样做的。他首先教授点什么，让学生来对 1164a25
所得的知识进行估价，他则照此收费。但在此
类事情上有些人宁可采取“先讲好报酬”的原
则。而那些让人事先支付了报酬，却又没有做
到他们所承诺之事的人（因为他们应许得太
多），应该受到谴责。因为他们做不到他们自
己所应承的事。智者们也许是不得不事先收 1164a30
钱，因为否则的话，没有人会为他们所知的东
西给他们付钱。所以，那些为他们做不到的事
而收了钱的人，理应受到谴责。

但是，对于要做什么事情没有事先商定
好，那就不存在谴责，像我们已经注意到的这
种情况：一个人是因另一个人之故而帮助他 1164a35
（因为这是基于德性的友爱）。在这种情况下， 1164b
回报要根据另一个人的心意而定，因为这是符
合德性和友谊的。诚然，这也适用于爱智者的
师生关系。因为这里的价值[396]不可以金钱
来计算，也设想不出有与之匹配的荣誉，相 1164b5
反，如果有人在这里做了他所能做的事，像对
待诸神和父母那样，就足够了。

但如果不以这种方式报之以礼，而是要算
计回报，那么这种回报最好遵循双方都认为值
得的方式。如果做不到这一点，那么让接受服
务的人来规定价值，不仅显得必要，而且也显
得正当。因为他从别人那里得到了多少利益或 1164b10
者说得到了多少享乐，他就要回报给那个人那
么多，那个人因此才得到应得的报酬。在买卖
中明显地也就是这样做的。甚至有些地方的法
律禁止对自由交易进行干预，因为合同必须以
他们约定好的同一方式同他信任的人订立下
来，价格由接受方来定比由出让方来定更加合 1164b15
理。通常情况下，一个东西的占有者和想拥有

【396】Meiner版的翻译是：“这里，应得的感谢不可以金钱来估算，也不存在与之相配的报酬。”

者，出价是不同的。因为每个人对他的所有物和他要献出的东西总是估价很高，但尽管如此，交换所发生的价格还是要由接受方来决定。但是，一个物品的价值不应根据接受者在得到之后对它的估价有多高来衡量，而应根据他在得到这个物品之前对它的估价有多高来衡量。

2. 不同回报责任之冲突如何解决

诸如下列问题也是难解决的：一个人是否应该什么事情都听凭父亲做主，在所有事情上都顺从他，还是应该像在生病时把自己托付给医生，在选择将军时把他的票投给一位善于打仗的人那样？但如果两者不能同时兼顾，是否更应该帮助朋友而不是有德性的人，更应该回报受其善举的人而不是施惠于一个好伙伴？

对所有这些问题做出准确的决断实属不易，因为存在着许许多多的差别，事情的大小不一样，行为的高尚性和必要性也不同。但毫无疑问，不是在所有事情上都应该听从同一个人。而且一般情况下，[优先] 报答他人的善举而不是施惠于好伙伴更好一些，就像一个人更应该先归还所欠的债务而不应该先向伙伴借贷一样。但这也不是总是有效的。例如，一个从强盗手中被人赎回的人，是再赎回他的解救者（也不管他是谁），还是把赎金退还给他？又假如这个人没有被绑架，但要求把钱还给他，那么是应该先还钱还是应该先把自己的父亲赎回来呢？当然一个人应该先赎回他的父亲而不是他自己。

正如所说，人们一般情况下应该先归还所欠的债务，但如果一项自愿的捐赠更加完美，更加必要，那就应该首先捐赠。因为有时回报一个先前接受的帮助，并不合乎平等的要求。例如一个人把某个好处给了一个他所认识的好人，而另一个人回报的则是一个他所认为的坏人。

有时，一个借过钱给你的人，并不一定要借钱给他。因为他借钱给你的时候是知道，他将从另一个他所认为的公道之人那里再次得到。但另一个人却不能指望从他那里收回来，因为这是一个坏人。如果实际情况真是如此，那么两方面的重要性并不相同。如果情况并非如此，而只是有人认为如此，那么拒绝回借给他钱至少并不是干了一件有悖理性的事。所以，正如我们经常强调的那样，对于人的情感和行为的讨论，只可达到对象所能容有的那种确定性。

一个人并不对所有人都承担同样的职责，也用不着什么都听他父亲的，就像我们也并非把一切都献祭给宙斯一样，这是毋庸置疑的。由于父母、兄弟、伙伴和对我们行善举的人各不相同，那么我们对每个人都要给予与他应得相配的和对他合适的回报。看来人们实际上也就是这样做的。人们邀请亲戚参加婚礼（因为同他们有共同的宗族，这些活动也与他们相关），出于同样的原因，人们首先也是期待亲戚参加哀悼活动。人们应该首先供养父母，因为我们都欠父母的，帮助自己生命的生养者比帮助自己更加高尚。其次，要像荣耀诸神那样荣耀父母，但不是把每一种荣耀归于父母。因为父亲应得的荣耀和母亲应得的荣耀并不是同样的，恰如贤人和将军应得的荣耀并不相同一样，而是给予父亲以父亲应得的荣耀，给予母亲以母亲应得的荣耀，并给予每个长者与其年龄相配的尊重，如在他们面前起立相迎，恭敬让座等等。但对于伙伴和兄弟则要坦率相待，祸福与共。同样人们必须努力对亲戚、同族人、同邦人等等给予他们应得的礼遇，要注意对每个人都按照亲疏远近、德性和用处给以适当的区别对待。对同样出身的人做出这些判断比较容易，但对于陌生人则相对较难。不过，我们不应当放弃努力，而应当尽力而为地做出区别对待。

3. 友爱的终止

有人也可能会问，当人发生改变之后，同他的友谊是该保持还是该终止。凡是基于有用和快乐的友谊，人一旦变了，不再有用，不再带来快乐，友谊终止就是自然的。因为这是对利和乐的友爱，只要这个前提不存在，对他的友爱就终止了。但如果某人本来是因利乐而友爱，却装作是因品德而友爱，那就会产生抱怨。正如我们开篇所言，当两人心中对友爱的期许不同时，朋友间的分歧最大。如若一个人自我欺骗，以为他是因其品性而被人友爱，而对方却完全不是这么回事，这时他一定会谴责自己。但如果他是被另一个人有意的伪装所欺骗，他去谴责这个骗子可能会比谴责假币更加合理，因为友谊比金钱更宝贵。

但如果一个人与一个有德之人交了朋友，但此人后来变坏了，那么还要与他保持友爱吗？或者说，我们不再可能与其保持友爱，因为不是所有东西都值得爱，而是只有善物才值得爱，而且，人既不能够【397】也不可以去爱坏的东西？人是不可以爱坏人的，也不可近墨者黑。确实如前所说【398】，友爱是物以类聚。

但我们应该立即终止这种友爱吗？还是说，不搞一刀切，而只是同不可救药的坏人才立即终止？对于有能力变好的人，我们与其在物质上帮助他，还不如帮助他回到从前的品性，这对于友谊而言也许更好，更恰当。当然，要是断绝友谊，显然也无可厚非。因为这样的人已经不是从前的友人了；既然人已变，回不到从前，那就爽快分手。

但如果朋友的一方依然如故，而另一方变得更有德性，甚至大大超过了前者，那么前者还能同他继续交朋友吗？还是说就不再能够做朋友了呢？凡是差别很大的，问题就最清楚，

【397】Meiner版的译法是“既没有义务也不可以去爱一个坏人”。

【398】　参阅1155a32—b4，1156b19—21，1159b2—3。

注释　正文

就像儿童时的朋友那样。如果一个依然保持儿童的智力水平，而另一个变成了卓越的人，他们不再有共同的喜好，苦乐感也不再相同，怎么还能做朋友呢？既然喜好都彼此不同，他们就无法再共同相处，这就决无可能再是朋友了，对此道理我们已经说过了。

对待这样的人我们是否应该同对待一个从未成为朋友的人不一样呢？确实不一样！从前的亲切友善不可忘记。而且，如同人们相信的那样，对朋友比对陌生人肯定更为喜欢。所以，如果说并非是由于过度邪恶而导致友情破裂的话，人们也必须因从前的友爱之故而善待旧友。

4.友爱与自爱

如何同朋友友善相处以及确定友谊的界限，似乎取决于如何同我们自身相处。

能称之为朋友的人，是因朋友这个人(格)之故而愿望他好并做对他显得好的事的人，或因是朋友之故而愿意朋友生存、活着的人，就像母亲对待自己的孩子，或者对待因不和而分手的朋友那样；另有一些人把朋友理解为是与我们共同相处，志趣相投或者悲欢与共的人；也就是母亲最具有这种情怀了。人们就是以这几种观点来规定友爱的。【399】

【399】德文注释家从这一段区分出朋友的5个特征：(1)唯愿朋友好并做对他好的事；(2)愿意朋友活着、生存；(3)共同相处；(4)志趣相投；(5)悲欢与共。

所有这些观点都可在有德行者对待自己的关系中找到，在其他人那里，如果他们相信待

人如待己的话，也就处在同样的关系中。德性
和有德行的人，如我们所说，似乎对每个人都
是标尺。因为这样的人表里如一，同自身保持
一致，全心全意、心无二用地欲求一件事。他
1166a15 愿望自己好，只要显得是好事，他也愿意去做
（因为行善就是好事），而且是因其自身之故去
做；尽管 [这个“因其自身之故”] 就是因其
思想部分之故，思想部分简直就是人的本真自
身（das eigentliche Selbst）。进而言之，他愿
望自身活着，自我保存，首要的就是为这个部
分活着，活在思想中。因为对于有德行的人而
言，生存就是某种善事。但每个人都愿望自己
1166a20 本身好，没有人愿意变成其他人，哪怕这个
[将要变成的] 新的存在者拥有一切善，他也
不愿。因为神圣所拥有的也就是他现在已经拥
有的，而他之所以拥有这样的善，是因为他现
在所是的，就将是他永远所是的。

而每个个体存在者看起来就是在其所是中
的思想者，或者说，优先地是这样的存在者。
而这样的人愿意同自己本身共同相处。【400】
1166a25 因为他可以从中得到许多快乐：回首往事令人
欣慰，对未来有希望则感到美好，这种希望保
证快乐。而在他的思想中则充满了值得思辨的
东西。最终，他也最多地体悟到同自己本身相
处的痛苦和快乐。因为他无时不在地对与他相
同的东西悲欢与共，而不是有时快乐，有时悲
1166a30 苦。所以，他也可以说是不知懊悔的。由于所
有这些环节都存在于有德行者的待己关系中，
他待友如己（因为朋友是另一个他自己本身），
那么友谊也就存在于这种关系，所谓朋友就是
如同待己那样来对待的人。

但存不存在对自己本身的友爱，我们现在

【400】本意是“共同生活”（zusammenleben），这是 Taschenbuch 版的译法；Meiner 版也把这句译作：“有德行的人也喜欢同自己本身交流”，这也可以理解为是与“本真的自我”交流。

注释　正文

存而不论。可以说，如果在一个人身上具有两 1166a35
个或更多的部分，这样的对自身的友爱看来也
是存在的。友爱过度就与此类似。 1166b

上面所谈到的友爱特征似乎也在许多人
那里存在，尽管这些人也可能是德性不高的
人。如果这些人喜爱自己本身，自我欣赏，自
认优秀，他们就可混入有德之人中吗？完全的 1166b5
恶棍和罪犯全然不具有友爱成分，也不曾显得
具有。其实，在所有德性低劣者那里也都不具
有。因为他们的内心是分裂的，他们追求的是
一种东西，欲望的又是另一种东西，就像不能
自制者那样。他们倾心于对他们显得好的东
西，令他们快乐的东西，实际上对他们是有害 1166b10
的东西。另一些人则由于怯懦和懒惰而不去做
他们所认为的对他们最好的事情。而作恶多端
的人，由于其邪恶而遭人仇恨，所以逃避生
活，以自杀了结生命。

德性低劣者追求能与他们共处的人，但逃
避自己本身。因为当他们独处时，他们回想起 1166b15
许多惊恐的事情【401】，并且想到同样的未来。
但如果同别人在一起时，就可忘记这些事情。
由于对于他们而言不存在什么本身值得爱的东
西，所以就不可能生活在同自己本身的友爱
中。这样的人既分享不到自己本心的快乐也感
受不了自己真实的苦难。因为他们的灵魂骚动
不宁，其中一个部分因其低劣而对缺乏某些东
西感到痛苦，另一部分则对此感到高兴。一个 1166b20
部分把他拉向这里，另一部分把他拉向那里，
如同要把他撕裂。如果不能同时感受到快乐和
痛苦，那么在一个人快乐之后不久，马上就感
到痛苦并想着如果自己不曾享受这个愉悦该有
多好。灵魂低劣者总是这样懊悔。这样一来， 1166b25

【401】其他版本也译作“坏事”，“恶劣的事”，“可怕的事”或“许多丑恶的回忆”等，可供参考。

正文　注释

灵魂低劣者也就显得缺乏与自己本身友爱的情操，因为对他而言没有什么本身值得爱的东西。如果这种状况是极其可悲的话，那么我们必须竭尽全力避免恶劣，努力追求德性高贵。这样的话就会把自己本身作为朋友对待，也会变成别人的朋友。

5. 友爱与仁爱

1166b30 仁爱（Wohlwollen）与友爱类似，但不等同于友爱。因为一个人对不认识的人也有仁爱之心，而且这种仁爱之心可以不被另一个人所知，但友爱不是这样，而是相反。这在前面已经说过了。【402】但仁爱也不是情爱【403】。因为它不会出现心灵紧张和感性欲望，而这两者是伴随着情爱的。情爱也只在
1166b35 相互信赖的交往中形成，但仁爱之心也可能是突然出现的。例如，对于某个竞赛人们可
1167a 能会突然产生仁爱之意，希望他获胜，但并不想为他做点什么。因为像刚说的那样，这种仁爱之心是瞬间诞生的，它所包含的爱停留于表面。

这样就可看出，仁爱之心是友爱之发端，就如同视觉快感是情爱之发端一样。因为一个人如果不是事先对所倾心者的形象感到愉
1167a5 悦，就不会去爱。但如果只是对别人的外表感到愉悦，那么还不是爱他，只有当他不在场时就盼望见到他，欲求那个人到场时，才

【402】参阅1155b32—1156a5。

【403】Taschbuch版把“爱情”或“情爱”译作“倾心”（Zuneigung）。

注释　正文

是在恋爱。所以，如果不是事先萌发了仁爱之心，人们也就不会成为朋友，但并不因为有了仁爱之心人们就一定会友爱。因为仁爱之心只是单纯的善意，他们并不带着这些善意共同采取行动，也还不愿因这种善意添麻烦。

所以在转义上把仁爱称作不作为的友爱也是可以的，但如果长久地延续这种仁爱，相互建立起信赖，也就转变成为现实的友爱了。友爱不是因利和乐，因利和乐产生不了仁爱。因为感受到别人仁爱之举的人，就去报答他所感受到的这种善意，这只满足了公道的要求。而如果他愿望某人好，只是希望从那人那里得到好处，这与其说是对那个人有善意，不如说是对自己的善意，这也就如同，一个因某种自私的意图而关心别人的人，也不是朋友一样。

总而言之，仁爱基于德性和公道而产生，当一个人对别人表现出高尚和勇敢等等德性时，我们就会对他产生善意，就像我们关于竞赛者所说的那样。

6. 友爱与和睦

和睦【404】似乎也是一种友爱，不可把它混淆于意见相同。因为与根本不认识的人也可以有相同的意见。它也不是指称在随便什么事情——例如天体现象上的意见一致（因为此类意见一致与友爱根本不沾边），而是把

【404】Ὁμόνοια（homonoia），德语：Eintracht。

这样的城邦称为和睦的：其公民们对于他们的共同利益意见一致，愿望相同，做共同决定的事情。于是，人在行动中是和睦的，虽然是在那些对于他们意义
1167a30 重大、对于双方或所有人都能达到的事情上：例如在一个城邦中，如果所有人共同决定，通过选举来分派当权者，或者要与斯巴达结盟，或者要拥戴毕达库斯摄政统治【405】，如果他本人也已经同意了的话。但如果每个人都像《腓尼基人》中的那两位兄弟，【406】都想自己登上权力的顶峰，就会引起冲突。因为和睦不意味着两人都只追求同一件他们以为永远如此的事，而是意味着，同样的事情也在同样的人心中想看到其实
1167a35 现，例如，如果人民和贵族都想让最优
1167b 秀的人来当治理者，[这就和睦了]。因为这包含着大家的追求是一致的。这样看来，和睦是一种政治友爱，它也是被这样称呼的。因为它关系到公共利益和与生活相关的事情。

这样的和睦也存在于有德之人中
1167b5 间。因为这些人既同自己本身和睦，相互之间也和睦，几乎可以说，他们永远保持不变。因为他们决定了的事就会持久稳定，而不像欧里普斯的潮水流转无常；他们心想的是公道和公益，他们共同追求的也是这些。不过，品质低劣者
1167b10 不可能保持和睦，除非在极小的程度上，就像他们也不可能是朋友一样，因为他们总想多得利，少出力。由于每个人都这样为自己着想，那么他就算计邻

【405】亚里士多德《政治学》1285a—b3提到：“米提利尼人当流亡者们以安蒂米尼得和诗人阿尔喀俄为领袖而率众来攻时，就拥戴毕塔库斯（Pittakus）为‘僭主’（领袖），以统筹守御”，以此说明，毕达库斯的临时统治地位是由人民公推的。米提利尼诗人阿尔喀俄（Alkaios，盛年约在公元前606年）在诗中蔑称其为“贱种”，说明他父母可能是奴隶出身。第欧根尼·拉尔修在《学者例传》卷一75，说到毕达库斯任米提利尼总裁有十年之久（参阅《政治学》，商务印书馆中文版第163页注释），在他离职时，据说全体公民希望他继任，他本人却不愿意，因此亚里士多德在此有“如果他本人也已经同意了的话”之说。

【406】在欧里庇德斯的戏剧《腓尼基人》（Phoinizierinnen）（588—637）中Eteokles和Polyneikes是俄狄浦斯两个敌对的儿子，每个人都想成为国王。

人并阻碍他达到其自私的多得利、少出力的目的。如果大家都不爱护共同利益，共同利益确实就会遭受毁灭。所以他们之间随之就会出现争端，相互之间都单方面地强迫对方，而自己却不愿去做公道的事。

7.施善者更加友爱受善者

与受善者对施善者的友爱相比，施善者看来对受善者更加友爱，我们要来探究这一有悖常理的现象之原因。大多数人认为，这是因为受善者处于债务人的地位，施善者则处于债权人的地位，就像在借贷关系中那样，债务人期望的是他的债权人不在了才好，而债权人反而关心其债务人的安康。所以施善者也恰恰愿望受善者好好活着，这样就能报答他的善举，而受善者则不再关心感恩报答了。埃庇卡莫斯【407】也许会说，这些意见出于对人太过恶劣的评价，但人差不多就是这个样子。因为大多数人对于所受的恩和善没有记性，宁愿接受不愿给予。

但事情的原因可能更深刻地扎根于本性，从债权人和债务人的关系作的解释，完全不着边际。因为债权人对债务人的感情，不是友爱，他之所以关心后者只是希望收回自己的债权。而施善者对受善者相反却是友爱的，哪怕后者现在和将来都不

【407】埃庇卡莫斯（Epicharmos）公元前6世纪—公元前5世纪西西里的喜剧诗人。

会对他有什么用。这样的情况同样存在于艺术家那里。每个艺人都更加喜爱自己的作品，而自己的作品哪怕具有了灵魂，也不会爱艺人。这种事情在诗人身上发生得最多，他们钟爱自己的作品超越了一切限度，就像溺爱自己的孩子那样。施善者对待受善者与此类似。因为接受他们的善举，就是接受了他们的作品，他们钟爱这个作品胜过作品钟爱创作者。其中的原因在于，存在（Sein）对所有存在者（Wesen）都是可欲的和值得爱的，而我们是通过活动才存在，即在生活和实践中存在。所以，通过他的实现活动，创作者在某种程度上就存在于其作品中，他之所以爱他的作品，是因为他爱的就是他的存在。这是一种扎根于本性的爱。因为他只是以可能性存在，而作品则把它表现为现实性。

同时，对于施善者而言，他的这种行为本身是高尚的，他对自己的善举感到愉快。但对于接受善举的人来说，接受恩惠完全谈不上什么高尚，反而只是同某种用处相关，而这毕竟不是多么令人舒畅和可爱的事。

现时的实现活动，对未来的希望，对过去的回忆，这都是令人舒畅和愉快的，但最令人舒畅，最值得爱的事情，是现时的实现活动。

但对于做了善事的人而言，他永久地留下了他的作品［这就如同是持续不断的实现活动【408】］，而受善者所接受的善的用处则是易逝的。此外，回想所做的高尚行为是令人舒畅和愉悦的，而回忆所得的利益则不在同等程度上令人愉悦，或很少令人愉悦。但对未来的希望则显得与此相反。【409】

还有，爱是主动的行为，而被爱是被动的

【408】Taschbuch版的译法是："因为美好的事情是持久的"可参考。

【409】意思是：对事情的有用性的期待令人愉悦，而对事情的高尚性的期待则不如前者那么令人愉悦。

【410】Meiner版译作"所以母亲也比父亲对他们的孩子有更大的爱"，应该是错误的，因为亚里士多德在上文一直不是在母亲和父亲这两个爱的"给予者"之间比较哪个对孩子的爱更多，而是在"给予者"和"接受者"之间进行比较。所以，这里如果要想到"父亲"的

注释　正文

遭受行为。所以，在行动中表现出优越的一 1168a20
方，也要主动地表明他的友爱。

最后，每个人都更加珍爱自己辛苦得来的东西，例如辛苦赚来的钱比继承遗产得到的钱就更加贵重。接受善举似乎不用辛苦，但做善事却很艰难。所以母亲更爱她的孩
子【410】。因为母亲更懂得生育孩子的辛苦， 1168a25
更懂得孩子是她自己的亲骨肉。但这恰好也可以说正是施善者本己的特征。

话，他应该是隐含在“母亲”这个概念之中的。就像在上一卷谈论“父爱”时，也应该是“父母之爱”一样。但在“父亲”和“母亲”之间并不构成比较级。

8. 两种自爱

有人也可能会问，人是否应该爱自己最多还是应该爱别人最多。人们谴责那些爱自
己最多的人，在贬义上称他们是自爱者。坏 1168a30
人似乎做什么事都是只为自己，并且人越坏，就越只为自己。人们确实责备他所做的事没有一件不是利己的。但有德者是因高贵而行动，事情越高贵，他就做得越好，此外，
他总是顾及朋友而把自己的利益搁置一旁。 1168a35

但这些疑虑与事实并不符合，尽管是出
于可理解的原因。因为有人说，人应该最爱 1168b
最好的朋友，而只有因我们自身之故而愿望我们好，尽管我们并不知道这一点，这样的人才是最好的朋友。但这最切合于一个人同他自己本身的关系，具有友谊特征的所有其
他要素也都是如此。因为我们已经说 1168b5
过，【411】整个友谊都是从如何待己推广到如

【411】参见本卷第4章（IX 4）。

何待人。所有俗话都与此一致，所谓“朋友一心”，“朋友好共同好”，“是朋友就平等”，“膝盖比小腿肚更近[于心]”。所有这些最主要的是适合于同自己本身的关系。每个人是自己本身最好的朋友，因此人也应该是最爱他自己本人。

有人要想追问，我们到底应该遵从上述两种看法中的哪一个，是有道理的，因为每一个都有其自身的可信之处。

也许我们应该把这些道理加以区别，分清它们的界限，每一个在何种范围内、在何种意义上是正确的。如果我们考察，双方中的每一方究竟是如何理解自爱这个概念的，事情就容易搞清楚。一方是在贬义上解释这个概念，把那些在金钱、名誉和肉体享乐上为自己要求太多的人称为自爱者。因为这些也确实是许多人费尽心机地努力追求的东西，似乎就是最好的东西，因而也就你争我夺的。对这些东西想要占用太多的人，是沉迷于他的欲望，总体而言是沉迷于激情和灵魂的非理性部分。大多数人都是这类人，所以人们也就在多数低俗之人的意义上理解自爱这个概念。这种意义上的自爱受到谴责也就是合理的。

人们习惯于把那些在这种意义上为自己操心的人当作自爱者的标记，这是清楚的。因为如果一个人操心的是自己总做公道的事，或者节制的和通常合乎德性的事，总之，一直操心使自己高贵起来，那么也就没有人称这样的人为自爱者并谴责他了。

后者似乎完全可以说是更高意义上的自爱者。他为自身索求最高贵者、最好者，乐于侍奉自身之内最高贵的部分，在所有事情上都顺从于它。如同一个城邦的最高贵部分最能体现真正的城邦，或者通常一个治理有序的整体最能体现真正的整体，在人这里也是如此。这个自爱者就是最爱自己本身的这一最高贵部分的人，侍奉最高贵部分的人。说人自制和不自制，就要视灵智能否

注释　正文

起主宰作用而定，由于这个灵智就是真正的自我[412]。此外，人似乎做得最多的、出于意愿去做的事情，就是要做到自身与灵智保持一致。所以，一个人完全地或者主要地就是要作为这个真正的自我而存在，这是毋庸置疑的，有德之人最钟爱的就是这个真身。所以他最爱自己本身，但这是与贬义上的自爱完全不同意义上的，二者区别如此之大，就像一个是按照灵智来生活，一个是按欲望来生活，而且，前者追求的是[自身的]高尚完美，后者追求的是对他显得有用的东西。

特别操心高贵完美之行为的人，会得到所有人的承认和称赞；如果所有人都竞相高贵，努力去做最高尚美好的事，对于共同体而言就会实现所有必然的事情，每个人也就会自为地得到最大的善业，因为德性就是最大的善。

所以，有德之人应该自爱（因为他做高尚的事，既利己因此也利人），而低劣者不该自爱（因为他遵从恶劣的激情，既害人又害己）。在低劣者这里，他所做的和应该做的事情背道而驰，有德之人相反，所做的就是他该做的。灵智意愿自己本身最好，而有德之人服从灵智。

而高贵者也确实为朋友，为祖国做了许多事，必要时甚至不惜牺牲自己的生命。他可以放弃金钱、名誉和一般人竞相争夺的财富，只求自己变得高贵完美。他宁愿享受短暂而强烈的满足，而不愿长久的平庸；与其多年随便打发日子，不如完美地过上一年；一件伟大而美好的行为胜过许多平凡小事。为他人[413]牺牲性命者，诚然就是这种情

【412】Meiner 版把“灵智”（努斯）译作“理性”，并把这一句译作“似乎这种理性是人的真正存在”，但“理性”（逻各斯）还包含“推理”等能力，只有“努斯”（灵智）才是亚里士多德所说的人的灵魂中最高贵的东西，所以我们这里依从的是 Taschbuch 版。

【413】Meiner 版译作“为祖国或朋友”。

况。因为他们为自己选择的是伟大而高尚的事业。也肯舍弃钱财，朋友因此得到更多。朋友得到了钱财，而他自己收获的是高贵，这样他为自己求得了更大的善。对于荣誉和地位他也
1169a30 同样如此。他可以把所有这些都留给朋友，因为这样对于他自己而言就是高尚和值得赞美的。这样他理所当然地显得是德性高贵者，因为他在道德上比所有其他人都更加优秀。确实，他也会留一些事情让朋友去做，譬如在让朋友去执行比他自己亲身去做可能更加美好的情况下。

1169a35 所以在所有值得赞美的事情上，有德之人
1169b 显得对自身的完美要求更高。在这种意义上，如我们所说，人应该是自爱者，但不是如大多数人所认为的那种自爱。

9. 幸福的人也需要朋友

人们也问自己，幸福的人需不需要朋友。有人说，谁幸福，谁就是自足的，不需要朋
1169b5 友。因为他好像已经万善具备，因而也就自满自足，无一所缺；而朋友，作为另一个自我，是从自我本身所不能达到的。所以有诗曰：

倘有神佑，谁还要朋友？【414】

但另一方面，若说幸福的人万善皆有，唯缺朋友，看来是说不通的，因为朋友在所有外在善
1169b10 缘中显得是最大的善。

其次，如果朋友之为朋友，与其说是受善

【414】欧里庇德斯的《俄瑞斯忒》(Orest)V.667。“神佑”在古希腊语中与“幸福”有密切关联，因为所谓“神佑”就相当于“神(Daimon)带来好运”(eŭ)，而“幸福”就是：eu-daimonia。

者不如说是施善者，如果对于有德之人和德性，不为他人施行善举是不可思议的，如果施善于朋友比施善于陌生人终究更为高尚，那么道德高尚的人需要能够受其善举的朋友。因此人们也问，人是否在幸运时比在不幸时更需要朋友；因为不幸的人需要有人为他行善，而幸福的人需要有这样的接受者，他才能够行善。

也许把享受至福的人当作孤独者也是荒唐的。因为没有人愿意，在孤独中拥有万善。人是政治的动物【415】，天生要过共同生活。所以享受至福者也要过这种共同生活，由于他确实拥有了所有自然具有的善，而且他的生活与朋友和有德之人一起共享比与陌生人和偶遇的人共享更好。所以，幸福的人要有朋友。

第一种看法【416】究竟持的是什么意见，他们的意见在何种意义上是对的？大概就在于，许多人把朋友理解为有用的人吧？确实，幸福的人不需要这些有用的人。因为他万善具备。他也不需要为他取乐的朋友，或者很少需要（因为他的生活本来就是快乐的，不需要从外部带来的快乐）。所以他不需要这样的朋友，这就显得他好像一般地不需要朋友了。但真实情况也许并非如此。我们一开始就说过，【417】幸福是一种实现活动，这种活动是生成，【418】而不单纯地如同对财富的占有。如果幸福存在于生活和生成实现活动中，那么有德之人就是从事德性的生成实现活动，如我们开头所说的那样，本身就是令人愉悦的，此外，如果每个人对他本身独有的东西和与自身相关的东西都能获得享受，如果我们比观照我们自身更容易观照我们的邻人，比观照我们自身的行为更容易观照陌生人的行为，而且，如果有德之人的

【415】作为“政治的动物”指的是人本质上是社会的，即生活在与他人的关系中。参阅本书第一卷5，1097b11和第七卷14，1162a18。其次，著名的地方在《政治学》第一卷第2章，1253a3。

【416】即本章开头所说的，幸福的人不需要朋友。

【417】1098a16，b31—1099a7。

【418】Meiner版还加了一句：是一个过程。

行为对于另外一些作为其朋友的有德者而言，必定是令人愉悦的（因为善和满足这两者都内涵于自身，发自本性地是令人愉悦和令人享受
1170a 的），因此推导出，幸福的人需要这样的朋友，因为他乐于观照有德性的和他所信任的行为，而另一些有德之人（作为他的朋友）的行为正是这样的行为。

1170a5 人们也认为，幸福之人生活必定愉悦，孤单一人生活必定艰苦。而且，孤单一人从事实现活动难以为继，而有他人相伴并为了他人，实现活动就轻松快活。所以，这种本身快乐的实现活动以此方式就将更为持续不断，幸福之人的实现活动必定就是如此（因为有德之人对合乎德性之行为的愉悦是作为对其本身的愉
1170a10 悦，就如同音乐家对优美的旋律本身就愉悦，有德之人之厌恶恶劣行为，也如同音乐家对低劣的声音的气愤一样）。

这也产生了一种德性习得的方式：通过同有德性者的共同生活，特俄格尼斯也已经说过这一点。【419】

如果更多地从自然哲学的立场【420】来考察这个问题，那么一个有德行的朋友对于一个有德性的人而言发自本性地就显得是值得交的。

1170a15 因为我们说过，发自本性的善对于有德性者而言本身就是善的和愉悦的。

其次，有生命者的生活受知觉能力规定，人的生活受知觉或思想能力规定。而能力诉诸实现活动。因为主要事务是实现活动。所以，生活本质上显得以知觉或思想为根基。但生命
1170a20 本身就是善的和令人愉悦的。因为它是有限度的，而限度属于善的本性。但本性为善者，对

【419】特俄格尼斯（Theognis），公元前6世纪希腊抒情诗人，这里所指的是他的诗第35行所述："你从高贵者身上习得高贵"或译作："你从善者学习善"，所以苗力田先生译作"近朱者赤"是很传神的，但没有把"学习""习得"这种"实践"意义表达出来。参见Anthologia Lyrica Graeca《希腊抒情诗选》，ed.E.Diel（编者），2 Bde.（2卷），Leipzig（莱比锡），1933—1942。

【420】借助于自然哲学的证据来讨论这个问题一直延续到b18。类似的考察方式在讨论友爱问题的开头：第八卷21155b8—9。在第七卷51147a24也提到："如果人们从自然哲学的角度来考察的话"。

注释　正文

于有德之人也是善的。所以对于大家也显得是
愉悦的。人们在这里不可想到恶劣的生命，堕
落的生命和悲苦的生命。因为这样的生命是无
度的和无法描述的【421】，这也如同由它支配
的事物。我们所指的悲苦是什么，下面将阐释
得更清楚。 1170a25

如果生命本身是善的和令人愉悦的（这
诚然也在所有人都追求生命上表现出来，尤
其是有德之人和幸福的人，因为对于他们而
言，生命是最值得欲求的，他们的生活也是最
幸福的），其次，如果一个观看者知觉到他所
观看到的东西，一个听者知觉到他所听到的东
西，一个行者知觉到他所行之路，而且在所有 1170a30
其他活动中同样具有对这些活动的知觉，我们
就是生活在活动中，以至于我们知觉我们所知
觉的，我们思想我们所思想的：进而言之，我
们在知觉和思想，这是我们存在着的一个标志
（因为存在对于我们来说就是知觉和思想）。其 1170b
次，如果知觉到，我们活着，本身就令人愉悦
（因为生命发乎本性地令人愉悦，能够知觉到
本身存有的善是令人愉悦的），那么生命对于
有德之人是优先地值得欲求的，由于存在对于
他们是善的和愉悦的（因为他们在自身之中同 1170b5
时知觉到了本来的善并对自身感到愉悦）；这
就如同有德之人如何待己，就如何待友一样
（因为朋友是另一个他自身）。所以，每个人对
他自己的存在有何希望，也就对他朋友或类似
的人的存在有何希望。而存在之可欲，是因为
人们知觉到自己本身是一个有德之人；这样的
知觉是令自己内心愉悦的。

所以人们也要与朋友一同去感知他的生存 1170b10
感觉。这种休戚与共的同感通过共同生活，通

【421】这句话Taschenbuch版和Reclam版译作：unbestimmt（不可规定的）或die klare Umgrenzung fehlen（缺乏明晰的界限），Meiner版还附加了：und unumschrieben（不可改写的或无法描述的），但Meiner版在主题索引中，还另外用了这个词：konturenlos（没有轮廓）来表达。

过语言和思想的交流而发生。不过，只有在
这种意义上，共同生活在人类这里才是才理
解的，不是如同畜生那样，只是以同样的饲
料一起喂养。此外，对于幸福的人存在本身
1170b15 是可欲的，由于它发乎本性地是善的和令人
愉悦的，那么对于朋友的存在也近乎于此，
朋友也是可欲的。而值得他欲求的东西，他
也必须拥有，或者说，就其可欲而言是不
可或缺的。所以，幸福的人需要有德性的
朋友。

10. 朋友需要限量

1170b20 结交朋友应该多多益善还是如好客者所
言——既不要太好客，也不要根本不好
客【422】——更为中肯呢？此话也适用于友
谊，人们既不应该没有朋友，也不应该有太
多朋友吗？对于考虑有用而结交朋友的人来
1170b25 说，这个说法确实中肯，因为，首先，回报
许多人的友爱是辛苦的，一辈子也报答不
完。所以，超越自己生活之必要的东西，既
是累赘，也妨碍高贵的生活，因而是用不着
的。为了快乐而结交的朋友，有几个就够
1170b30 了，就像一顿饭有点甜品就行。但有德性的
朋友是该多多益善，还是应该像一个城邦的
人口保持适中呢？因为 10 个人组成不了一
个城邦，但也没有哪个城邦超过了 10 万人。
当然数量不是一个定量，而是一些定量之间

【422】出自赫西俄德:《工作与时日》715。原文为:“不要让人觉得你滥交朋友，或无友上门；也不要让人觉得你与恶人为伍，或与善者作对。”中文参见张竹明、蒋平译《工作与时日》和《神谱》合订本，商务印书馆 2009 年版，第 21 页。

注释　正文

的整个范围。所以，朋友数量要有限制，其 1171a
最大值应该按一个人能同多少人共同生活来规定（因为在共同生活中对我们显得尤其珍贵的是友谊）。但显然，同许多人共同生活并分身于许多人之中是不可能的。

其次，许多朋友相互之间必定又再成为
朋友，如果大家都要彼此相处的话，有许多 1171a5
朋友这就难以办到。

再次，同许多人分享个人的快乐和苦恼也是很难的，因为很容易同时遇到这种情况：同一个人在一起必定欢乐，同另一个人在一起必定忧愁。

看来不去结交过多的朋友，而只结交能满足共同生活所必需的那么多朋友，这是对
的。同许多人产生强烈的友爱几乎是不可能 1171a10
的。正因为如此，一个人也不能同时去爱许多人；因为这种爱比友爱更强烈，只能对某一个人有这种爱。强烈的情感永远都只同少数人相关。事实也是如此。伙伴意义上很少出现炽烈情感的友爱，在诗歌作品中被歌颂
的友爱总是只限于两个人之间。但谁有许多 1171a15
朋友，同所有人都见面就熟，就似乎与谁都不是真正的朋友，除非说，同邦人都是朋友。这种人也被称之为自来熟【423】。不过，在同邦人即朋友的意义上，一个人可以有许多朋友却不是自来熟，而是有一个真诚的、不讨人嫌的性格。【424】但出于德性高贵并因他人本身之故一个人不可能跟许多人交朋
友；这样的朋友哪怕只有几个，我们必定就 1171a20
很知足了。

【423】此译按照苗力田先生的转译。按英德文原义都应为“献媚者”或“阿谀逢迎者”，但明显地表达太过。

【424】这句话不同的版本译法都不一样，本译依照的是Reclam版。Taschenbuch版译作“而是完全基于德性的”，但明显地与后一句相矛盾，故不采用；Meiner版的译法是“甚至同名誉性的要求最相符合”。剑桥英文版的译法是：In the way fellow citizens are friends,indeed,one can be a friens to many and yet not obsequious,but a genuinely good person.供参考。

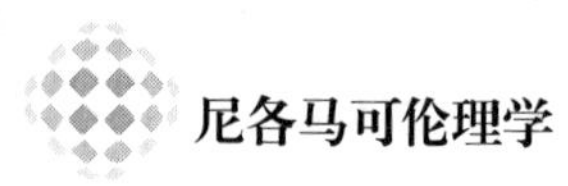

正文

11. 幸运中的朋友和厄运中的朋友

但一个人是在幸运中还是在厄运中更需要朋友呢？在两种情况下人们都寻求朋友：遭不幸的人需要帮助，幸福的人需要能够陪他们共同生活并接受其好处的人。因为他们愿意行善。厄运中朋友更
1171a25 必要，因此也需要朋友有用；幸运中朋友更美好，所以人们追求优秀和卓越。行善和同优秀的人共同生活更值得欲求。

无论是在幸运中还是厄运中，朋友的在场就已经是令人愉悦的。
1171a30 如果有朋友分忧，痛苦就会减轻。所以我们也疑惑，究竟是朋友分担了重负还是虽然并没有分担而只是在场就令人高兴，而且朋友分忧的意识就使痛苦减轻了。所以，我们现在也不去管它，究竟是由于这个原因还是别的原因使人得到宽慰。反正事实与所说的一致，
1171a35 就足以。朋友的在场可以说显得是某种混合性的东西。因为朋友的
1171b 探视确实是令人喜悦的，尤其是当处在厄运中时，这的确有助于减轻痛苦（因为一个朋友，如果是老道的，通过他的目光和话语就能使人得到慰藉，因为他了解别人的性格，明白是什么让那个人感到痛苦和快乐）。另一方面，看到某人是为自己的不幸而悲痛，也是令
1171b5 人痛苦的。因为每个人都避免让朋友为自己而痛苦。所以，有男子汉气概的人总是羞于让朋友来分担他的悲哀，如果痛苦不会被他人的宽慰而消除，那么他们不会忍受朋友因他而经历痛苦；总而言之，
1171b10 他们不想一起悲叹，因为他们本身都不是这种本性。妇人和妇人气的男人相反，他们喜欢和别人一起唉声叹气，把他们作为真正的朋友和同情者来爱。但显然，我们在所有事情上都应该以更好的人为榜样。

在幸运中相反，朋友的在场使我们的交往其乐融融，让我们注意到，他们对我们自己的好生活感到高兴，也是令人愉悦的；所以
1171b15 人们确实也会认为，人们乐于邀请朋友来分享他的幸福（因为对朋

友的善举是美好的），但请朋友来分担不幸则总是犹豫的（因为人们应该尽可能少地让朋友分担自己的厄运，正如俗话所说："我自己不幸就足矣"）。通常在麻烦小、帮助大的情况下，人们还是应该请朋友来帮忙。

反之，对于不幸中的朋友我们反而应该主动地不请自到（因为这是朋友的事，尤其是他处在困迫中，所以不会请求我们，这样做对于双方都是令人尊敬和欣慰的事），对于幸运的人我们应该乐于合作（因为这也属于朋友的义务）。但如果是去分享好处则不要那么急切，因为急功近利地跑过去并不美好。但在推却好处时诚然也要避免引起不快，有的时候这种假相是会发生的。

所以，在所有事情上朋友的在场显得是可欲的。

12. 共同生活之于友爱的意义

在恋人之间，眉来眼去地互视是最可爱的，与其他感觉相比我们更喜爱这种感觉，因为爱情总是先有了这种感觉才产生和存在，那么在朋友之间也像恋人之间一样，共同生活是最可欲的吗？因为友谊就是一个共同体，而且人们如何待己也就如何待友。如果这种感觉对于我们自己是可欲的，那么对于朋友也就是可欲的。但产生这种感觉的现实活动，存在于共同生活中，所以，朋友也合乎本性地追求共同生活。

最终，每个人总是愿意把他和朋友共同从事的活动，视为他的真正存在之所向或者生活的终极目标。所以，有些人一起喝酒，有些人一起掷骰子，有些人一起锻炼、打猎或者讨论哲学。总之，他们每一次都是在他们生活中最为他们看重的事情上与朋友们一起度过时光。因为他们愿意与朋友一起共同生活，所以，他们共同从事的活动，对于他们而言正是他们的共同生活之所在。

低劣者的友谊是低劣的（因为他们共同从事低劣的事，相互在一起是不能持久的和要变坏的，因为近墨者黑），高贵者的友谊是高尚的，随着他们相互信赖的往来而增高，而且他们都在积极的实现活动中相互促进，也似乎变得更好。因为每个人都把别人身上他所喜爱的品质当作楷模而接受到自身中来，这就是所谓的：近朱者赤。【425】

关于友爱就谈这么多。接着这里我们要讨论快乐。

【425】特俄格尼斯诗篇第 35 行。原文为：“你从高贵者身上习得高贵”。参阅上文 1170a12/13 的注释。Reclam 版对此的注释加了一句总结的话：整个友爱篇所得出的恰当结论是：完善的友爱是高贵者之间的友爱。

第十卷

论快乐、幸福和立法

正文　注释

1. 快乐问题上的两种极端意见

接下来我们轮到讨论快乐。没有任何东西像快乐这样与我们的本性相合。所以人们用来教育年轻人的方式是引导他们如何驾驭快乐和痛苦这两个舵。同样，培养青年人爱正当的事务，恨不正当的事务，对于品德教育也至关重要。因为这些情感影响到我们生活的方方面面，对于德性和幸福也必然具有至关重要的价值和意义。确实，人总想趋乐避苦。所以，对于这个具有如此深远意义的问题，人们确实不应该闭口不谈，回避了事，尤其是在这个问题上存在着不同意见的激烈争论。【426】

【426】这一章是本卷讨论快乐问题的导论，说明三个问题：1. 追求快乐是根植于人的本性的；2. 正当的快乐感对于品德具有重大意义；3. 对于这种意义的评价存在重大的意见分歧。

一种意见把快乐等同于最高的善，而另一种意见则相反地说它是完全彻底的恶。其中有些人也许愿意相信快乐确实就是恶的，而另一些人则认为，即便快乐不是恶，但把它当作是某种恶的东西对于我们的生活也许更好些【427】。因为大多数人都倾向于快乐，做快乐的奴隶，结果肯定是适得其反。因为以这种方式根本不可能保持中庸。【428】

【427】Meiner 版注释说：这些人不是真的相信快乐是恶的，而只是出于教育的意图而代表这类看法。

【428】Meiner 版对此注释说，与前一种确信快乐是恶的看法相反，后面的观点只是代表了出于教育意图的看法。

但这种看法几乎是不对的。凡是在情绪和行为转弯抹角的地方，话语就不如行动有信服力，如果话语与人们感觉到的东西不一致，就会遭受误解，哪怕说的是真理本身，也会被击破。

注释　正文

如果人们看到，一个谴责快乐的人又在某种具体情况下欲求快乐，人们就容易认为，他是倾心于追求任何情况下的快乐的，似乎这两种快乐追求没什么两样。因为多数事情上没有这种区别。所以，我们觉得，对于快乐有正确的观念不仅对理论，而且同样对实践都有最高的价值。由于它们与行为相一致而令人信服，对于其持续的倾听者也是一种激励，激励他们按照真实的原则确定人生方向。

对这一点说这么多就够了。现在我们来讨论关于快乐的不同意见。【429】

【429】本章是本卷第一部分（论快乐）的导论，涉及三个问题：（1）肯定快乐是根植于人的本性中的；（2）正当的快乐感对于品德具有重大意义；（3）对于快乐的评价存在巨大的分歧。

2. 对这两种极端意见之理由的阐释和审核

欧多克索斯认为，快乐就是善，因为我们看到，所有生物，不管是有理性的还是无理性的，都在追寻快乐；而在所有事情上，被欲望的就是好的，被欲望得最多的就是最好的。所以这就证明了这一现象：所有有生命的存在者都倾心追求的东西，对于所有追求者就是最好的东西。因为就像每个生灵都知道寻求它的营养，营养对于寻求者就是好东西一样，那么对所有东西都是好的东西，必定是被所有东西所追求的绝对的善。但是人们信服这一学说，与其说是由于这一学说本身，还不如说是由于欧多克索斯的德性品质。他以非同寻常的节制闻名，所以人们得

到这一印象，他这样说不是因为他爱快乐，
而是事实就是如此。他的学说的正确性，对
于信服者而言，不少人分明是从快乐的反面
认识到的。

因为痛苦对所有有生命的存在者而言都
1172b20 被视为必须逃避的东西，因此痛苦的反面也
就必定是值得欲求的。但是，他们还认为，
最值得欲求的东西，是那些因其自身而不是
因某种别的原因而被欲求的事物，而快乐就
具有这种特征。没有人问，我们愿意快乐是
为了什么目的。这表达出一个事实，快乐本
身就是值得欲求的。最后他认为，虽然公正
1172b25 和节制也值得欲求，但要加上快乐就更加可
欲。善只有通过善的东西才能相加。

而最后的这一论据似乎只能说明，快乐
是与别的东西并列的一种善，但不能说明它
比别的善更好。因为任何一种善在加上另一
种善之后都比它单独时要好这个证据，柏拉
图就曾想借助于它相反地证明，快乐不是
善。他说，快乐的生活加上明智之后比单纯
的快乐生活更值得欲求；如果说加上明智更
1172b30 好的话，那么快乐就不是善。因为善本身不
通过什么加上去会更值得欲求。仅此，我们
看到，如果要加上某种东西善本身才更值得
欲求，那么善本身也就什么也不是了。至于
1172b35 究竟什么是这样一种我们也能分享的善？这
也正是我们要询问的。【430】

可是，那些想反驳一切生物都追求的东
西就是善这一意见的人，似乎代表的是一种
1173a 轻浮的意见，没什么立得住的东西。因为
（1）我们主张，大家都信奉的东西，就是真
的。如果有人出来反对大家都信奉的东西，

【430】亚里士多德在这里既利用柏拉图的“善本身”概念反驳快乐本身是至善的观点，但后一句又暗示他并不同意柏拉图“善本身”的概念。

他要知道，他将很难说出什么东西让我们相信。如果他们单纯地只是反对，无理性的存在者所追求的是善，那么他们的意见还算有某些在理之处；但是，如果有理性的存在者也都追求这个东西，那么反对还有什么意义呢？而且，也许在低等生物中也有某种自然的善，比它们自身更强烈地追求比它们的本性更高级的东西。

（2）他们对［欧多克索斯］那条反面论据的反驳也同样不妥。因为他们说，即便痛苦是一种恶，也不能因此就推出快乐是一种善。因为恶也可能与另一种恶形成对立，以及两种恶都会与非善非恶的东西对立。这一论证虽然本身不坏，但可惜放在这里并不适合。因为如果快乐和痛苦两者都是恶，它们必然都是我们要逃避的；而如果两者属于非善非恶，那么我们对两者都不逃避，或者在同样程度上对待它们。但现在我们看到，人们是如何把一种作为恶来逃避，另一种作为善来欲求。在此意义上，它们是相互对立的。

（3）即便他们说，快乐不是什么性质，由此也推导不出它不是善。合乎德性的实现活动和幸福也不是什么性质。

（4）他们说，善是有限定的，而快乐不可限定，因为它可以多一点或少一点。如果他们是基于对快乐的感受而形成这种判断，那么对于公正和其他德性同样也可这样说。我们显然可以不假思索地说，拥有德性品质可以更多一点和更少一点。因为更高程度上的公正和勇敢也还是公正的和勇敢的。公正的行动和节制的行动也可以更多一点和更少一点。但如果他们是基于快乐的不同形式而形成这种判断，那他们确实还未切中事情的真正原因，因为快乐当真有时是混杂的，有时是单纯的。所以，快乐何尝不是像健康那样，虽然是可限定的，但还是可以更多和更少一点。因为在健康上不是所有人都共同享有一个同样的尺度，在一个人身上这个尺度也不是永远相同的，它是在一个可规定的限度内变化的，允许有不同的度，可多一点可少一点都行。所以，快乐也会有这样不同的度。

（5）他们还提出，善是完成了的东西，但运动和变化是未完成的，并试图证明，快乐是运动和变化。但说快乐是运动，就已经显得不妥了。因为运动有快有慢，这种快慢不是同自身相比，而是同另一个东西相比，如同我们在天体运动中所看到的那样。但是快乐却没有快慢的性质。确实，有人可能很快得到快感，就像也能很快

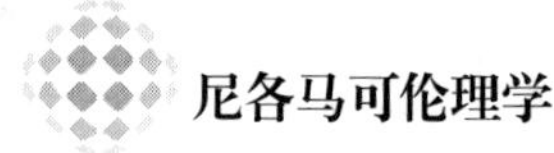

1173b 生气一样，但人不可能很快地活在快乐中，也
不能同别的东西比较快慢，当然人可以快速走路，快速成长等等。所以，变得快乐可以或快或慢地完成，但不能很快地生活在快乐中，我想说的首先是：自足的现实快乐。

1173b5 其次，快乐又如何应当是一种生成呢？因
为任何事物都不是无选择地从随便一个事物中生成，而是从它消亡后也要归之于它的东西中生成。【431】所以，如果说快乐是一件事物的生成，那么，这个事物的消亡也就必定是痛苦。

（6）他们也说，痛苦是自然需求的缺乏，而快乐是这种缺乏的满足。但是诸如缺乏和满足这类事情都是身体的感受状态。如果说快乐
1173b10 是自然需求的满足，那么这种满足的发生之所
必定是身体，所以身体感到快乐。但人们很难接受这种看法。那样的话，快乐就不是满足，而是当满足发生时对快乐的感受，正如痛苦，就像在做手术时的感受那样。这种意见诚然是从关于饮食的苦乐感引申出来的。因为我们首
1173b15 先经受饥渴这种缺乏状态，感受到了痛苦，在
饥渴满足后就感到快乐。但这不能切合于所有的快乐感。例如，学习的快乐就不以痛苦为前提，还有那些因嗅觉、听觉、视觉以及回忆和希望产生的快乐也都如此。如果快乐是生成，
1173b20 这些快乐是由什么生成的呢？因为这里不以需
要得到满足的缺乏为前提。

（7）如果有人最终要受那些可耻的快乐所引诱，那么人们可以回答说，这根本不是快乐。如果一些事物对于品质恶劣的人来说是快乐的，那我们必须这样来看，这些事物恰恰只是对于这些人才是快乐的，就像一些事情只对

【431】这就类似于人们说，万物生于土，死后也要复归于土一样。

于病人来说才健康，才是甜的或苦的，而且就像只对有眼疾的人才
显得是白色的东西，并非本来就是白的一样。 1173b25

或者人们也可能这样来回答：虽然快乐是值得欲求的，但并非
源于这些源头，正如财富是值得拥有的，但并非源于背叛，健康是
值得拥有的，但并非吃所有东西都是可能的。或者人们可以说，快
乐是多种多样的。从高贵的源头流出的快乐与从污浊的源头流出的
快乐，不可同日而语。如果一个人是不公正的人，他就不能感受不 1173b30
到公正带来的快乐。如果一个人不懂音乐，他就感受不到音乐带来
的快乐。等等。

朋友和奉承者判然两人，也对此提供一个明证，决非什么快乐
都是善的，或者说快乐和善是两件不同的事。朋友与我们往来追求
的是善待，奉承者则追求快乐。善待朋友是受称赞的，奉承朋友 1174a
是受责备的，因为奉承者总是抱有别的目的。谁也不愿意一辈子
这样度过：只是最大限度地对儿童感到喜悦的东西感到喜悦，哪怕
他的一生真的只有儿童的心智水平；谁也不愿意以做可耻之事为代
价来取乐，哪怕他从来没有从做可耻之事中感到什么痛苦。有许多 1174a5
事情，哪怕不给我们带来快乐，我们也会费心尽力去做的，比如观
看，回忆，获取知识，拥有美德。如果做这些事情必然地伴随着享
受和满足，那就没什么好说的了，因为即使没有快乐从中产生，我
们也应选择它们。

如此看来似乎能够证明，快乐并不是善，也不是每一种快乐都 1174a10
值得欲求。但有一些快乐本身就是值得欲求的，从而在种类上或本
源上与其他快乐区别开来。对于快乐和痛苦的种种意见，说这么多
就够了。

3. 快乐是完成了的和整体性的活动

如果我们再从头开始考察，什么是快乐，快乐有哪些种

类【432】，这个问题就会更清楚。观看实现活动，在眼光的每一次注视中都是完成了的（因为它无需任何随后的补充来完成它的视觉实现活动）。快乐似乎与此类似。它是一个整体，不是在任何瞬间感到的快乐，都要靠时间的延长才能完成。正因为如此，它也不是运动。因为每一种运动都是在时间中完成的，都有一目标，就像建筑工艺，只有等作为追求目标的房屋建造完成了，它的实现活动才完成，所以运动或者是在整个时间中，或者在这个特定的时间点完成的。在每个具体的时间单元它们都未完成，在种类上，整体的运动和局部运动相互之间是不同的。石头的堆积在种类上不同于廊柱的雕刻，这两者又不同于庙宇的建造。庙宇的建成就是完善的生成（因为对于有此意图的目的而言，无需再要求别的什么了），而地基的挖掘和［陶立克柱式］三陇板的收拢都属于单纯部分的建造，是未完成的，因为两者都是某一部分的生成。所以在这里我们有不同种类的运动。在每一次建造实现活动所要求的完整时间之外，人们不能在任何别的时间中把握一个形式上完善的运动。行走以及其他种类的运动如是如此。如果位移是从一个所来之点到所去之点的运动，那么，飞、跑、跳和类似的运动也都是不同种类的运动。但区别不单表现在这种［种类］意义上，而且就是在行走本身当中也有区别。因为起点和终点在一个场地上就不是相同的，在一个场地的不同部分也是不相同的，在这一部分和那一部分也是不相同的，甚至在这条跑道上或那条跑道上，也是不同的。因为人们跨越的不仅仅是一条线，而是这个位置上的一条线，而这条线从哪个位置开始对于不同的位置是不同的。对于运动我在另一个地方【433】说得更清楚。

【432】Meiner版译作：“如何是快乐”或“何以是快乐”。

【433】即《物理学》第5—8卷。

正文

在这里所说的记住这一点就够了：它在整个时间中似乎没有
一次是完成了的，绝大多数都是未完成的，在种类上是不同
的，因为起点和终点的不同就是由其不同的种类构成的。 1174b5

与之相反，快乐的种类及其形式任何时候都是完成了的，所以这就看清了，它与运动是不同的，它是整体性的和完成了的东西。这也从这一点可以看出：人们不能完成一种根本不在时间中的运动，但不与时间相关的快乐人们却能感觉得到，因为快乐在瞬间即成一个整体。

由此可知，说快乐是一种运动或生成的意见是不对的。 1174b10
因为这些概念不能运用于所有东西，而只能运用于部分的，
不是整体的东西。观视行动，点和统一，都没有生成，不是
生成，不是运动。快乐也不是，因为它是一个整体。

4. 快乐使实现活动完满，快乐不能持久的原因

由于每种感觉实现活动都与感官的对象相关，如果感官 1174b15
本身处在良好状态，它的对象也是它所能感觉到的最美和最
惬意的东西，那么感觉是完善的——不过这诚然本质上就是
完善的实现活动——不论我们是说实际的感觉本身还是说感
官本身，都没什么两样。所以，在所有实现活动中，最好的
实现活动就是感觉本身处在最好状态，又指向它最惬意的对
象的实现活动。这种实现活动也就是最完满和最享受的。由 1174b20
于每种感觉都有其快乐，那么每种思辨或静观也同样有其快
乐。最高的快乐在最完满的实现活动中，最完满的实现活动
就是实现活动本身处在最好的状态中面对其最惬意的对象的
实现活动。

快乐使实现活动完善。不过它不是在似乎感觉对象和
感觉能力同样优越的意义上使实现活动完善的，就如同健 1174b25

康和医生不以同样的方式作为健康的原因一样。【434】

每个感觉中都伴随有快乐，这是显然的。我们确实也称所看见和听见的东西是令人愉悦的。最令人愉悦的是在这种情况下：感觉处在最佳状态，以最佳方式面对其对象进行感觉。
1174b30 如果感觉对象和感觉官能都处在最佳状态，那么总是快乐的。因为这里实存的东西，正是它产生和经验的东西。

但快乐使实现活动完满，不是如同一个寓于快乐中的状态，而是作为一个趋向实现的完善【435】，如同成熟之人身上的那种美。只要思辨或感觉的对象保持在所要求的状态，思辨的或感觉的主体同样具备思辨力和感觉力，那
1175a 么在实现活动中就将有快乐实存。因为只要主动者和被动者同样保持自身，并以同样的方式相互对待，那么自然就会产生同样的效果。

但为什么没有人持续不断地感到快乐呢？是由于疲倦吗？确实，一切人为的东西都不能
1175a5 连续地处在活动之中，感受快乐也是如此。因为它伴随着实现活动。有些东西令人快乐，是因为它新奇，但后来就不再出于这个原因而感到快乐了。这是因为首先我们的注意力被唤醒，于是就如同某个注目观看的人那样，盯着受注目的东西不放，但后来就不再这样，而是
1175a10 松弛下来了，快乐感也就因此而弱化了。

诚然也可以说，所有人都追求快乐，是因为他们也渴望生活。生活是一种实现活动，每个人都忙于生活，忙于他最宝贵的事情，如同音乐家忙于听音调，求知者忙于对知识的思
1175a15 考，等等。快乐使实现活动完满，那么也使生活完满，因为实现活动就是追求生活。所以，

【434】快乐和对象或感觉能力，其作用类似于健康和医生的关系，就是说类似于目的因（causa finalis）和作用因（causa efficiens）的关系。健康作为目的因，即作为目的，参阅1094a8.而医生作为“作用因”是产生健康的“外在原因”。健康作为目的的因是内因：从健康产生健康的东西。

【435】对这句话Meiner版的翻译可供参考：“不过快乐完善实现活动不是如同一种品格形式，而是把某种东西增添为形式，如同美随着身体发育成熟而趋向完善。”

注释　正文

大家都以这种更有把握的方式追求快乐。因为对于每个人而言，快乐都使生活完满，生活是可欲的善。

5. 不同种类之快乐的德性标准

但我们是因快乐之故而欲求生活还是因生活之故而欲求快乐，现在存而不论。因为这两者看起来紧密相连，是不可分离的。没有实现活动也就不存在快乐，而快乐又使每种活动得以完善。

所以快乐的种类也是各不相同的。我们认为，种类上不同的东西，使之完善的方式也是不同的。无论是在自然产物还是人工产品上，无论是在动物、树木还是在图画、雕塑、房屋和器具上都可以看出这一点来。同样，不同种类的活动也必须以不同种类的东西来使之完善。所以，思辨活动区别于感觉活动，而具体的思辨活动和具体的感觉活动又是相互不同的。使它们得以完善的快乐也必定是如此不同的。

所以这也可以由此来见证：每种快乐与它所完善的实现活动是亲如手足的。活动因与之相近的快乐而得到提升。当活动伴随着快乐时，我们对每个具体东西都判断得更正确，把握得更精准。例如，几何学家就是那些喜爱几何，【436】对每个［几何学］具体问题有更好的理解力的人；同样，对音乐的喜爱、对建筑

【436】有人可能在潜意识中以为科学家都是喜欢做大量习题的人，所以把这句译作“喜欢做几何习题的人会成为一个几何学家”。

正文

1175a35 艺术的喜爱以及对其他专业的喜爱，都因这种快乐使得每个喜爱者
在自己的专业领域取得进步。快乐推动了这种进步，而动力因是自
1175b 身固有的，但对于种类不同的东西其固有的亲近者也是属于不同种
类的。

这一点还可以更明显地由此得到见证：从另一种不同的活动形
成的快乐对于某一活动是起阻碍作用的。例如，一个爱吹长笛的人，
当他在听长笛演奏时，就无心继续进行谈话，因为与当下从事的活
1175b5 动相比，听长笛演奏能带给他更多的快乐。所以，听长笛的快乐妨
碍了谈话的活动。类似的情况到处都会发生，凡是有人同时做两件
事情，快乐更多的事情就会排斥另一件事，如果这件事带来的快乐
越来越大，阻碍作用也就越来越大，最终另一件事上的活动一般地
1175b10 就会停止。如果我们对一件事感到特别喜悦，那么我们一般地做不
了任何别的事情。反之，如果一件事只是让我们一般地喜欢，我们
也会转而去干别的事。如果演员表演得不好，人们在剧院里吃零食
就越起劲。

1175b15 既然本己的快乐使实现活动得以增强、持久和完善，而异己的
快乐相反则妨害它的进行，以至于人们可以看到，它们相互之间的
差别究竟有多大。异己的快乐感几乎就像本己的痛苦感起着同样的
作用，最终破坏实现活动，例如，如果一个人讨厌写字，另一个人
对计算感到痛苦，那么这个人就不再写字，另一个人就不再计算，
因为活动引起了痛苦。

1175b20 所以，本己的快乐感和痛苦感以相反的作用影响到活动。所谓
本己的，就是说是在活动中本然地形成的那种苦乐感。但我们说过
异己的快乐感类似于痛苦感所起的作用，即破坏作用，尽管也不是
以同样的方式起作用。

1175b25 由于活动以追求善恶而区别，一个是可欲的，一个是要避免的，
第三种则是中立的，这与快乐的种类相对应。由于每一种实现活动
都有其固有的快乐，属于德行的快乐是德性的，属于恶行的快乐是
1175b30 邪恶的。追求高尚的欲望是可欲的，追求卑鄙的欲望是可耻的。不
过，伴随着快乐感的实现活动都比欲望更加本己。因为欲望无论在
时间上还是在本性上都与活动相分离，快乐感则相反地与活动完全
亲近，甚至不可区别，以至于可以问，是否实现活动与快乐就是同

注释　正文

一回事。反正快乐看起来既不是思辨也不是知
觉（否则就荒唐了），但由于它们是不可区分的， 1175b35
有些人就以为，它们是一回事。

所以，实现活动在多大程度上不同，快乐
的种类也就在多大程度上不同。视觉在纯净性
上区别于触觉，听觉和嗅觉在纯净性上区别于
味觉。与此相应，快乐感也在纯净性上是不同 1176a
的，思辨的快乐比所有这些快乐都更纯净，在
思辨的快乐本身之间也有纯净性上的区别。

每一种生命存在者似乎都有自己的快乐，
就像也有自己的天命一样。因为天命操纵着实
现活动。我们来看看具体的东西，这就清楚了： 1176a5
马，狗，人都有自己的快乐，但相互之间是不
同的，也如赫拉克利特所说：驴宁可有草料而
非有金子；因为草对于它的营养价值高于金子。
所以，快乐的种类因物种的不同而区别，种类
相同反而无区别。人们倒是可以假定，种类相
同快乐相同。

不过在人这里有不小的差别。因为一个人 1176a10
对这些事物感到快乐，对另一些事物感到痛苦，
对于这个人感到痛苦和讨厌的事情，对于另一
个人却是愉悦和欢喜的。在甜食上就是这种情
况。甜的对于发烧的病人和对于一个健康人并
不表现为同样的东西，虚弱的人和健壮的人对
温暖的感觉也不一样。在不同的地方也要同样 1176a15
遇到这些情况。

在所有这些情况下，有德性的人认为是什
么样的，似乎就是真的。【437】如果这是对的，
如同表现的那样，那么在每种情况下德性和有
德性的人（在其有德行的限度内），就是尺度。
所以，对有德性的人显得快乐的东西，有德性
的人感到愉悦的东西，也就是真快乐。但如果 1176a20

【437】参阅 1099a7—25，1113a25—32，1166a12，1170a14。

正文

令有德者反感的东西，对另一个人赏心悦目，这一点都不令人奇怪。因为人在许多方面都屈服于堕落和扭曲的东西。诸如此类的现象并不令人愉悦，除非对于这些本身就处在这种状况下的人。

很明显，除非对于堕落的人，不可把那些公认的可耻的快乐称
为快乐。那么，在对有德性的人显得可欲的快乐中，什么样的和什
1176a25 么性质的快乐才可以称之为一般的人的快乐呢？由于快乐伴随着活
动，那么应该按照活动的性质来看待这种快乐吗？既然完善的和幸福的人有一种或多种实现活动，那么无论如何，使这些活动得以完善的那些快乐，就可称作真正意义上的人的快乐。其余的快乐，是次要的，在许多方面是从属意义上的，如同其余的活动也是如此。

6. 幸福在于自满自足和合乎德性的实现活动

1176a30 我们对德性、友爱和快乐的讨论到这里就将结束了，现在还要停顿下来扼要地谈谈幸福，因为我们把它作为所有人的行为追求的目的。如果我们回头看看前提性的东西，我们就可更简短一些。

我们说过，幸福不是品质。否则的话，一个一生都在睡觉，过
着植物般生活的人，或者那些遭遇最大不幸的人们，也都具有幸福
1176a35 了。当我们现在不能满足于这一说法时，我们反而更宁愿像先前已
1176b 经说过的那样，必须把它归入某种活动中；再说如果活动部分地是
必然的而且作为手段，部分地本身就值得欲求，那么幸福显然就可
阐释为本身就值得欲求的实现活动，而不单是作为手段才值得欲求
1176b5 的活动。它确实无需别的事物，而是自足的。所谓本身值得欲求的
活动，就是人们无需追求别的东西而只追求活动本身的实现就够了。

合乎德性的行为就具有这种性格，因为它本身就值得欲求，是
完美的和高尚的行动。诚然，令人享受的娱乐活动也可算为此列，
1176b10 因为人们确实不是把它作为达到目的的手段而欲求。可是，这些活
动毕竟弊大于利，因为人们会因贪图享受而忽视健康和财富。被视

注释　正文

为幸福的那些人，大多数都是这样消磨时
光的。这就是精于此道的人在君王身边受
恩宠的原因，他们懂得如何投其所好，娱
其所乐，君王需要的恰恰就是这帮人。由 1176b15
于有权有势的人都喜欢在娱乐中享受闲
情，诸如此类的活动也就获得了一种貌似
幸福的外表。但这些人的行为举止什么也
证明不了。因为高贵活动的源泉在于德性
和灵智，而不基于权势。如果那帮人缺乏
对纯洁而高贵之快乐的品味，而沉溺于肉 1176b20
体享乐中，那么人们不可相信，这种娱乐
真的有多么值得欲求。因为儿童也相信，
他们觉得宝贵的东西就是最好的。正是由
于这个原因，如同对于儿童和对于成人有
价值的事物是不同的那样，对于品味低劣
的人和对于品质高贵的人，所尊贵的事物
也是不同的。就像我们已经反复讲过的那
样，有价值的东西同时等于能带来丰富享 1176b25
受的东西，只对有德性的人才真的是这样
的东西。而对每个人而言，合乎其固有品
质的活动最令其喜爱。把这一说法用到追
求卓越的人身上，就只能这样说：最值得
追求的活动就是合乎德性的实现活动。

所以幸福不在于娱乐。如果我们的目
的是娱乐，如果整个一生的操劳和奋发努
力就是以单纯的娱乐为目的，这简直是荒
唐的。我们欲求的几乎所有东西都是作为 1176b30
手段，只有幸福除外。因为只有幸福才是
目的。为了游戏而从事严肃的活动和紧张
的工作，这显得是愚蠢的和幼稚的。反
之，阿那哈尔西【438】说，“游戏，是为
了工作”，倒可视为正确的。因为娱乐或

【438】阿那哈尔西（Anacharsis, 约公元前6世纪初），传说中的古代西徐亚的一位王子，七贤之一，被尊称为原始美德的典范。

正文

1176b35 游戏是一种休息，而我们之所以需要休息，是因为我们不可能不间
1177a 断地工作。所以休息不是目的，它是服务于实现活动的。

这样看来，幸福的生活就是一种有德性的生活。但这种有德性
的生活是严肃工作的生活，不是娱乐游戏的生活。我们甚至说，严
肃的事情总比取乐的和游戏的事情更好些，人的更高贵部分的活动
1177a5 我们也总是称之为严肃的活动。所以，越是高贵东西的实现活动就
越优秀，这样的人也就越幸福。

肉体快乐随便什么人都能享受，奴隶不比最优秀的人享受得少。
但没有人承认一个奴隶幸福，除非人们给予奴隶一种可能性，过自
1177a10 己独立的生活。因为幸福不在于这种娱乐，而在于合乎德性的实现
活动，如我们先前已经说明的那样。

7. 思辨活动的完满幸福

但如果幸福就是一种合乎德性的实现活动，那么它必定也就是
合乎最优秀的德性，也就是说，合乎内在于我们的最高贵部分的德
性。不管这最高贵的东西是灵智还是别的什么，按其本性而言，它
1177a15 是能够作为主宰者和领导者出现的东西，本质上能够视为高尚和神
圣的东西（也不管它究竟是本身神圣还是在我们内心最神圣），反正
他的合乎其固有德性的实现活动永远都将是完善的幸福。

这就是思辨活动，我们已经说过。但人们也看到，这种说法既
同我们先前的阐释也同真理是一致的。

因为第一，思辨是最高贵的活动。因为灵智在我们［灵魂］内
1177a20 部是最高贵的，而灵智的对象在整个认识领域内又是最高贵的东西。
第二，思辨是最持久的活动。我们持久地从事思辨活动比持久地从
事任何别的外在活动都更轻松愉快。第三，我们相信，幸福必定伴
1177a25 随着快乐。而在所有合乎德性的活动当中，坦率地说，智慧的活动
是最令人享受，最为极乐的。实际上，爱智和思辨的生活提供的享

受具有令人惊讶的纯洁性和持续性，这种
享受自然地大大超出了已经明白 [这个道
理] 并刚刚开始追求它的人的想象。

第四，在思辨中，我们所称的自足，
也是最多的。智慧的人和公正的人和其他
[高贵的][439] 人一样，都需要生活必需
品，但在充分得到这些东西之后，公正的 1177a30
人还需要有他人，只有在他们的协同和参
与下才能做出公正的事情。这对于节制的
人，勇敢的人和每个其他人也都同样适
用。智慧的人则相反，只靠他自己，自为
地就能进行所有的思辨。而且，他越有智
慧，就越是只靠他自己。如果他有合作者
的话，也许他能更好一些，但他反正是最 1177b
为自足的。

第五，思辨可以说是唯一因其自身之
故而被喜爱的活动，因为除了灵智的直觉
外，人们对它没有任何别的期望，而我们
对实践行动还或多或少地指望有行动之外
的收获。

第六，幸福似乎在于闲暇。我们牺牲 1177b5
闲暇是为了有闲暇，进行战争是为了过和
平的生活。各种实践的德性在政治或战争
中表现其实现活动。而在这些活动中是
几乎不可能有闲暇的，军事活动就根本
没有闲暇。无人为战争而挑起战争和战
备。因为只有嗜血成性的人才会为战争和 1177b10
屠杀而对他的友邦开战。但政治也没有闲
暇，除了忙于公共事务外，它还要争权夺
利，追逐荣誉，或者把操心个人自己和公
民的幸福作为一个目标（这个目标是与政
治有别的，我们也试图把它作为一个与政 1177b15

【439】Meiner 版和 Reclam 版有“其他的伦理德性”或“高贵的”这样的定语，而 Taschenbuch 版没有。

正文　注释

治有别的目标来达到【440】)。所
以，尽管在德性实践中那些以国
家和战争为轴心的行为显得高尚
而伟大，但它们与闲暇不可调
和，针对的是一个闲暇之外的目
标，因而不是因其自身之故而被
欲求的。反之，努斯的灵智直
观【441】既显得严肃，又没有除
自身之外的目的，也包含真正的
1177b20 快乐于自身，促使这种活动得以
提升，这样我们就看清了，在
思辨活动中才有人所能有的自
足，闲暇，免于劳顿和天福通常
所拥有的一切属性。如果在漫长
的整个人生中都持续地从事这种
活动，那么这就是人的完满的天
1177b25 福。因为属于天福的东西，无一
是不完满的。

但这样的生活要高于人之为人所达到的生活，因为人只是人的话，还不可能达到这样的生活，而只有在人内心具有某种神性的东西，才能达到这样的生活。但由于在神性的东西本身和由肉体与灵魂组成的人性存在者之间的区别是如此之大，在从这种神性东西出发的活动和通常所有合乎德性的行为之间的区别也
1177b30 就有如此之大的区别。如果灵智
与人性的东西相比是某种神性的
东西，那么按照灵智生活同人的
生活相比也必定是神性的。

【440】我们这里依据 Taschenbuch 版翻译，但对这句话 Meiner 版的理解是很不一样的，其翻译是“……或者却也把个人自己和公民的真正生活幸福作为一个目标，这个目标不同于为国家服务，而我们人类也因生活在国家共同体中而试图达到它，理所当然地把它作为某种与这种生活本身不同的东西。”很显然，这种不同主要是对“政治”的理解不同，它主要涉及个人和公民的幸福，还是为“国家服务”。“幸福”可以是很个人的事，但政治必须是“公共的”，它的主要基地不在个人生活，而在社会和国家。但究竟核心是在社会还是在国家？对于“现代的”读者有不同的理解。但这在古希腊并不是一个问题。因为社会和国家没有分离。这也是我们选择依据 Taschenbuch 版翻译，而没有依据 Meiner 版翻译的原因。

【441】即“直观”、“观看”即希腊文“理论”（theoria“思辨”）的本义。但要注意的是“理论”（思辨）更多地是以“推理”（logos）的方式，而“努斯”这种“灵智直觉”更多地是以其直觉到的最高善来引导和指导人的行为，使灵魂最高贵的部分成为人的主宰，因而更多地体现出实践的道德意义。

注释 正文

但不可听信那些指点我们的劝导，说什么，作为人，我们只能思想人的事，作为有朽者我们只能思想有朽的事，相反，我们应该尽我们所能地努力追求不朽，使我们所做的一切成为不朽，目的是按照内在于我们的最好而生
活。因为它的体积虽小，但力量和价值巨大， 1178a
远远超过别的东西。确实，人们甚至可以说，这个内在于我们的神性东西就是我们的真实自我（Wahres Selbst），如果要说它不同于我们的最高贵的和最好的部分的话。假如一个人不想过他自己的生活，而想过别人的生活，这是荒谬的。上面所说的话放在这里也是适用的。
对于一个天然的存在者固有的属己之物，对于 1178a5
它也就是最好的和最富于享受的东西。所以，对于人而言，这个最好的和最富于享受的东西就是按灵智生活，因为这种生活最多地属于人。因而这种生活也就是最幸福的。

8. 实践生活的幸福和思辨生活的天福

第二位的幸福生活是通常合乎德性的生活。因为通常与这些德性相符合的活动都是人
的活动方式。公正，勇敢和其他德性，是我们 1178a10
在社会交往中，在困境中，在各类行为和情感中相互通过我为人人，人人为我的方式【442】而做出的。但这明显地都是相关于人的事情。其中有一些属于这些德性的行为，也是基于我
们的肉体本性，伦理德性在许多方面都与情绪 1178a15

【442】这句话直译是："我们为每个人所做的，只是自己理应得到的这么多"。

相关。明智也与伦理德性密切关联，反之亦然，这是因为明智的基准是向伦理德性看齐，而伦理德性又因明智而变得有序。【443】由于
1178a20 两者，伦理德性和明智，都与情绪相关，它们无疑地都同有肉体和灵魂构成的整体相关。但这个组合而成的整体的德性都是人的德性。因而合乎这些德性的生活就是人的生活，与之相应的幸福也就是人的幸福。与之有别的幸福是按照灵智生活的幸福。对此讲这么多就够了。要把这一点讲得更清楚就超出了目前课题的范围。

按照灵智生活和与之相应的幸福只需要少
1178a25 量外在的善缘，或者说比合乎德性的生活更少地需要外在的善缘。当然两者对生活必需品也都同样是很需要的——尽管政治家必定更多地操心身体以及诸如此类的事情；不过这没有多大的差别——，可是[有没有外在的善缘]【444】对各自的实现活动却有巨大的差别。大方的人需要钱财，以便能够出手大方；公正
1178a30 的人也需要钱财，以便能够回报接受者；因为单纯的意愿是不可知的，一个不公正的人，也装得好像他愿意做公正的事一样。勇敢的人如果他想完成一种勇敢的行为的话，就需要有力量。节制的人需要相应的机会【445】，否则的话，人们如何能够知道，一个人是否真的具有这样或那样的德性呢？不过，人们可以问，德性的哪个方面更加重要，是意愿还是行动，因
1178a35 为德性既能存在于意愿中也能存在于行动中。不过，德性的完善显然只有同时在两种中才有
1178b 可能。但德性，为了行动，需要许多事物，德性行为越高尚和伟大，所需的东西就越多。但一个思辨的人，至少对于他的这种活动，则不

【443】这是典型的“价值秩序”。

【444】这是根据 Meiner 版所加，否则这句话不是很清楚。

【445】Meiner 版译作需要“自由和无拘无束”。

需要这些事物，在某种程度上，这些事物甚至
阻碍他的思辨。但只要他是人并要与许多人共 1178b5
同生活，他也将愿意施行伦理德性的活动，那
么他也将需要这些外物，以便作为人生活在人
类当中。

在下面也能看出，完满的天福是一种思辨
活动。从诸神那里我们相信，牠们是最享天福
的，是最为极乐的存在者。但我们应该把什么 1178b10
样的行为归于牠们呢？是公正的行为吗？但
是，若说牠们也签订契约，让人偿还保证金和
诸如此类其他东西，这岂不荒唐可笑？或者是
勇敢的行为，说牠们临危不惧，经险不惊，因
为这样的行为就是道德完美吗？或者大方的行
为？但牠们应该对谁大方呢？若说牠们也给过
别人金钱和诸如此类的东西，简直是荒谬的。 1178b15
也许说在诸神那里有节制吗？要是称赞牠们没
有邪恶的欲望，岂不是亵渎？我们想要取得的
所有属于德性的东西，对诸神而言都必定显得
是微不足道和不值一提的。可是人们总是相
信，牠们有生命，因而牠们是活动的，因为无
人设想牠们像恩底弥翁【446】那样一直睡觉。 1178b20
既然上述德性行为都不属于牠们，此外还有更
多的制作活动也不，那么人们除了把思辨活动
赋予给诸神这样的生命还有别的吗？因为神的
活动，超乎一切地止于至乐，必定就是思辨的
活动。同样，人的活动中也只有那些最接近思
辨的活动，是最有天福的至乐活动。

对此还有一个证据是，其他的生命存在者
不分享幸福，因为它们完全缺乏这种活动。诸 1178b25
神的生活则完全是至乐的，而人的生活只在那
些类似于这种神性思辨的活动中才分享这种天
福，没有其他生物是幸福的，因为它们无法分

【446】恩底弥翁（Endymion），在希腊神话中，他是一个美少年，因得到宙斯的喜爱，将他带到天上，但他爱上了天后赫拉（Hera），使得宙斯勃然大怒，使他永睡不醒。

享到思辨。因此，思辨延伸到哪里，天福就延伸到哪里。思辨达到最高程度，幸福也就达到最高程度，这不是偶然的，而是基于思辨的价值和尊严是自身拥有的。所以最高的幸福就是一种思辨。

9. 幸福与外在善缘

作为人的幸福也必须生活在良好的外部关系中。因为人的本性并不自足于思辨。它也需要有身体的健康，食物和所有其他生活必需品。如若没有外在善缘就不可能有幸福的话，那也并不因此就可认为，享受天福必须要许许多多的善物。因为自足和实践的可能性不在于［外在善物的］满溢；人即便不能统治陆地和海洋，也能高贵地行动。以适中的方式【447】人就可以合乎德性地行动。人人都可清楚地看到，普通平民在正当的和德性的实践中并不落后于王公贵族，而是显得走在他们的前头。因为只要是在合乎德性的活动中生活，就是幸福的。

梭伦也对谁是幸福的问题做出了确切的回答。他说，那些有适度的外在善缘，做着在他看来最高贵的事情，在慎思中过着节制的生活的人，是幸福的。因为有适度的资源也就可以做合乎义务的事情了。同样，阿那克萨哥拉显然也不把富人和权贵视为幸福的人，因为他说过，对于那些自认为是幸

【447】按这里的语境来看，确实这个短语似乎应该译作“以中等的财富”就可做合乎德性的事情。“但做合乎德性的事情”一般地也并非一定与财富相关，穷人，身无分文的人同样可以做合乎德性的事。所以德文译作“mit mäßigen Mitteln”，英文译作“from modest resources”既可译作“中等的财富或资源”，也可译作“适中的方式”，我们选择后者。

福的人，大多数人觉得荒唐可笑，这并不令他惊讶。因为大多数人是按照外在的东西来判断，只有外在的东西对于他们有意义。所以有智慧人士的看法与我们在这里所阐述的理由是一致的，无疑在这种信念中有某种明证力，不过在实践领域人们必须按照业绩和生活方式来评判真理，因为这些东西在这里是决定性的。所以人们也必须这样来审查迄今所说的，把我们所说的观念同业绩和生活进行比较，如果它们是一致的，就认为是真的，如果它们相矛盾，就只视为空洞的言辞。

但是，积极从事精神生活【448】并守护思想的人，不仅能够自乐于生活的最佳状态，而且也最为诸神宠爱。因为，如果像人们信仰的那样，诸神无论如何是关心人间事务的，那么可以设想，牠们最喜悦的是灵智最佳者和与牠们最肖似者——而这就是我们的灵智——而且以善来回报那些最爱智，最尊敬灵智的人。因为他们守护着诸神的所爱，正当又高贵地实践着。但毋庸置疑的是，所有这一切在有智慧的人那里做得最好。所以如果说，他们得到神的宠爱最多，必定就是最幸福的话，那么有智慧的人也出于这个因缘就是最幸福的了。

【448】即过“灵智的生活”。

10. 德性的形成与立法的艺术

关于幸福和德性，同样关于友谊和快

乐，总体上我们进行了充分讲述。那么因此可以认为我们的计划达到了目标
1179a35 吗？或者（如我们习惯于说的那样）在实践中目标不在于对细节的观察和认
1179b 识，而更在于施行？所以对于德性，光有知识是不够的，而要试图内化它，实践它或者总是要以某种方式使我们变成有德性的人。

因为如果仅仅言语【449】就足以让听从者变成有德性的人，那么它就真的有理由如特奥格尼斯【450】所说的那样
1179b5 获得“一本万利”了，人们就应该像言语所说的那样了。但事情似乎是这样：所说的言语虽然有力量告诫和鼓励那些天生高贵的青年人，使他们高雅的、真正爱美的性格在德性中陶养定型，但它
1179b10 并没有能力使大多数人去追求美和善。因为大多数人按其本性而言不为荣誉所感，只受恐惧所定，他们不做恶事，不是因为害怕羞耻，而是因为害怕惩罚。他们过着感情的生活，追求感官的享乐
1179b15 和与之相应的状态，逃避相反的痛苦。他们对美和真正的快乐甚至从来就没有概念，因为他们对此从来就没有品尝过。应该用什么样的言语来塑造这些人呢？想用言语来改变长久以来根植于其性格中的东西，几乎是不可能的或者说是十分困难的。所以，为了使这些人变得体面一些，能够在某种程度上分享德
1179b20 性，如果我们掌握了所有的前提条件，就该心满意足了。

有些人认为，人变得有德性是通过

【449】这里以及如下，所谓的“言语”（Word, Rede, logos），不是《圣经》中的“太初有道”（现在也有人译为“太初有言”）意义上的创世的话语，而是伦理意义上的道义性的“言语”：逻各斯（Logos）。

【450】特奥格尼斯（Theognis）诗行434，载于E.Diel编辑的：Anthe-ologie Lyrica Graeca, 2卷，莱比锡1933—42。

本性，另一些人认为是通过习惯，还有人认为是通过教化。就本性而言，很显然不是我们力所能及的事，而是由神赋予那些真正的幸运者的。言语和教化相反，当然
也不对所有人有效，但要事先通过习惯来教养听者的心 1179b25
灵，以正当的方式来爱和恨，就如同土地要先耕耘再播种一样。因为那些按照情感生活的人是不会听从警告性的话语的，甚至从来不理会。那么如何可能通过言语来改变这种状况中的人呢？一般说来，情感是不被言语软
化的，只有通过强制。所以有品格的人必须事先在某种 1179b30
方式上就是亲近喜爱高尚，羞恶丑恶之德性的。

但是，如果青年人不是在公正的法律下成长，就难以把他教育成为有德性的人。因为过节制的和艰苦的生活，对于大多数人都不舒服，更何况是对于年轻人。所
以对青年人的教育和培养必须通过法律来规整，对于养 1179b35
成习惯的东西，人们就不再感到痛苦了。

但是人只在年轻时得到正当的教育和关爱是不够 1180a
的，在成人之后还应该继续保持这种良好的习惯，这样我们也因此需要法律，总而言之法律对于整个人生都是需要的。因为大多数人宁可服从强制也不愿听从道义，宁可接受惩罚也不听从义务的戒命。

所以有些人认为，立法者必须以告诫和驱使人趋向 1180a5
德性为使命，以使人能因高贵之故而行动，因为在那些已经习惯于向善的人那里，这种动机是不会失去其效果的。但对于那些不服从和天性顽劣的人就必须采取规训
和惩罚，完全消除不可救药者。因为一个有德性的人和 1180a10
向往高贵生活的人，是服从道义的，但无德性的，追求快乐的人，就如同套上了轭的牛，被痛苦所捆绑。所以人们也说，痛苦必定就是一个人所追求的快乐的最大抵消物。

像我们所说的那样，理应变得有德性的人，必须受 1180a15
教育变得高贵，并习惯于高贵，然后追求过高贵的生活，而不可自愿地或违反意愿地做卑劣的事，如果是这

样的话，那么人们合乎某种灵智去生
活，使这种生活处在既公道又有效的秩
序中，诚然就得以可能了。而父亲的命
令既没有这种力量也没有这种必然性。
1180a20 任何个人的命令，如果他不是国王或诸
如此类的人，一般地都不具有这种力量
和必然。相反，法律具有强制力，同时
是一种出于某种洞识和精神的道义。

此外，人们憎恨那些与我们有相反
1180a25 追求的人，即使他们做的是对的，但人
们并不憎恨法律，即便它对公平公正发
布命令。

只有在斯巴达人的城邦和少数其他
几个城邦中，立法者才关心公民教育和
教化，绝大多数城邦都忽视这一点，每
个人想怎么活就怎么活，如同库克洛普
那样，法是对妇人和孩子说的。【451】
因此，如果有一种来自城邦的公共的和
1180a30 正确的关爱，而且也有效果，那就最
好。但凡在城邦共同体不存在这种关爱
之处，那么每个人诚然就有责任帮助他
的孩子和朋友臻于德性，或者自己做出
表率。根据上面所说，如果人有能力立
法，那么最好是有能力做到这一点。

因为对于共同体的关爱，众所周知
1180a35 是通过法律来实施的，好的关爱要通过
好的法律。是否是成文法还是不成文
1180b 法，没什么区别，是否是一个人还是许
多人应该通过法律来教育，这也没什么
不同，就像音乐，体育和其他活动中的
教育一样。因为在城邦中，法律和习俗
1180b5 如何起统治作用，就像在家庭中父亲的

【451】此典出自《奥德赛》9，114。

话和习惯如何有权威一样，由于血缘关系和孝敬，父亲的影响力甚至更有效。孩子天生就爱父，天性就服从父。

此外，个体教育同公共教育的区别相当于医学教育：对于发烧病人一般地休息和忌口就有效，但在个别情况下也许并不有效。同样，一个拳击老师并不向所有人传授同一格斗法。所以，如果有个人关爱的经历，个别情况就会处理得更好。因为每个人都更愿意得到与他相适合的对待。不过，医生和剑术老师等等，如果了解和明白普遍的东西，什么对所有人完全适用或者对所有人从某一特殊的方式都是适合的，那就能够最好地照顾到个别情况。因为普遍东西适合作为科学的对象，它实际上也是如此。这确实一点也不妨碍一个不具有科学知识的人也能很好地照料个别情况，如果这个人能通过经验准确地获知，在个别东西上会发生什么情况的话。所以有些人对自己本人是个出色的医生，但对于别人却完全不能提供帮助。

尽管如此，那些想要具有专业技艺并掌握科学的人，必须走向普遍，并尽可能地了解普遍的东西。我们已经说过，普遍是科学的对象。

所以想要通过关爱使人变得更好，无论是使许多人还是少数人，他都必须努力变得有能力立法【452】。通过法我们能够变得有德行。因为不是随便什么人能把每个人和恰巧与我们相遇的人带入到一种良好状态，如若一般地说的

【452】亚里士多德在这里主要是通过立法能力的讨论过渡到“政治学”，但对于伦理学来说，最重要的立法能力是人作为一个理性人格对自己“意志准则”的“内在立法”，这一点后来在康德的伦理学中得到深入探讨，政治学（或法学）的外在立法和伦理学的内在立法（自律）共同构成一个良善的伦理秩序，这才是幸福的生活方式所必需的。

话，也只是有知识的人能这样，也就如同在医学和人们操心和考虑的其他事物上的情况一样。

接下来我们是否应该探究，一个人从哪里以及如何获得立法的专业技艺？大概像在别的情况下那样，通过政治家？因为立法看起来是治国术的一个部分。或者说，治国术看起来不同于另外一些科学和技艺吗？不同之处似乎在于，在其他专业里，传授技艺的和实践这种技艺的是同一个人，例如在医生和画家那里。但就政治而言，智者们声称教授治国术，但他们中却无人做治国的事，相反政治家从事治国的活动，似乎更多的是依赖某种天赋和经验，而不是基于政治学的知识。因为他们所写和所说的一点都不带有这种知识（尽管如此这似乎还是比那些法庭上的辩护辞和公民大会上的讲演稿要好些），人们也看不到他们能把他们的儿子和朋友培养成为政治家。假如他们能够的话，这倒是值得期待的事。因为除了政治技艺外，他们既不能为城邦留下什么更好的东西，确实也不能指望他们能给自己和他们最好的朋友留下什么更好的东西。

不过经验确实在治国术中意义非凡，否则那些人也不能仅仅通过政治实践的锤炼而成为政治家了。所以追求政治知识的人，看来也需要增加经验。

但就智者而言，他们声称教授治国术，显然与政治学相差太远。他们根本就不知道什么是政治，政治与什么打交道。否则的话他们就不会说，政治学等同于修辞学或者从属于修辞学了，也不会把立法看得那么容易，只是把得到承认的好法律汇编起来而已。因为他们以为挑选最好的法律是件容易的事，似乎这种挑选不用动脑子，像在音乐合成上正确的判断并非什么最重要的事情一样。其实，只有对具体事情有经验的人才能对完成的作品有正确的判断，才知道作品是通过什么方法和以什么方式完成的，懂得什么与什么

注释 正文

组合。无经验的人，只要对一幅作品是否完成得好或坏，不要看走了眼，就心满意足了，就像在绘画上那样。

而法律在某种程度上是治国术
的业绩。一个人如何只通过法律而 1181b
具备立法的技艺或判断最好法律的
技能呢？因为没有人单纯只通过书
本而成为专业医师，哪怕就是这些
书本，也不仅要阐述治疗程序，而
且也要说明，如何根据不同的症状
让每个患者恢复健康，应该如何有
区别地护理个别患者。这对于有经 1181b5
验的人肯定是有用的，对于外行则
一点用处也没有。

同样，法律和城邦政制的汇编
对于那些能够理解它们，能够判断
优劣，懂得什么与什么相合的人，
是很有价值的。但对于那些缺乏相
应的政治知识和经验的人，即使通 1181b10
览这些东西，也无能力做出正确的
判断，除非偶尔有例外。只有对这
个领域有更好的理解力，才有可能
得到正确的判断。

鉴于立法问题我们的前人未作 1181b15
研究而遗留了下来，那最好是我们
自己来对它加以考察，总的来说这
是一个政制问题，与此相连我们就
将以这种方式尽力完成关于人的事
务的哲学【453】。

首先我们将考察，前人对我们这个主题在这里和那里教导了我们

【453】 Taschbuch 版译作“人学”（Wissenschaft vom Menschen），Meiner 版译作“关于人类事务的哲学”（Philosophie über die menschlichen Dinge），Reclam 版译作“关于人生的学问”（Wissenschft vom menschlichen Leben）。我们认为 Meiner 版比较完整地翻译出了 he peri ta anthroperia philosophia 这句原文的含义，因为“政制”、“立法”都是完成“城邦”或“国家”这个“人为事物”；同时，这里也是对智者派所不懂、因而也未作深入探究的政治学中的“人类事务”之哲学和作为治国术组成部分的立法艺术的探讨。

哪些正确的东西；然后将借助于城邦政制汇编【454】来审查，是什么因素保存了那些城邦和具体的城邦形式，又是什么使它们衰败，出于何种原因一些政制处在好的状态，另一些政制处在坏的状态。在做了这些考察之后，我们也就更能清楚地认识到，何种政制是最好的，每个具体的城邦如何维持秩序，应该遵循哪些法律和风俗。

那我们就从这里开始吧。

【454】亚里士多德自己编辑了《雅典政制》一书，为研究希腊城邦的政治保存了宝贵的实证材料。

附　录

一、亚里士多德生平大事年表

公元前 383 年 亚里士多德生于希腊北部查尔吉迪克（Chalkidike）地区的斯塔吉拉（Stagera）镇，该镇靠近马其顿宫廷所在地培拉（Pella），离爱琴海仅有三英里。亚里士多德的父亲名叫“尼各马可”（Nicomachus），是马其顿王国的宫廷御医，母亲是来自欧碧亚岛（Euboea）的侨民，在斯塔格拉有房产。亚里士多德的童年可能就是在马其顿宫廷中度过的，曾接受良好的教育。当时的医生职业只传给自己的儿子，绝不传给其他任何人，因此，亚里士多德少时便接受了严格的医学训练，据说他学习过药学、饮食和运动的治疗，接骨以及解剖等，蒂迈欧和伊壁鸠鲁都提到过亚里士多德初到雅典时曾行过医。

公元前 367 年 亚里士多德第一次旅居雅典，有人说他最初以庸医谋生，有人说他最初是挥霍家财，后来去参军没有成功，靠卖药为生，最后才避难到柏拉图学园中求学。但不管怎么说，在柏拉图学园中他是受柏拉图器重的学生，又非常勤奋地从事各种“科学”研究，成为学园中最有天才的学生，奠定了其博学的基础，直到公元前 347 年（这一年柏拉图 80 高龄仙逝）。被学者划归这个时期的亚里士多德著作有《工具论》、《物理学》、《形而上学》、《伦理学》、《修辞学》。

公元前 347 年 柏拉图逝世后，因为由柏拉图的侄子斯彪西普（已经 60 岁）执掌学园，加之他的家庭与马其顿王室的特殊关系，亚里士多德成为雅典反马其顿党攻击的目标，所以亚里士多德（37 岁）只有离开雅典（Athens）。他应阿塔米乌斯（Atamius）的僭主赫尔米亚斯（Hermias，此人是一位柏拉图主义者）之邀赴小亚细亚的阿索斯（Assos，该地今属土耳其）。开始了 12 年的“漫游时期”。在此时期，亚里士多德收集了大量的动植物标本，进行了详细的观察记录，完成了他的《动物志》。

公元前 342 年　应马其顿王菲利浦二世（Philip II）之请作太子亚历山大的教师。

公元前 341/340 年　娶赫尔米亚斯的妹妹或养女媲悌阿斯（Pythias）为妻。

公元前 340 年　菲利浦南征希腊，亚历山大为父王摄政，亚里士多德回到故乡斯塔格拉镇。

公元前 338 年　凯洛尼亚（Chaironeia）大战，菲利浦的军队大败雅典联军，马其顿开始称霸希腊。

公元前 336 年　菲利浦遇刺，亚历山大继承王位。

公元前 335 年　亚里士多德重新回到雅典，建立了自己的"吕克昂（Lykeion）学园"。Lykeion 原来是供奉吕克欧斯的阿波罗（Apollo Lyceius）神和缪斯女神的神庙所在地。在此有一个院子叫 Peripatos，亚里士多德的学园因此被称之为 Peripateic School（中文以前译为"逍遥学派"，现在比较认可的译法是"漫步学派"）。"吕克昂学园"拥有庞大的建筑物和优美的丛林，除了教学和科研场所外，还拥有博物馆和堪称史上第一所私人图书馆，文德尔班说过："吕克昂就其博学宝库的丰富来说，已经超过了学园，成为当时希腊的文化中心"，其丰富的藏书最后流入亚历山大里亚，成为其庞大图书馆藏书的基础。

亚里士多德凯旋在自己的学园执教，是其一生事业的顶峰。据说他每天的教学活动一般是上午与一些有问题的学生和朋友在学园内散步，讨论深奥的问题，这些学说被称之为 akroterion（秘传的），而下午则在柱廊对广大的初学者和旁听者做公开讲演，这些学说被称之为 exoterikos（通俗的或公开的）。教学和研究活动使他在雅典享有盛誉，由于他的斡旋使雅典免遭马其顿的毁灭性打击，因此雅典人有四次为他这个"外邦人"树立纪念碑以颂扬他对雅典的贡献。

公元前 335/334 年　亚历山大征战开始，远征亚洲。亚里士多德的一位朋友安提帕特（Antipater）为亚历山大摄政，兼管希腊军务。亚里士多德的妻子媲悌娅斯（Pythias）去世，留下一个女儿。后来（具体年份不详）亚里士多德与一位奴隶赫尔媲丽斯（Herpylis）共同生活，生了一个儿子，也名叫“尼各马可”（Nicomachus），因此，学界猜测本书《尼各马可伦理学》也大约在这段时间完成。

公元前 331 年　建立亚历山大里亚。后来由曾担任过埃及国王的托勒密二世（公元前 288—前 269）收购了吕克昂的藏书运往亚历山大里亚，使它成为了取代雅典地位的希腊化时代的文化中心。

公元前 325 年　亚历山大大帝征战印度。

公元前 323 年　亚历山大大帝在印度猝死。雅典反马其顿运动风起。亚里士多德受到大不敬罪的指控（理由是他为赫尔米亚斯写的一首颂歌亵渎神灵）而被公开通缉。

公元前 323/322 年　亚里士多德为了避免雅典人“第二次对哲学犯罪”逃往母亲的故乡欧碧亚岛，一年之后病死在那里，享年 63 岁。从此亚里士多德学派即逍遥学派衰落。

大约公元前 306 年　伊壁鸠鲁在雅典建立了他的学派。

大约公元前 300 年　芝诺在雅典建立了斯多亚学派。

二、亚里士多德著作影响简史[455]

大约公元前 50 年　罗马暴君苏拉把藏在地窖中 100 多年已经发霉的亚里士多德著作作为战利品带回罗马，交由吕克昂学园第 11 任主持人安德罗尼可（Andronikos）整理编纂，这样，安德罗尼可在罗马编辑了第一个亚里士多德著作的文集，开始了对亚里士多德著作的注释工作。可惜的是，他所编定的亚里士多德著作的原书及目录后来也都佚失了，他自己所写的著作也只留下一些残篇。

公元 2 世纪初　在公元前 1 世纪末到 2 世纪初这段时间对亚里士多德哲学的研究出现了空白之后，漫步派学员阿斯帕修斯（约公元 100—150 年）诠释了亚里士多德的《范畴篇》、《解释篇》、《形而上学》、《物理学》等，但可惜也都佚失，只有《尼各马可伦理学》的诠释部分保留了下来。

大约公元 200 年　阿弗萝蒂西亚斯（Aphrodisias）的亚历山大（Alexander）从 198 年开始在雅典讲授哲学，以阐释亚里士多德的著作出名，有“亚里士多德第二”之称。现在还留存有他对《前分析篇》、《论题篇》和《形而上学》（1—5 卷）的注释。他的诠释受到后人重视。

在此期间，新柏拉图主义者也开始注释亚里士多德著作，试图将亚里士多德和柏拉图思想统一起来，基督徒新柏拉图主义者开始将亚里士多德和基督教糅合起来。但在奥古斯丁的著作中基本上没有提起亚里士多德。

【455】以上两个附录的编写参照了汪子嵩、范明生、陈村富、姚介厚:《希腊哲学史》3，靳希平:《亚里士多德传》和第欧根尼·拉尔修:《明哲言行录》（上）第五卷，特此说明和致谢！

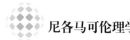

公元 6 世纪 博爱修斯(Boethius) 翻译并注释亚里士多德的著作《范畴篇》、《解释篇》两本小册子，这是中世纪早期拉丁语的欧洲所知道的全部亚里士多德。

公元 7 世纪 亚里士多德著作传入叙利亚和阿拉伯世界。

830—1050 年 胡乃因 · 伊本 · 易斯哈格（Hunain ibn Ishaq）在巴格达将亚里士多德的几十部著作译为阿拉伯文；阿尔法拉比（al-Farabi，约 870—950）在大马士革和巴格达注释亚里士多德，力图调和柏拉图和亚里士多德；这两位加上伊本 · 西拿（Ibn Sina 即阿维森纳：Avicenna，980—1037），以他们为中心形成了阿拉伯的亚里士多德主义，对伊斯兰教神学产生了巨大影响。伊本 · 西拿是阿拉伯哲学的集大成者，又是著名的医生，被誉为“学者之王，医师之首”，他对亚里士多德的注释标志着阿拉伯世界“东部亚里士多德主义的顶峰”。

9 世纪 在西方 Johannes Scotus Eriugena 开始做亚里士多德思想的简介工作。

12 世纪 伊本 · 路西德（Ibn Rushd）(即阿威罗伊：Averröe，1126—1198）和其他犹太及阿拉伯的亚里士多德注释家开始在说拉丁语的西欧传播亚里士多德思想。但丁曾称他为“伟大的注释家”，虽然不懂希腊文，但他依据阿拉伯文译文，完全忠实于原著，力图恢复亚里士多德思想的原貌，成为“西部亚里士多德主义”的代表。在中世纪，阿威罗伊主义几乎成为亚里士多德主义的代名词。

13 世纪 自从 1203 年十字军攻陷君士坦丁堡之后，亚里士多德的一些希腊文著作流回西方。直到 1278 年，亚里士多德的许多著作都由希腊文译成了拉丁文。拉丁文的亚里士多德思想的传播，直接推动了中世纪对自然科学的研究。少数懂希腊文的学者或直接从希腊文翻译，或对原有译本进行勘校。牛津大学的第一任校长罗伯特 · 格罗斯太斯特（Robort Grosseteste 1168—1253）和他的助手依据希腊文翻译了《尼各马可伦理学》等。多米尼克修会的僧侣莫尔伯克的威廉新译本具有重要意义。

随着中世纪大学的诞生，亚里士多德的《伦理学》、《物理学》、《形而上学》等被用作教材，亚里士多德的思想成为冲击教会神学的一股强大力量。从 13 世纪开始以来，教会以各种方式宣布禁止亚里士多德思想的传播，1210—1231 年，基督教明令禁止亚里士多德的著作，特别是《物理学》和《形而上学》的流传。1277 年教会宣布全面禁令，开始对亚里士多德主义进行大清算，大迫害，表现出教会对科学和理性的惧怕。

1255 年　巴黎大学公开将亚里士多德著作列为大学教授科目，在某种意义上表明了大学具有独立的科学和理性的精神，这是黑暗时代的精神曙光。

教会内部对亚里士多德思想出现分歧，在把亚里士多德思想视为“异端”的保守派之外，出现了像托马斯 · 阿奎那这样主张改造和吸收亚里士多德思想来创建新的基督教神学的温和革新派。托马斯 · 阿奎那在反对保守派的同时，也反对激进的阿威罗伊主义，即反对将哲学和神学绝对分离。他对亚里士多德的《形而上学》、《物理学》、《论灵魂》、《后分析篇》、《解释篇》、《政治学》等都做过评注，特别是对《尼各马可伦理学》几乎是逐章逐句地进行了注释，将亚里士多德的理性主义哲学神学化了。虽然托马斯 · 阿奎那在教会清算亚里士多德主义的大迫害中也曾一度受到株连，但是罗马教廷不久就认识到了托马斯主义对维护基督教信仰的巨大作用，十分重视他所做的以亚里士多德主义改造基督教的工作，授予他“天使博士”称号，1322 年教皇约翰二十二世册封托马斯为圣徒，肯定“托马斯著作的每一章节都包含有无比的力量”。这样一来，经过托马斯神学改造过的亚里士多德主义就成为基督教神学的新正统，取代了奥古斯丁的柏拉图主义的基督教神学。

但成为绝对权威的亚里士多德主义也有过十分可怕的恶劣影响，因为凡是与它的教义不合的观点都要遭到迫害，15—16 世纪，基督教会公开审判反亚里士多德的哥白尼学说和以伽利略为代表的物理学。因为哥白尼提出的“太阳中心说”违反了亚里士多德—托勒密的“地球中心说”。伟大的布鲁诺还被活活地烧死！这是专制教会犯下的不可饶恕的罪恶。

1500—1650 年　出现了三个公开对立的亚里士多德主义学派：

1. 意大利文艺复兴的亚里士多德主义，以 P.Pomponazzi 为代表；

2. 基督教新教亚里士多德主义，以梅兰希顿（Melanchton）为代表；

3. 耶稣会的新托马斯主义的亚里士多德主义。

16—17 世纪 以培根和伽桑迪为代表的经验主义哲学反亚里士多德主义思潮；其实亚里士多德是提倡经验科学的始祖，他们所反对的只不过是被教会所阉割过的亚里士多德主义而已。

1830—1870 年 德国柏林普鲁士科学院校勘《亚里士多德著作集》希腊文本标准版（Aristoteles Opera），按页码和行次标注，形成了国际通用的引文方法，十分便于查对。因这个版本是委托 I.Bekker 出版社出版的，因此又被称为 Bekker 本。这是现代研究的基础。该版本在 1960—1961 年又在 Otto Gigon 主持下修改，出版了新版。

20 世纪 是对亚里士多德哲学进行系统研究和重建的世纪。牛津大学教授凯斯（Thomas Case）在《不列颠百科全书》第二卷所写的“亚里士多德”长篇条目中提出了亚里士多德哲学的“发生学”问题；德国学者耶格尔在 1912 年出版的《亚里士多德形而上学发展史研究》和 1923 年出版的《亚里士多德发展史纲要》从发生学的方法对亚里士多德的思想进行了全面的历史研究，奠定了现代亚里士多德研究的基础。英国学者罗斯（W.D.Ross）不仅对亚里士多德的许多著作作了研究、校订和诠释，还自己翻译了《尼各马可伦理学》，与斯密斯一起主编了十二卷英译《亚里士多德著作集》，是 20 世纪早期亚里士多德研究的重要推动者；德国著名哲学家海德格尔对亚里士多德的研究，并从其现象学的实存主义重新阐释亚里士多德哲学，使亚里士多德的 Ontologie 焕发出新的生命；伽达默尔复兴亚里士多德的“实践哲学传统”，将他的“解释学”（Hermerneutik）嫁接在实践哲学传统上，提出了“作为实践哲学的解释学”，使亚里士多德的实践哲学传统在 20 世纪中叶焕发出新春。

1958 年 安思康姆（Anscombe）发表了一篇名为《现代道德哲学》的文章，表达了对于现代流行的义务论和功利主义伦理学的不满和批判，主张回归古典的德性论传统，从而开启了“新亚里士多德主义”或“新德性论”思潮，经过当代如下著名教授：Philippa Foot、Iris Murduch、Bernard Williams、Alasdair MacIntyre、John McDowell、Michael Slote、Martha Nussbaum、Rosalind Hursthouse 的积极努力，“德性论伦理学”成为与“道义论”和“功利论”并列的西方三大伦理学传统。亚里士多德的伦理学被新亚里士多德主义者如麦金泰尔（Alasdair MacIntyre）和郝斯特豪斯（Rosalind Hursthouse）等人认为是解决现代伦理危机的出路之所在。

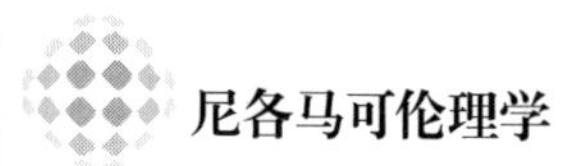

三、德汉人名对照和索引

[国际标准行标 1094a—1099b 简写为 94a—99b；
1100a—1181b 简写为 100a—181b]

四、德希汉术语对照和索引

[国际标准行标 1094a—1099b 简写为 94a—99b；
1100a—1181b 简写为 100a—181b]

A

Alleinherrschaft (Ολυγαρχία, Oligarkhia) 寡头制，寡头政体

寡头派人士是从财富看人的尊贵 131a28；

君主制作为其好的形式，而僭主制作为其蜕变形式 160b1；11；

若丈夫想要在所有事务上发号施令，就把自然的夫妇关系颠倒成为寡头制 160b34。

Alleinstehend, einzelgängerisch (μονώτης) 孤寡孤独者

幸福是自足的不能被设想为是离群索居的孤独者（97b11）；

鳏寡孤独者绝不能是幸福的 99b4。

Aristokratie (Αρισιοκρατία, Aristocracy) 贵族制，贵族政体

一种好的政制 160a32；

其蜕变 160b10；

夫妻之间的友爱显得是贵族式的 160b34；131a23；

贵族从德性看人的尊贵 131a28。

Äußere Güter (ἐκτὸςἀγαθύ, εύετηρία, εύημερία, χορηγία) 外在的善目(善物或善缘)

作为幸福的必然要素 98b26, 99a31；101a15，153b18，178b33；

梭伦的看法 179a11—16；

思辨的生活相比于实践的生活对外在善目的需要更少 178a24；

身体的善和灵魂的善之区分 98b13；

荣誉作为最大的外在善目 123b20。

B

C

对正当事情的爱和恨对性格德性的影响最大 172a22；
性格德性与情绪的联系最紧密 178a16；
性格德性同明智联系紧密 178a17；
想用逻各斯来改变长久以来根植于其性格中的东西是十分困难的 179b18；
基于德性的友爱是牢固的 164a12；
痛苦作为品格的变故 128a11。参阅伦理和习惯。

D

Demokratie（δημοκρατία）民主制，平民政体
民主制在所有变体中是坏处最少的一个，因为它对财权制的政体形式只做了最小的改变 160b19—21。
家庭共同体中的民主制 161a6；
在民主制中友爱与公正最多 161b10；
民主派人士最看重的是自由 161a27。
Denken（διάνοια）沉思，思考（主要是指"理智的沉思"），思想
理智思考时所肯定和否定的东西，就是在欲求中所追求和避免的东西 139a21；
实践的、制作的和理论沉思的（等于：理性）真 139a26—29；
思想部分简直就是人的本真自身 166a17；
除了伦理品质之外，理智的思考也是意志决断和正确行动的要件 139a33；
善于权谋属于反复考虑 142b12；
快乐同沉思是同一的吗？ 175b34, 176a3。
Diskretion, Unterscheidungsvermögen（γνώμη）善断力
善解就是能够明辩善断 143a12，
说人有善解力，就是说他对举止如何得体有正确的判断 143a19；
同善解力、明智和灵智的关系 143a25；
善断力既是自然禀赋，也是一定年龄段的人的智力特征 143b7

E

Ehre（τιμή）荣誉、名誉
有些人把它等同于幸福 95a23；
对把荣誉当作政治生活最高目标的批评 95b14, 23ff.；

是为自身之故，也为幸福之故而被追求的东西 97b2；
荣誉似乎是人们附带欲求的而非本来欲求的东西 159a18；
荣誉是对德行和善举的酬报；要像荣耀诸神那样荣耀父母 165a24；
荣誉和名誉是对公正的统治者的酬报 134b7；
同荣誉相关的德性，命名上有困难 107b22—108a2，125b1—25；
荣誉是外在善目中最大的善 123b20, 124a8ff.，参阅 125b1；
不属于最重要的但属于最值得欲求的善目 147b30, 148a26.30；
荣誉和公民勇敢 116a28。

Ehrgeiz（φιλοτιμία）爱荣誉，虚荣

作为适中的荣誉感没有名称，同极端虚荣的不明晰关系 107b25, 125b1—25；
这个词的多义性使用 125b14。

Eintracht（ὁμόνοια）和睦

与友爱相近，为政治人士所特别推崇 155a24，详细的讨论在 167a22—b16：和睦是一种政治友爱，它关系到公共利益和与公共生活相关的事情；和睦也存在于有德之人当中，有德之人既同自己本身和睦，相互之间也和睦；品质低劣者不可能保持和睦。

Einzelne, das（τὸ καθ' ἕκαστον）个别，具体情境

作为行动的领域：行为始终都是在特定情境中做出的，具体情境与具体情境相比有非常丰富的差异 110b8；
对具体情境的无知和不自愿 110b33；
善断、善解、明智和灵智同具体情境相关 143a25, b10；
将通过知觉，即努斯来把握 143b4—5。

Enthaltsamkeit und Unenthaltsamkeit（ἐγκράτεια, ἀκρασία）自制和不能自制

自制不是纯粹的德性，而是一种混合的德性 128b34；
详细的讨论在 145a15—152a36，154b32；
同灵魂的有理性部分的关系 102b14；
一些流行的意见 145b21，
苏格拉底的观点 145b25；
疑难 145b21，
疑难的解决 146b6；
完全不能自制和部分地不能自制 147b19；
愤怒时的不能自制与欲望中的不能自制相比不那么令人憎恶 149a25；

自制者和节制者，不能自制者和意志软弱者的关系 150a9；
不能自制和懊悔 150b30；
兽性和病态的不自制 149b19 之后；
不自制和固执的关系 151a5 之后。
Entrüstung（νέμεσις）义愤
嫉妒和幸灾乐祸之间的中庸，这三种性情都可归结为我们对邻人的遭遇所产生的愉快和气愤 108b1 之后。
Erziehung（παιδεία）教育
按照柏拉图的观点对教育的正确定义：从小就培养起对该享乐的感到快乐，对不该享乐的感到痛苦 104b13, 参阅 172a20，179b20；
对于共同体而言，教育是通过好的立法而实现整体德性 130b26；
教育使人成为一个完全有德性的人和使人成为某个城邦的好公民的关系 130b27，179b20；
个体教育同公共教育的区别 180b7；
教育必须从青少年开始通过法律来规整 179b32, 180a3。

F

Freigebigkeit（ἐλευθεριότης）慷慨
伦理德性之一 103a6；
在钱财的付出和接受方面的中庸，极端形式是：挥霍和吝啬 107b10，125b6；
详细的讨论：129b22ff.；
与吝啬相比更接近于挥霍 108b32；
同大方的关系 122a20，125b3；
慷慨的人是因高贵之故而给予且以正当的方式给予 120a24；
慷慨不是基于给予的量，而是基于给予者的心意 120b7。
Freiwillig und unfreiwillig（ἑκούσιον, ἕκων/ἄκων）自愿和不自愿
109b30—111b3，113b3—114b24，114b30—115a3（总结），135a19—b19（不公正的行为），
人能自愿地遭受不公正吗？ 136a16，b1；
自愿的界定：135a23，136a33，138a9，152a15；
自愿同选择的关系 111b7；
界定 109b35：
不自愿或者是通过强迫（110a1—b17）或者是出于无知（110b18—

111a21）而发生的，但不是出于欲望或愤怒（111a22—b3）；
情愿和不情愿的交往活动之为法律共同体的领域 131a2ff. 参阅 130b30。

Freund 朋友；

Liebhaber von etwas 喜爱某物的人；
jmd. der eine Vorliebe für etwas hat 某人对某物有偏爱：
为每个人带来享乐的，是他所喜爱的东西（φιλοτοιοῦτος）99a9：
马为爱马者带来享乐，公正为喜爱公正的人带来享乐 a10，德性为喜爱德性的人，戏剧为喜爱戏剧的人带来享乐 a11，德性高贵 a13（参阅 125b12, 179b9），知识 117b29，175a14，真理 127b4，人的友爱 155a20，建筑艺术 175a34，音乐 175a14, 34，历史 117b34；参阅 118a1ff.：
对音乐、戏剧的过度愉悦；友谊不仅是必需的，而且也是美好和高贵的，受到称赞（φιλόφιλος），善人一定是朋友 155a29，159a34；人对钱财的获得比对钱财的给予有更多的快乐（φιλοχρήματοι）121b15。

Freundlichkeit（φιλία）友善

与社会交往中的亲切性（或舒适性）相关的德性，是机灵过度 / 圆滑和不善交际 / 呆板之间的中庸 108a26，参阅 126b11—127a12；
关于它们同真正的友爱的关系 126b20；无名称的友善 126b129。

Freundschaft（φιλία）友爱

真正的处理 155a3—172a15；
为了简便，可参阅带有每一次具体讨论之说明的详细概述 155a3, a32, 162a34, 164b22, 165a36, 166a1, 168a28, 169b3, 170b20；
友爱作为性情 105b22；友爱作为"第二自我"161b28，166a31, 169b6, 170b6。

G

Geld（νόμισμα）货币，金钱，通货

作为中介物，是衡量所有财物的公共尺度 133a20，b16.21，164a1；
保障未来需要的满足 133a29，b11；
其名称的来源（它的有效性不是来自本性，而仅仅是是通过法律约定）133a29；参阅 132b9，133b18。

Genauigkei 准确性、精确性

哲学对于人类事务的阐释只能达到有限的准确性 94b13.24，96b30，98a27，102a25，104a2.6, 159a3, 164b27。

Gerechtigkeit（δικαιοσύνη）公正，正义

先行的定义 129a6，

笼统的说明 134a1—6；

公正作为多义词要从反义词这里来区分 129a26；

公正的更多形式 130a14，b6.30；

1. 法律的公正作为总的德性同其他人相关，总德性的使用 129b26.32，

它不是德性的部分，而是德性的总体 130a9—13；

2. 公正作为部分德性 130a14.22，b7.16；

部分公正的诸种形式：分配的公正和矫正的公正，130b30，131a1，参阅法律；

公正作为待人之善 129b27.32.34，130a3.8.13，b1.20，134b5，143a32，参阅 138a26；

公正与公平的关系 136a32；

公正与友爱的关系 155a24.27；

公正与中庸：公正的实施作为施行不公和遭受不公之间的中庸 133b30，

其次 129a4，131a1 之后，b10 之后，132a15.22.24，b18—20，133b32（与其他德性中的中庸之区别）；

量化的可能性 132b11；参阅 133b18。

公正的（dikaios）：一个人，只有当他喜欢公正地行为才是公正的 99a19；

公正的人作为法律和平等的观察者 129a33，参阅法律；

当一个采取公正的行为时，才是公正的 103b1.15，105a18；

谁故意采取公正的行为，谁就是公正的 135a16.20，b5，136a4。

Geschicklichkeit（δεινότης）机灵

懂得如何恰当地达到预定目标之手段的能力，其品质与德性和意图相关，或者是狡猾或者是明智；同不自制的关系，144a23 之后，152a11。

Gesetz（νόμος）法，法则，法律

法规定了所有德性的活动，这些德性即与它相关的公正，所以是完全的和总的德性 129b14，130b24；

法律只看伤害的大小，对人则一视同仁 132a4；

法律作为在自由而平等的公民当中一个真正的、政治的公正事情之实存的评判标准 134a30，b15.161b7；

法律之必然的普遍性要求把公平作为对普遍法规的纠正 137b13，138a2；

合法的友谊 162b23。

Gewandtheit, Artigkeit（εὐτραπελία）**机灵，得体**

在人际交往和休闲时间中涉及风趣的伦理德性；极端形式是：圆滑和呆板，108a24；127b32—128b4。

Gewohnheit（ἔθος）**习俗、习性**

除教化和本性之外的德性根源之一 179b21；

习惯可变，本性难移，在可变上与德性相同 152a30；

作为伦理德性的词源 103a17.26。

Gewöhnung（ἐθισμός）**习惯**

对 [伦理] 原则的认识，有时通过归纳，有时通过直觉之智，有时通过某种习惯、有时还通过某种其他方式 98b4；

养成坏习惯的不能自制者比出于本性的不能自制者更易于医治 152a29；

人也能更轻易地习惯于快乐，这样的习惯没有危险，经常是可能的 119a26 之后。

Glück-haben, zufälliges äußeres Glück, äußeres Wohlergehen（εὐτυχία）**有福，偶然的外在幸运，外在的善缘**

幸福也还需要这些外在的善缘，运气，正因为如此，有些人把外在的幸运等同于幸福 99b8，153b20f.；

贪婪的人也不是贪图所有的善物，而是贪图与外在的幸运和不幸相关的善物 129b3；

人是否在幸运时比在不幸时更需要朋友？ 169b14，171a21；

自重的人在幸福和不幸的情况下都会适度地对待自己 124a15；

从 100b23 开始讨论：生活中的许多事情同运气（εὐτύχημα 的无常相关；运气也有助于自重 124a20；

无德性就很难适当地受用那些幸运得来的善物 124a31；

虚妄自夸者衣冠楚楚，仪表堂堂，想让人们看见他们多么幸运 125a31。

Glückseligkeit, Glück（εὐδαιμονία）, glücklich（εὐδαίμων）**幸福，幸福的**

通过行为所能达到的最高善被许大多数人称作幸福，他们把好生活和好品行等同于幸福 95a16，95a19，参阅 98b20；

对究竟什么是幸福这个问题的不同回答诚然称之为幸福的真正要素，但不可把它直接等同于幸福：快乐 95a20.b16，98b25，99a7，152b6，153b11，荣誉 95b23，德性 95b16，98b24，知识，明智，智慧 95a20，98b24，财富 95a20，96a5，99a31，偶然的外在幸运，幸运的外在善缘和安康（尊贵的出身，健康，健康聪明的子女，朋友，

H

98b22,100a21，101b6，参阅 95a19；
正当的行为或好的行为对于每个行动者而言都是内在的目的 140b7；
正当的行为没有理性或德性是不可能的 139a34；
是绝对的目的 139b3。

Hochherzigkeit（μεγαλοπρέπεια）大方
涉及大笔钱财的给出，对大笔钱财的得体地花费，同慷慨（涉及小笔的钱财）的关系（其极端形式是：小气，炫耀或粗俗）107b17，122a30,123a19, 27，详细的处理：122a18—123a33；出于伦理动因（高贵）做出的花费 122b6；
得体和大笔作为大方的必然要素（词源学上的）122b3；
得体的花费的例子 122b20.36；
穷人不可能是大方的 122b26。

Hochsinn, Seelengröße（μεγαλοψυχία）自重
鉴于大的荣辱方面的中庸，极端形式是自夸和自卑 107b23，124a4，13，125a33；
详细的处理在 123a34—125b25；与志气远大的关系 124b35；
自重的人就是自视重要而且也配得上重要的人 123b3；
自重鉴于“重大”表达的是极端，鉴于对自己有“正确的”估价而言，表达的是中庸 123b13，参阅 107a7；
它的优势是：每种德性中的重大 123b30；
自重者的外在现象：步履迟缓、声音深沉，言语平静 125a12。

Hörer der praktischen Philosophie　实践哲学的听众：95a2，b10，179b24。

I

Ironie, der Ironische（εἰρωνεία, ὁεἴρων）滑稽（反讽），滑稽的人
滑稽涉及社交中的真 108a11；
滑稽、真诚和自夸 108a22；
反讽的适度运用显得可爱和高雅 127b30；
自重的人除非要在大众面前以反讽的口气说话，他都是真诚的 124b30；
滑稽的（谦卑的）人否认他实际具有令人尊重的品质 127a22，参阅该句的注释；
苏格拉底式的反讽 127b25 及其注释。

J

Junge Leute（νέοι）青年人

青年人不是实践哲学的合适听众 95a3.6；

青年人无论年龄上还是性格上都不成熟 95a7；

羞耻只适合于青年人 128b16.19；

青年人由于缺乏经验不够明智、智慧或通晓自然智慧，然而却能够具有数学和几何学的知识 142a10.20；

友爱对于青年人的功用 155a12；

青年人之间的友爱首先基于快乐，很少基于功利 156a26ff.，158a20；

他们很快就能产生友谊 158a5；

言语只对于具有高贵心灵的青年人才是向善的推动力，所以从青年时代起通过法律来引导是必要的 179b8.32，参阅 180a1；

过节制和艰苦的生活不合青年人的口味 179b34。

K

Kardinaltugenden “四主德”：103b1.4，105a17，107a33，119b23，129a3，b19，178a33，b10。

Kinder（τέκνα）子女，子孙

有健康且教养良好的子女作为幸福的要素（相反是不幸的：有品质低劣的子女，无子女，子女早夭）99b3ff.；

幸福的自满自足性包含了子女 97b8；

子孙的命运影响到已故者的幸福吗？ 100a27；

人是其行为的动因和肇始者，如同父亲是其子女的原因和原创者一样 113b19；

对其子女的溺爱 148a31；

父母对其子女的友爱基于他们的优势，相互的功能不可相比 158b15；

父母对其子女的公正的特殊性 160a1；

父亲对其子女的关系有君主制的形式 160b25；

父母爱他们的子女如同爱他们自身的骨肉；母亲对子女的爱更胜过父亲 161b18ff.，166a5.8；

子女对父母的爱 161b25.29，142a4；

繁殖（τεχνοποιία）对所有动物都是共同的，但不是人类婚姻共同体的唯一目的 162a19.21；

子女作为共同财富，因此是婚姻的纽带 162a27；
城邦不操心子女的教育，这是私人的事情 180a31。
Kind（παῖς）儿童
不能在完全的意义上是幸福的，只不过是希望他们幸福 100a2；
自然禀赋之于德性也在儿童和动物身上存在 144b8；参阅青年人。
Kluge, der（φρόνιμος）明智的人
明智的人的现象学 140a24，参阅 141b9；
明智的人所做的事就像是能够确定由逻各斯所正当规定的中庸一样 107a1；
明智的人是否为他人（公共生活）操心？ 142a1；
明智的人不自愿地做坏事，所以不是不自制的 152a6，参阅 146a6；
明智的人是在行动中表现自己的明智，不是在善的知识中 152a8，cf.146a8；
有些动物也能称之为明智的 141a28。
Klugheit（φρόνησις）明智
理智德性 103a6；
灵魂中作理智权衡部分的德性 140b26, 143b15, 144a1；
灵魂通过它而总是命中真的五种能力之一 139b16；
详细的讨论在 VI 5（卷六，5），140a24ff.；
完整的规定 140b4.20；
同伦理德性有紧密的联系，规定达到善的目的之途径 144a6.35，b31，142b33，145a6，178a16，107a1；
通过明智，自然的品性变成真正的德性 144b17；
明智一方面同中性的机智灵活相关，另一方同圆滑、狡猾相关，同时也同灵明的努斯（灵智）相关，但它们是有区别的 144a23，152a12；
苏格拉底将德性与明智等同，有些是对的，有些是错的 144b20；
明智和正确的明见都是鉴于行动 144b23.28；
明智在齐家、治国和对自己功利的考虑中 141b24—34；
明智为何是有益的？ 143b20；
明智同善断、善解和善于体谅的关系 143a7.25；
明智不是最高级别的精神能力 141a21，同智慧的关系 145a6；143b18；
伯利克里作为明智的代表 140b8；明智被有些人等同于幸福 98b24。
Königtum（μουαρχία）君主制，君主政体
独裁制的正面形式，其反面是僭主制，三种政体形式之一 160a32；

是父权统治 160b24，160a15；
较古老的政体形式都是君主制的 113a8。
Kunst（τέχνη）技艺
灵魂因之而总是命中真的五种能力之一 139b16；
详细的讨论在 VI 4（卷六，4）140a1—23；
技艺的对象：在实践领域中可制作的东西 140a1.17.22，b3；
定义：同正确的理性相联系的制作的品质 140a4.7.10.20，参阅 b3；
每种技艺都追求一个目标或好（善）94a1；
以劳动分工生产的技艺产品的交易保证了人们在公民社会中的合作 132b9ff.，133a7ff.，14ff.，b4ff.，18，23ff.，参阅货币。
技艺的多样性及其目标 94a7，97a17；
人们在制作活动中学习技艺 103a32，b8，参阅 180b32，180a33；
一种技艺的精湛、完美、“德性”也被称之为“智慧”141a10，13；
技艺和伦理德性之间的区别 105a26，140b22；
技艺和运气 140a20；
有一门特殊的制造快乐的技艺吗？ 152b18，153a26；
在各门技艺中的进步 98a24；
对于行动之最终的具体境况不存在主管的科学和一般的技艺规定 104a7。

L

Leben（ζωή, ζῆν）生命、生活
单纯的生命也为植物所固有，因此并不构成人的特别活动和幸福 97b34；
生命类型的等级：营养和成长（植物性的）、感觉（动物性的）具有理性禀赋的灵魂部分的行动者的生命（人所固有的）98a1—4；
（单纯的）生命本身（自在地）就是善的和令人愉悦的，因此所有人都追求，特别是有德性的和幸福的人，他们的生活方式（βίος）是最值得追求的，他们的生活本身（ζωή）是最幸福的 170a19.25，b3；
生命在于感知或思想 177b25。
Leben, Lebensweise（βίος） 生 活， 生 95b19, 96a4，177a12，b30，178a6；
实践的—政治的生活方式 95b18，178a9；
享乐的生活方式 95b17；

对于有德之人，快乐源于同自身本身的交往 166a23；
生命本身就已经意味着快乐，尤其是对于有德性者 170a19.25，b3；
爱智和思辨的生活提供的享受具有令人惊讶的纯洁性和持续性。

M

Mäßigkeit, Besonnenheit（σωφροσύνη）节制
为伦理德性的例子 103a6；
灵魂的非理性部分的德性 117b23；
第一次笼统地提及 107b5；
详细的具体讨论 117b23—119b18。
在快乐和痛苦、放纵和不节制作为一种极端的性情上的中庸，其他的性情上很少 107b5，117b25，150a23，151a19；
与自制的关系，肉体的快乐作为节制的对象 145b14，146a11，147b28，148a6.14，b12，149a22，b30，150a23，b34，151b35；
节制的真正对立面是放纵和不节制，不是麻木 108b20，109a3.19，151b31；
通过节制活动获得节制的品质 103b1.19，104a19.25.34，105a18，b5.10，119a12；
能节制自己的感官快乐并对此感到愉悦的人是节制的 104b6，118b32；
节制不同灵魂的快乐（117b28），而同肉体的快乐相关 118a1；
通过节制来逃避快乐是作为反对快乐不是善的证据吗？152b15，153a37；
节制保存了要求明智的判断 140b11；
说一个人是公正的和有节制的，不是因为他施行了这样的行为，而在于这样行动的人，如同有公正和节制品德的人那样做事 105b8；
法律规定我们做有节制的行为，因此它是普遍的（合法）公正的一部分 129b21；
有节制的人与沉思的人不同，他需要外在的实现条件，因此自足性不足 177a31, 178a3；
说诸神是节制的，不是合适的称赞 178b15；
一般不说畜生是节制的或放纵的，除非在隐喻的意义上 149b31。
Meinung（δόξα）意见
能够以错误的东西作为内容来蒙骗我们 139b17，142b15；
同善于权谋的区别 142b7；

P

R

S

Sanftmut（πραότης）温和（温厚、儒雅）

怒气上的中庸，没有合适的表达，其极端：怒气太盛和不发怒，暴躁和木讷 108a4, 125b26—126b10；

作为伦理德性的例子 103a8；

相应的举止证明这种德性 103b19；

在具体处境中要准确地规定如何保持温和，既不暴怒，也不一点也不动怒，是困难的 109b15，参阅 125b32，126a29。

Schamhaftigkeit（αἰδώς）害羞（羞耻感）

关于怕羞的中庸，极端：羞涩，不知羞耻；害羞不是真正的德性，与其说它是品格不如说是情绪，更多地是以身体反应为条件，只在特定的情况下是德性的，只适合于青年人，有德性的人不需要害羞，因为他们从不做可耻的事情 108a27；128b10—33。

Selbstliebe（φιλαυτία）自爱

作为讨论友爱的特殊主题 168a28—169b2，参阅 166a1—b29。

Sittlich（ἠθιχός）伦理的、习俗的

除理智思考之外的伦理品格是抉择的一个要素 139a34；

伦理德性和邪恶都与苦乐相关 152b5；

区分灵魂的伦理部分和发表意见的部分，前者包含自然的德性和真正的德性 144b15；

习俗性的友爱（ἠθιχή φιλία）是除合法的友爱之外的利益友爱的一种形式 162b23.31；

伦理德性是通过习惯养成的，不是自然的 103a17.19；

伦理德性的实例，同理智德性的区别 103a5.14；

Sittlichkeit（ἦθος）伦理、伦理品格

正确的行为及其反面缺乏理智思考和伦理品格是不可能的 139a35；

通过观察具体的伦理品格能更好地认识伦理事物 127a16；

伦理上必须避免的三种东西 145a16；参阅性格、品格。

Staat, Stadt, Bürgergemeinde（πόλις）国家、城邦、公民共同体

城邦的善（幸福）与个人的善是相同的，但就等级上更重要，更完善，更神圣 94b8.10；

城邦共同体和在其中所把握的部分共同体 160a11.21—29；

家庭先于城邦且更加必要，所以人与其说喜欢过政治共同体的生活不

如说更宁愿过家庭共同体的生活 162a19；
一个城邦的最高贵的部分就是真正的城邦本身（参阅人身上最高贵的部分—灵智—就是人真正的自身）168b31；城邦事务上的明智 141b25；
一个城邦的人口数量要有必要的限制 170b30；
回报的公正是把人们联系起来的力量，通过按比例的回报，才能保证共同体的合作 132b33，参阅 133a2.12..14.24.b6.15；
友爱是把城邦联系起来的纽带 155a24；
友爱的城邦包含和睦 167a26.30；
教育被大多数城邦所疏忽 180a27；
法律和习俗在城邦中起统治作用 180b4；
自杀者是对城邦不公正还是对自己本身不公正？ 138a11；
公正带来并保证了城邦共同体的幸福 129b19；
人发自本性地为城邦共同体所规定 97b11, 162a18，169b18。
Staatslehre, -wissenschaft, -kunst（πολιτική）国家学，政治学，治国术
目前的研究（伦理学）是政治学的一部分 94b11，102a12；
它是最有权威、最高主导性的技艺，对那些最有声望的技艺下命令 94a27；
其目标是通过实践（行动）所能达到的最高善，它包含了所有其他技艺的目的，给出绝对的善和恶作为评判其他技艺的标尺 94a26，95a16，99b30，152b3；
治国术在效用和重要性上超过了医术，需要有对灵魂更多地了解 102a21；
高贵和公正作为政治学的主题 94b15，95b5；
政治学对其听众的要求 95a2；b3；
其主题和前提是引导成功的生活 95a3；
政治学一般地（πολιτεία）与伦理学并肩是关于人的事务的哲学的一个组成部分 181b15；
对政治学主题的概述 181b15—22；
其整个活动都围绕苦乐转 105a11，152b1；
不懂得齐家治国之术，就不懂得操心个人的福利 142a10；
政治学的最终目的（权力、荣誉，自身和他人的幸福）同政治本身的目的是不同的（在纯粹理论上是不同的）177b15；
同明智的关系：治国术是建筑术的能力，立法作为政治明智的主导部

分，与城邦具体事务上的明智不同，后者本质上是行动（实践）和权谋，但两者拥有共同的称呼 141a20，141b23ff.，立法的艺术是治国术的一部分，法律作为治国术的业绩 180b31，181a23，经验的重要性 181a11；

把人教育成为有德性的人完全是政治学的问题吗？ 130b26.28；

政治学不是等级最高的科学，就是说智慧和治国术不是同一种东西 141b20.29，145a10。

Staatsmann（πολιτικός）政治家

只把直接地以实践为天职、具体地采取政治行动的人称之为“政治家”（πολιτεύεσθαι）141b28；

真正的政治家努力研究德性最勤，因为他的愿望是使公民有德性并服从法律 102a9；

必须对灵魂有某种程度的熟知 102a18.23；

在政治活动中理论和实践的不一致 180b35；

政治实践锤炼政治家 181a11；

政治生活和它的目标 95b18；

政治的—公民的生活连同其实践的德性同沉思的哲学实存的幸福可能性之比较 177b3ff.；

沉思的灵智的生活同需要外在善缘的政治生活之比较 178a27；

政治家的生活没有闲暇 177b12；

政治家操心他人的福利，所以是不明智的吗？ 142a2；

明智作为政治家的标签 140b11；

政治家不考虑他是否应该为共同体建造一个好的体制，而只考虑如何建立好的体制 112b14。

T

Takt, richtiger（εὐστοχία）判断，正确的当机立断

同善谋的区别 142a33，b2。

Tugend, Tüchtigkeit, Vollkommenheit, Wert（ἀρετή）德性，卓越，完善性，价值

1. 一般的规定：德性使（a）承载德性的实体本身达到优秀和卓越的状态，（b）赋予其功能以完善性 106a17，在这种意义上人们可以谈论身体的“德性”102a16，眼睛的德性和马的德性 106a20，乃至可以谈论一笔财富和一件作品的“德性”（即“价值”）122b15；

合乎固有的德性所实现的东西，就是好的（善的）98a15；
人的善（优秀和卓越）就是灵魂合乎德性的活动，如果有许多德性，那么就是灵魂合乎最杰出、最完善的德性的活动 98a18。
2. 实践哲学的主题是人的特殊的德性 102a14，b3.12，其推论 102a14；
它是灵魂的一种德性 102a16；它是（以普遍规定的应用）人的品格，通过品格人自身是优秀的，其活动以达到中庸为目标 106a22；
最完整的定义：（中庸就是命中正确的东西并受赞美）因此，命中正确和受赞美，就是德性的特征。德性是一种中庸的品质，它本质上以达到中庸为目标 106b16.33f.，参阅 139a16；
人的德性涉及肉体和灵魂的整体 178a20；
德性是值得称赞的品格 103a9，106b20，101b15.31；
德性理应受到称赞，因为它使人有能力做善事 101b31；
德性是性情、能力还是品格 105b20；
德性在于自愿地，有意地实施的行为 113b5；
德性按概念而言是中庸，按等级而言是极端 107a6；
德性的目标是善和高贵 115b13；
德性使人值得受尊重 124a7；
人无完善的德性受人尊重和自重都是不可能的 124a28；
德性同苦乐和人的性情相关 104b9，152b5，178a16；
德性在于对正当的事情感到快乐，对不正当的事情感到痛苦 172a22；
同技艺相区别，德性更多地在于是意向而非外在行为 105a26，参阅 137a12，140b24，114a13；
德性使人对行为的原则有正确的判断 151a15.18；
德性和荣誉作为公民政治生活的目的 95b22；
实际的德性与政治和战争相关 177b6；
幸福是灵魂合乎完满德性的一种实现活动 100a4，102a6；
智慧单独作为完整德性的一部分，通过拥有智慧和智慧的活动使人幸福 144a5；
守法的公正是德性总体 130a8，完满的德性同他人相关 129b26.31；
总体的德性和法律公正之间的区别 130a13；
英雄和神圣者的德性作为畜性的反面 145a19；
爱是朋友间的德性 159a35；
基于德性的友爱 164b1；
伦理德性和理智德性的区分 103a5.14，139a1；

德性是灵魂部分的最佳状态，是自己固有的最佳品质的实现 139a16；
实践哲学不想仅仅知道，德性是什么，而是要知道，德性是如何形成的 103b26，179a35，参阅 95a5；
德性是通过与之相应的行为养成的 105a17—b18；
伦理德性形成于好习惯，即不是源自自然也非反自然 103a17；
理智德性通过教导形成和增长 103a15；
伦理德性和理智德性（明智）互为条件的关系，前者影响到确立正确的目标，后者涉及选择达到目标的正确途径 144a8.20，b31，145a4，178a16；
对苏格拉底将德性等同于知识的批评 144b28；
自然德性通过补充明智变成真正的德性 144b14；
对 10 种伦理德性的概要性讨论：第二卷 7（II 7），107a28—108b10，详细的单个讨论：第三卷 9（III 9）– 第四卷 14（IV 14），115a4—128b9；
对理智德性的讨论参阅第六卷：科学、智慧、明智、技艺等。

Tugendhaft（σπουδαῖος）有德性的

有德性的人任何时候都判断正确，因此他是善的规范 99a23，113a25，166a13，176a16，b24；
对于有德性的人而言，生存就是某种善事 166a19；
对于有德性的人而言，发自本性的善本身就是善的，令人享乐的 170a15，参阅 169b35；
有德性的生活自身就是令人快乐的 154a6；
有德性的人喜好美好的和善良的行为 170a8。

Tun（ποιεῖν）施行，行

在多种意义上被言说 136b30；参阅行动。

Ü

Überlegen（πουλεύεσθαι, βούλη）权谋、权衡、考虑

权谋（权衡）不针对世上过去了、已存的东西，而是针对在我们的权力范围内可能谋变的东西 139b9，141b9, 143a6；
针对尘世的、人为的和我们力所能及的东西，只针对实施的途径或方法，不针对目的；同选择和决断的关系 112a18—113a12；
作为灵魂的两个有理性禀赋的部分的活动，同推理能力是一回事 139a12；
明智之人的能力，这种人懂得权谋对他有益的事情，虽然是同整个人生相关的有益 140a26, 141b9ff. ；
参阅善谋。大概的规定：实践哲学对其对象只可作与其题材相应的概略的规定 94b20，101a27，104a1，参阅准确性。

V

Verfassung, Staatsform（πολιτεία）政体
三种好的国家形式（君主制、贵族制，财权制或共和国）及其蜕变形式（僭主制、寡头制，民主制）和它们的等级和过渡形式 160a31—b22；
与家庭共同体中的关系方式的相应性 160b22—161a9；
与政体相应的友爱形式和权力形式(君主制 / 父权制，贵族制 / 婚姻制，财权制 / 兄弟，僭主制 / 独裁专制）161a10—b10；
到处都只有唯一的一种出于自然的政体形式是最好的 135a5；
在蜕变的政体形式中只有很少的公平、正义和友爱 160b1—36；
好政体和坏政体之间的区别：公民的教育通过法律和习俗 103b6；
古老的政体形式通过君王的本性 113a8；
好的政制汇编的益处 181b7；
由伦理学过渡到“政治学”，对其主题的概览（城邦形式的本性和保存）181b15—23。
Verstand, Geist（νοῦς）努斯，灵智，直觉之智
1. 一般地阐述
甲）在日常语言中的普通含义：有理智（理性）的，是有理智的人 110a11，112a21，115b9；
乙）属于实体范畴 96a25；
作为目的自身，也就如同由于从中推导出的幸福而被追求 97b2；
除自然，必然性和运气之外的可能的原因之一 112a33；
2. 在特殊的伦理讨论的关系中：受灵智和公道的秩序（法则）强制去生活 180a18；
在灵魂中类似于身体中的眼睛 96b29；
缺乏灵智，自然的德性是危险的，盲目的，补充它（明智）才形成真正的德性 144b9.12；
德性和灵智作为每种高贵行为的源泉不是基于对权力的占有 176b18；
在行为之完成和真理性认识中的功能 139a18；
作为理智的思考同伦理德性相关，是决断的重要因素 139a33，

因为意志决断是欲求中的理智（νοῦς όρεχτιχός）或理智的欲求 139b4；
灵智在每种事情中都欲求自身的最好，有德性的人服从灵智 169a17；
3. 灵智作为人的真正自我和思辨生活的官能 168b35，169a2，178a2；
人最多地是按灵智生活，这种生活是最享受的和最幸福的 178a7；
灵智是我们内在的最好的东西，是主宰者和领导者，能够认识善和神性的东西，它的实现活动，即纯粹思辨的完成因此是完善的幸福 177a13；
灵智与人性的东西相比是某种神性的东西，那么按照灵智生活同人的生活相比也必定是神性的 177b30；
合乎德性的生活就是人的生活，与之相应的幸福也就是人的幸福；与之有别的幸福是按照灵智生活的幸福 178a22；
积极从事精神（灵智）生活并守护思想的人，不仅能够自乐于生活的最佳状态，而且也最为诸神宠爱 179a23.27.30。
4. 与讨论理智德性相关的术语定位
甲）作为灵魂总是命中真理的五种能力之一 139b16, 141a5；
乙）特殊的处理：同其他四种能力的区别 140b31—141a8；
智慧如果是灵智和科学的结合就好了，那它就仿佛作为科学的头脑而高于所有其他的科学，以最高贵的神圣事物为对象。141a19，b3；
唯有灵智触及科学的原理 141a7；灵智同明智是对立的，只涉及对不可进一步定义那些最高原理的领悟 142a25；
因此它也区别于逻辑推理的能力 143b5；
丙）灵智区分为两种形式：参阅 139b16（肯定的和否定的）；
与两方面的最终的东西相关（A. 科学证明中的最高原理，B. 行动中的具体情境）143a35—b11，特别是 143b2；
同实际行为中的善断、善解和明智相关 143a27；
对行为中的具体事情之适宜得体的直觉 143b7。

Verständigkeit（σύνεσις）善解

作为理智德性的例子 103a5；
同科学和意见的区别 142b34；
同明智的关系：它是判断性的而不像明智是命令性的 143a6；
术语学的说明 143a16；
同行为中的最终东西和具体东西相关 143a26.34；
是必要的能力，以便从许多东西中挑选出最好的东西 181a18。

Vernunft（λόγος）逻各斯，理性、言语（道义）

人所固有的生命活动和幸福作为灵魂的有理性部分的活动，这种活动或者是遵循理性或者无论如何都不可缺少理性的活动 98a3.7.14；
为什么我们不赞成由人来统治而赞成由理性（法）来统治 134a35；
作为德性定义的要素 107a1；
选择包含理性和思考 112a16；
理性的考虑必须是真实的，意志欲求必须是正当的；139a24；
即使在今天，德性也必须合乎对正当尺度（逻各斯）的普遍信念 144b23；
但人们必须更进一步：德性不仅是合乎正当尺度的品质，而且是与其相联系的一种品质；明智和技艺本质上是一种与理性相联系的制作的品质 140a7.10.22.b5.28.33（科学）；
正当的尺度（ὀρθός λόγος）作为规范和在行动中保持中庸的规定根据 103b32, 115b13.20, 119a20，138a10，b18.24.29.34.147ab3.30，151a12.21；
理性和自制以及同欲望和愤怒的关系 95a10, 119b15.18，125b35，145b14，149a26.32，b1.3，150b28，151a1.12.17.21.29，b10.26.35，152a3，169a5。
理性的力量和无力 179b4—10.16—18.23—29，180a10—11。

W

Wahrhaftigkeit（ἀλήθεια）真诚
作为自夸和假谦卑之间的中庸 108a20；
言谈和举止上的真诚 127a19；
在社交生活中，真诚、风趣和愉悦是三种必备的品质 128b6；
自重和真诚 124b28.30；
讲真话是高尚快乐的义务 151b20。
Wahrheit, Wahrheitserkenntnis（ἀλήθεια）真、真理、真理性认识
在灵魂中有三种能力操纵行动和真理性认识 139a18；
实践的理性和真理 139a26；
实践理性要达到特殊的真，即与正当的欲求相一致的真 139a27—31；
灵魂借以采取肯定和否定的方式切中真理的能力在数目上有 5 种 139b15，141a3；
明智必然地是在与人的好坏相关的事情上的一种与正当的理智（真理性认识）相联系的行为品质 140b5, 21；

真理作为与人的意见的对立面 128b23；
意见的正确性等于真理 142b11。

Weise, der（σοφός）有智慧的人，贤人

在一般意义上是指在某一门技艺和科学中的专门人才 127b20，141a9，142a13；
阿那克萨哥拉和泰勒斯被视为最有智慧的人，为什么他们作为通晓自然智慧的人，却不被称为明智的人 141b4；
没有人发乎自然地有智慧 143b6；
青年人不可能是有智慧的或通晓自然智慧的人 142a17（但也要参阅 a15）；
有智慧的人不应该只知道从原理推导出来的知识，而且也应该鉴于原理本身来认识真理 141a17；
智慧的人自为地就能进行所有的思辨，是最为自足的 177a32；
他是最为神所宠爱的人，因此是最为幸福的 179a24.30；
有智慧的人作为理智品质，而不是伦理品质的代表 103a9；
人们以为，知道公正和法律的行家，并非有什么特别的智慧 137a10。

Weisheit（σοφία）智慧

理智德性之一 103a5；
灵魂永远通过它们命中真理的五种能力之一 139b17；
详细的讨论在卷六 7（VI 7）141a9 之后；
有人把智慧用来赞美技艺领域中的那些有最完美的技艺能力的大师 141a9，但我们认为还有一些人是在总体上，而不是在某一特定领域里有智慧 141a12；
智慧和政治学不可能是同一种东西 141a29；
如果智慧是灵智和科学的结合，就可树立起一种最高的科学，即作为科学的头脑，以神性事物为对象而高于其他科学 141a19，b3；
本身比智慧低的明智反而比智慧更有用的问题，智慧的用处和等级 143b18.34, 145a7；
尽管智慧只是作为整个德性的一部分，但仅仅拥有智慧并通过智慧的活动就使人幸福 144a5；
在所有合乎德性的活动当中，智慧的活动是最令人享受，最为极乐的 177a25。

Wille, Wunsch（βούλησις）意志、意愿

同选择、决断的区别 111b11；

Z

后 记

之前曾给一些同行或同事提起我在译注《尼各马可伦理学》，他们的反应几乎是这样的：先沉默几秒钟，然后才似乎意识到什么，带着怀疑的眼神，友善地微笑道：啊，是吗？好，出版后送我一本。我知道，这几乎就是这本译注今后要面临的命运。是的，我自己何曾不怀疑自己是否能做，是否有必要做这个真正吃力不讨好的事情呢?！可以肯定地说，我自己之前确实从来没打算要干这个活。干起这个活，实在是为了上课，为了给学生们提供一个读得懂的版本，不得已由学生们推动起来的。

大概是 2007 年，复旦大学为刚进校一二年级的本科生开设通识类人文核心课程，学院让我报一门课，由于我之前讲的（而且是给研究生讲）经典类课程全是德国哲学方面，特别是康德、黑格尔的著作，但我一直觉得给一二年级的本科生讲康德、黑格尔的原著，实在是太难了，我很相信黑格尔说的一句话："如果一个人真想从事哲学工作，那就没有什么比讲述亚里士多德这件事更值得去做的了"，所以，对于人文核心课程，我也就认为：如果一个人真想获得一些人文素质，那就没有什么比《尼各马可伦理学》更值得阅读的经典了。因为我对"通识类"人文核心课程的理解是，它是一个"转识为智，转智为德"的工作。学生们被分在不同的学科专业，学的都是分得很细的专业知识，而"通识"就是让他们从专业中"抽身"而出，思考一下这些专业知识对于社会人生，对于世界的意义，让他们不从"专才"，而从"人"的角度来思考知识与人类的命运，这就是"转识为智"的工作。而"智"不是个人的小聪明，总是要从人类面临的一般问题，从世界、文明的视野来反思人类的困境中体现出来，从智慧中体会文化的力量，德性的力量，考察人和他人的关系，和城邦共同体的关系，同自己灵魂的关系，人对自己和社会的责任，以此来塑造其成熟的人格，培养其崇高的理想，这就是"转智为德”的工作。而《尼各马可伦理学》本来就是亚里士多德在雅典文明盛期的讲课教材，在中世纪之后也一直作为西方大学的人文教材，对于如何“转识为智，转智为德”确有非常精妙之处。出于这种考虑，我就开讲了这门课。

但开课之后，让我大感意外的是，学生们拿着已有的中文译本，却普遍地说，根本看不懂。于是，我推荐他们去读英文版的，对照中文版阅读，他们还是说，读不懂。如果仅仅是英文水平不够，读不懂是情有可原的，但这些学生中有相当一部分人的英文非常好，特别是有些新加坡的留学生，也说读不懂，这实际上已经不是语言问题了。于是，我只有自己根据 Franz Dirlmeier 译注的德文版一章一节地翻译出来，在上课之前发给学生，然后在课堂上再对照他们手上的英文和中文版来讲解。结果，课堂上的大部分时间都用在了解答这样一类问题上:“这句话英文版的意思为什么很不一样”，“中文版这里为何译得有出入”等等，这样一个学期下来，我就仅仅只是讲完了《尼各马可伦理学》的第一卷，最后才挤出一点时间把第二卷关于德性的一些问题简单地讲了一讲。

经过这一个学期的讲课，我开始有意识地去比较不同版本的翻译问题，的确发现差别太大。确实，由于亚里士多德的著作不像柏拉图的那样，在其生前就已出版，有比较可靠的文本基础，而亚里士多德的著作基本都是在其死后人们根据其手稿、手抄本或传抄笔记编纂而成的，特别是大家知道，他的著作还有一个失传近二百年的故事（藏在地窖里 100 多年后才被发现），先流入阿拉伯地区，被译为阿拉伯文和叙利亚文，然后再译回拉丁文和希腊文，再慢慢从希腊文译成英文、德文、法文等的历史。这样一个流传史，很难保证其著作原本论证思路的一贯性和流畅性。哪怕是其中最核心的词汇如“德性”，有的译本译作 Tüchtikeit，有的译作 Tugend，不同的译者有自己的理解方式，有自己的选词用词风格，所以，不同的版本读下来的感觉是很不一样的。因此，我觉得要能比较原本地理解亚里士多德的思想，避免其论证过程中出现的自相矛盾和阻碍，单一地看哪一个版本都有问题。我自己在遇到有问题的地方或有读不通之处，就是根据不同版本的对勘来解决。

从 2008 年开始，我便根据 Franz Dirlmeier 译注的版本和由 Eu-

gen Rolfes 翻译，Günther Bien 校对的 Meiner 版对照，继续翻译出了第二卷、第五卷和第十卷，上课时学生依然是先看我的翻译，再对照他们手上的英文版（有的德语专业的学生则看德文版，有的留学生，日本的看日文的，韩国的看韩文的，俄罗斯的看俄文的），对我的译文提问，然后我再阐发每一章节的总体思想，这样的上课方式非常受学生们的欢迎。

到了第三年，即 2009 年，我除了继续给本科生开此课之外，《尼各马可伦理学》还作为哲学学院研究生（主要是博士生）五门（必选其中的三门）课之一，因此，我几乎把所有的时间都投入到翻译之中，学生们在上课之前如果没有收到我的译稿，都会写 e-mail 来催促。许多学生在上课时简直以找到一个我的译文的“不妥”为乐，非要跟我“搞一搞”才痛快，因为我也布置作业，让他们选择自己感兴趣的部分，进行翻译，然后跟我的译文进行对照和比较，这样确实激发起了许多同学的研究性学习的兴趣，普遍反映这样做收获挺大。于是，有些同学向我提议，让我联系出版社把我的译注出版。

我试着向人民出版社的张伟珍女士提出了出版译注的意向，很快就得到了她肯定的答复。张女士这几年出版了康德的三大批判、黑格尔的《精神哲学》、《逻辑学》等等经典著作，她对学术著作出版的执著、认真、严谨和负责的精神，早就赢得了我的敬重。为了保证高质量地完成这本译注，我从 2009 年的 7 月到现在，放弃了几乎所有别的工作，全神贯注于修改、校对这部译稿，最后校对依据的是 Olof Gigon 的译本。

《尼各马可伦理学》的流传史，实际上就是它的译注史，译注的过程就是对其进行研究的过程。确实，在哲学史上，没有哪一位伟大的思想家像亚里士多德那样，获得那么多的译注，他的思想与其说活在他的原文中，不如说就是活在它的译注中，这是一道精神奇观和盛宴。我国先前已经有了廖申白先生的译注本，因此本译注，既不是最早的，也不会是最后的，我相信，随着我国学者对亚里士多德研究的不断深入，将会出现越来越多的译注本。本译注只能是个过渡。我实话实说，本人并不懂希腊文，以上依据的版本是德文版，尽管德国是现代亚里士多德研究的发源地，第一个标准的《亚里士多德全集》希腊文版也是德国人花了将近 50 年的时间编辑出版的，我所用的这几个版本也是德国学界所用的主要版本，但不懂希腊文的缺憾是不言自明的，因此，对于本译注的出版本人确实一直忐忑不安。尽管自己从来不敢奢望能像中世纪的阿威罗伊那样，从一个不懂希腊文，只根据阿拉伯文进行注释的人却变成了"伟大的注释者"（这是但丁对他的评价，阿威罗伊主义还几乎成了亚里士多德主义的代名词），但他身上那种忠实于原著的精神却是我一直学习的榜样，乞达的楷模。如果说本译注现在有其看得见的价值的话，那就是它能满足我的学生们的期盼的眼神，9月份开学之后，我又要同时给本科生和研究生讲解这门课，能给他们提供一个忠实于原义，却又能够看得懂的、还算流畅的阅读文本，我就已经非常满足了。为了使其不断完善，我诚恳地期盼学界古希腊哲学研究的前辈和同仁能够不吝赐教！我的邮箱是 fudandeng@163.com

最后，我要对张伟珍女士为本译注的出版所付出的一切辛劳表达我衷心的感谢。同时也感谢复旦的同学们与我一起所作的共同探讨。

邓安庆

2010 年 7 月于复旦光华楼

责任编辑：张伟珍
装帧设计：王　舒
责任校对：王　惠

图书在版编目(CIP)数据

尼各马可伦理学[注释导读本]/[古希腊]亚里士多德 著;邓安庆 译注.
-北京：人民出版社，2010.9(2020.12 重印)
ISBN 978-7-01-009216-4

Ⅰ.①尼…　Ⅱ.①亚…②邓…　Ⅲ.①伦理学-古希腊
Ⅳ.①B82—091.984②B502.233

中国版本图书馆 CIP 数据核字(2010)第 165000 号

尼各马可伦理学
NIGEMAKE LUNLIXUE
[注释导读本]

[古希腊]亚里士多德 著　邓安庆 译注

人民出版社 出版发行
(100706　北京市东城区隆福寺街 99 号)

北京汇林印务有限公司印刷　新华书店经销

2010 年 9 月第 1 版　2020 年 12 月北京第 2 次印刷
开本：710 毫米×1000 毫米 1/16　印张：26
字数：340 千字　印数：5,001—6,000 册

ISBN 978-7-01-009216-4　定价：68.00 元

邮购地址 100706　北京市东城区隆福寺街 99 号
人民东方图书销售中心　电话 (010)65250042　65289539